月刊誌

数理科学

毎月 20 日発売
本体 954 円

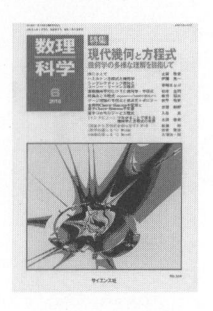

予約購読のおすすめ

本誌の性格上、配本書店が限られます。**郵送料弊社負担**にて確実にお手元へ届くお得な予約購読をご利用下さい。

年間　**11000円**
　　　　　（本誌**12冊**）

半年　　**5500円**
　　　　　（本誌**6冊**）

予約購読料は**税込み価格**です。

なお、**SGC** ライブラリのご注文については、予約購読者の方には、商品到着後のお支払いにて承ります。

お申し込みはとじ込みの振替用紙をご利用下さい！

サイエンス社

SGC ライブラリ-152

粗幾何学入門

「粗い構造」で捉える非正曲率空間
の幾何学と離散群

深谷 友宏　著

サイエンス社

—— **SGC ライブラリ**（The Library for Senior & Graduate Courses）——

近年，特に大学理工系の大学院の充実はめざましいものがあります．しかしながら学部上級課程並びに大学院課程の学術的テキスト・参考書はきわめて少ないのが現状であります．本ライブラリはこれらの状況を踏まえ，広く研究者をも対象とし，数理科学諸分野および諸分野の相互に関連する領域から，現代的テーマやトピックスを順次とりあげ，時代の要請に応える魅力的なライブラリを構築してゆこうとするものです．装丁の色調は，

　　数学・応用数理・統計系（黄緑），**物理学系**（黄色），**情報科学系**（桃色），

　　脳科学・生命科学系（橙色），**数理工学系**（紫），**経済学等社会科学系**（水色）

と大別し，漸次各分野の今日的主要テーマの網羅・集成をはかってまいります．

まえがき

　近年，多様体の範疇を超えた空間の幾何学が活発に研究されている．その一つである**粗幾何学**（**coarse geometry**）は，空間を遠くから眺めたときに見えて来る，粗い構造に着目した研究である．例えば整数 $\mathbb{Z}$ と実数 $\mathbb{R}$ は局所的には全く異なる構造を持つが，両者を遠くから眺めてみれば，どちらも直線という同じ幾何構造が見えて来る．このような幾何学を考える動機として，幾何学的群論と非可換幾何学がある．

幾何学的群論

　20 世紀初頭より，ロシアの数学者達によって組合せ論的な手法を用いた無限離散群の研究が進められた．同時期にデーンは曲面の基本群の「語の問題」を肯定的に解決したが，その手法は基本群が双曲平面に幾何学的に作用することに着目し，双曲平面の $4g$-角形によるタイル張りに帰着させるものだった．語の問題という代数的な問題を，双曲平面の持つ負曲率性に関連付けたのである．

　こうした研究を背景にして，グロモフは幾何学的手法を前面に押し出した無限離散群の研究を提唱した．これが幾何学的群論の起こりである．曲面の基本群の場合には，双曲平面という良い空間への作用が予め備わっているが，一般の有限生成群の場合には，ケーリーグラフへの作用などを考察する必要がある．これらは本質的に離散的な距離空間であるから，そうした空間を扱う幾何学として粗幾何学が適切な舞台なのである．実際グロモフは距離空間に対して「負曲率を持つ」という概念を定式化し，双曲群の理論を創始した．その後双曲群論は急速に発展し，様々な結果をもたらした．さらに現在では曲率が 0 であるというべきものも含む，「非正曲率を持つ」空間とその対称性を表す群の研究が進んでいる．

非可換幾何学

　非可換幾何学の主要な問題として，群の双対を理解する，というものがある．可換群の場合はポントリャーギン双対性により完全に理解される．そして非可換な場合を考察するために導入されたのが，群の分類空間の K ホモロジーと，群 C^* 環の K 理論との同型を主張するバウム・コンヌ予想である．この問題は作用素環の研究者によって研究が進められたが，ヒグソン・ロー及びユーにより，距離空間の「粗 K ホモロジー」と，距離空間から作られたロー代数と呼ばれる C^* 環の K 理論との同型を主張する粗バウム・コンヌ予想が定式化され，幾何学的な視点が導入された．驚くべきことに，群の代数構造から定まる距離空間に対する粗バウム・コンヌ予想から，元の群に対するバウム・コンヌ予想の単射性が導かれることが分かっている．

本書の構成

　本書の主題は非正曲率空間の粗幾何学と粗バウム・コンヌ予想である．第 1 章では粗幾何学の基本的な概念であり，空間の「粗い構造」という概念の定式化である粗同値，擬等長同型などを導入する．また離散群に対してどのように距離を定めることにより，幾何学的な対象と見なすか詳しく解説する．さらに本書の後半で用いられる，粗ホモトピーの概念及び開錘の粗幾何学的な取り扱いについても解説する．最後に，距離空間の粗幾何学を反映するコンパクト化の一般論を述べる．第 2 章では距離空間の増大度について考察する．増大度は 2 つの距離空間を粗幾何学の意味で区別するための最も基本的な不変量である．第 3 章から第 6 章までは，粗幾何学的な観点からの負曲率空間及び非正曲率空間の理論を取り扱う．第 3 章ではグロモフ双曲空間の理論を概説する．双曲性の様々な同値な定義について述べたのちに，測地的グロモフ双曲空間においては，擬測地線は必ずその端点を結ぶ測地線の近くにある，ということを主張するモースの補題を証明する．これは双曲空間の最も重要な性質であり，現在でもこの性質に基づいた離散群の双曲性の研究が行われている．第 4 章ではグロモフ双曲空間の境界を構成する．グロモフ双曲空間の粗幾何学的な性質の多くが，この境界に引き継がれている．この事実の一端は第 6.3 節で粗凸空間の設定で述べる粗カルタン・アダマールの定理において垣間見ることができる．第 5 章では非正曲率リーマン多様体の距離空間への一般化である，CAT(0) 空間とブーゼマン空間を紹介する．また，非正曲率を持つ単体複体である，システーリック複体も紹介する．これらは全て次章で解説する粗凸空間の重要な例である．第 6 章では筆者と尾國新一氏の共同研究により 2017 年に導入された，非正曲率リーマン多様体の概念の粗幾何学に於ける定式化の一つである，粗凸空間について解説する．この空間はブーゼマン空間が持つ距離関数の凸性を一般化したものであり，この空間のクラスは擬等長同型と直積の両方で閉じるという特徴を持つ．この粗凸空間に対して，カルタン・アダマールの定理の粗幾何学に於ける類似が成立することを解説する．第 7 章では粗幾何学に移植された代数的位相幾何学について解説する．一般粗ホモロジー論の公理とそこから導かれる性質について述べた後，位相空間に対するホモロジーを元にした粗ホモロジーの構成を解説する．第 8 章では粗幾何学と非可換幾何学が交差する粗バウム・コンヌ予想について，その定式化といくつかの場合の証明について解説する．第 9 章ではそれ以前の章で述べることができなかった，粗幾何学に於けるいくつかの話題について概説する．付録では本文を理解する上で必要となる距離空間の一般論，単体複体の理論，作用素環の K 理論，について概説する．

　本書は学部生の読者にも分かりやすいようにできるだけ平易な記述を心掛けた．第 1 章から第 6 章までは一部を除き，距離空間の基本的な知識だけで理解できるようにしている．第 7 章では代数的位相幾何学，特にホモロジー論に親しんでいると理解の助けになる．第 8 章では作用素環の K 理論の知識があると望ましいが，必要となる事項は付録 C で解説している．また本書は読者の興味に応じて部分的に読むこともできる．各章の関連を表（次頁）にまとめておく．

　本書の大部分は筆者が東北大学及び首都大学東京で行った大学院生向けの講義のために準備したノートに基づく．なお，粗幾何学の基礎概念に関しては筆者が大学院生の頃に塚本真輝氏と共同で行った，ローの著書[65]についてのセミナーの記録を参考にしている．またグロモフ双曲空間に関しては文献 [24] を，粗バウム・コンヌ予想に関することは文献 [37] を参考にしている．

謝辞

　見村万佐人氏には本書全般を通して有益な助言を多数頂いた．特に第 9 章の話題について，筆者の知識を補う的確な情報を補足して頂いた．田中亮吉氏には第 4 章について，読者の理解の助けに繋がる助言を頂いた．尾國新一氏には初稿に於けるいくつかの議論の細部を補足して頂いた．山内貴光氏は原稿全般を細部まで読んで下さり，表現の改善に繋がる多くの助言を下さった．松田能文氏からも表現の改善に繋がる助言を頂いた．「数理科学」編集部の大溝良平氏は，筆者が雑誌「数理科学」に寄稿した粗幾何学についての記事に興味を持ってくださり，本書の企画をして頂いた．以上の方々に深く感謝したい．

2019 年 5 月

深谷友宏

記号

　本書を通して使用する記号を以下にまとめておく．

- $\mathbb{N}$ 自然数全体の集合．ただし 0 は含まない．
- $\mathbb{Z}$ 整数全体の集合．
- $\mathbb{Q}$ 有理数全体の集合．
- $\mathbb{R}$ 実数全体の集合．
- $\mathbb{C}$ 複素数全体の集合．
- $\mathbb{R}_{\geq 0} := \{x \in \mathbb{R} : x \geq 0\}$.
- 実数 $x \in \mathbb{R}$ に対し，$\lfloor x \rfloor := \max\{n \in \mathbb{Z} : n \leq x\}$.
- 集合 S に対して，$\#S$ で S の濃度を表す．
- 集合 V に対し，$\mathfrak{P}(V)$ により，V の冪集合を表す．
- 距離空間 (X, d) に対し，以下のような記号を用いる．
  - 2 点 $x, y \in X$ に対し，$\overline{x,y}$ により x と y の距離 $d(x, y)$ を表す．
  - 点 $x \in X$ と正数 $r > 0$ に対し，x を中心とする半径 r の開球及び閉球を次で表す．
  $$B(x; r) := \{y \in X : \overline{x,y} < r\}, \quad \bar{B}(x; r) := \{y \in X : \overline{x,y} \leq r\}.$$
  - 空ではない部分集合 $A \subset X$ と $R \geq 0$ に対し，$N(A; R)$ で A の R-閉近傍を表す．即ち
  $$N(A; R) := \{x \in X : d(x, A) \leq R\}.$$

目　次

第 1 章
距離空間の粗同値と擬等長同型

　無限に広がりを持つ距離空間（非有界な距離空間）から局所的な情報を棄て去り，「遠くから眺めてみたときに見えてくる構造」を調べることが，粗幾何学と呼ばれる分野である．この世界では例えば整数全体のなす集合と実数全体のなす集合はどちらも「遠くから眺めると直線に見える」という意味で同一視される．この章では，距離空間の粗い構造というのもの定式化である，粗同値及び擬等長同型を導入し，その基本的な性質について解説する．

　また，粗幾何学の観点から見たとき，興味深い空間の例を豊富に提供してくれるのが無限離散群である．本章の後半では，どのようにして無限離散群に対して距離空間の構造を与えて，粗幾何学の対象として扱うのか議論する．

1.1　粗構造

1.1.1　粗同値

　距離空間の間の（連続とは限らない）写像を $f\colon X \to Y$ とする．

1. 任意の $R > 0$ に対してある $S > 0$ が存在して，任意の $x, x' \in X$ に対して，

$$\overline{x, x'} \leq R \Rightarrow \overline{f(x), f(x')} \leq S$$

   を満たすものが存在するとき，f はボルノロガス（**bornologous**）であるという．

2. Y の任意の有界集合 B に対し，逆像 $f^{-1}(B)$ が X の有界集合になるとき，f は**距離的固有**（**metrically proper**）であるという．

3. f が距離的固有かつボルノロガスであるとき，f を**粗写像**（**coarse map**）という．

　例 **1.1.1.** 自然数 $\mathbb{N}$ から自分自身への次のような関数を考察する．

- 定数関数 $n \mapsto 1$ は距離的固有ではない.
- 関数 $n \mapsto n^2$ はボルノロガスではない. 実際,

$$\left| (n+1)^2 - n^2 \right| = 2n + 1 \to \infty \ (n \to \infty)$$

である.

- 関数 $n \mapsto 2n + 1$ は粗写像である.

2 つの写像 $f, g \colon X \to Y$ は, ある定数 $C > 0$ が存在して, 任意の $x \in X$ に対し, $\overline{f(x), g(x)} < C$ となるとき, **近い** (**close**) と定め, $f \simeq g$ と表す.

2 つの粗写像 $f \colon X \to Y$ と $g \colon Y \to X$ で, 合成 $g \circ f$ 及び $f \circ g$ がそれぞれ恒等写像 id_X 及び id_Y と近いものが存在するとき, 距離空間 X と Y が**粗同値** (**coarsely equivalent**) であると定め, $X \cong_{\text{粗}} Y$ と表す. またこのとき, f 及び g をそれぞれ**粗同値写像** (**coarse equivalence map**) という. 粗写像 $f \colon X \to Y$ が像 $f(X)$ への粗同値写像になっているとき, f を**粗埋め込み写像**という.

演習問題 1.1.2. 写像 $f \colon X \to Y$ がボルノロガスであることと, ある関数 $\rho \colon \mathbb{R}_{\geq 0} \to \mathbb{R}_{\geq 0}$ が存在して, 任意の $x, x' \in X$ に対し $\overline{f(x), f(x')} \leq \rho(\overline{x, x'})$ が成り立つことが同値であることを示せ.

例 1.1.3. 写像 $f \colon \mathbb{Z} \to \mathbb{R}$ を包含写像とし, 写像 $g \colon \mathbb{R} \to \mathbb{Z}$ を, 実数 x に対しその整数部分 $\lfloor x \rfloor$ を対応させるものとすると, f と g は共に粗写像である. 合成 $g \circ f$ は恒等写像 $\mathrm{id}_{\mathbb{Z}}$ であり, また $x \in \mathbb{R}$ に対し, $|f \circ g(x) - x| = |\lfloor x \rfloor - x| \leq 1$ より, $f \circ g$ は恒等写像 $\mathrm{id}_{\mathbb{R}}$ に近いので $\mathbb{Z}$ と $\mathbb{R}$ は粗同値である.

例 1.1.4. k を 2 以上の整数とする. 集合 $\mathbb{N}^{(k)} := \{ n^k : n \in \mathbb{N} \}$ に実数の部分集合としての距離を定める. 任意の距離空間 X への任意の写像 $f \colon \mathbb{N}^{(k)} \to X$ は常にボルノロガスである.

実際, 各 $R > 0$ に対して $\left| n^k - m^k \right| \leq R$ を満たす $n, m \in \mathbb{N}$ は有限個であるから, $S(R) := \max\{ \overline{f(n^k), f(m^k)} : n, m \in \mathbb{N}, \left| n^k - m^k \right| \leq R \}$ とおけば, 任意の $p, q \in \mathbb{N}^{(k)}$ に対し, $|p - q| \leq R$ なら $\overline{f(p), f(q)} \leq S(R)$ が成り立つ.

演習問題 1.1.5. $f \colon X \to Y$ を距離空間の間の粗写像とする. f が粗埋め込みであるための必要十分条件は, 任意の $S > 0$ に対し, ある $R > 0$ が存在して, $x, x' \in X$ に対し $\overline{x, x'} > R$ ならば $\overline{f(x), f(x')} > S$ となることであることを示せ.

補題 1.1.6. 写像 $f \colon X \to Y$ と $g \colon Y \to X$ の合成 $g \circ f$ は X の恒等写像と近いとし, g はボルノロガスであるとする. このとき f は距離的固有である.

証明. $B \subset Y$ を有界集合とする. 合成 $g \circ f$ が恒等写像と近いので, ある定数 C が存在して任意の $x \in f^{-1}(B)$ に対し, $\overline{x, g \circ f(x)} \leq C$ となる. 従って

$f^{-1}(B) \subset N(g(B); C)$ である．ここで g はボルノロガスなので $g(B)$ は有界集合である．よって $f^{-1}(B)$ も有界集合. $\qquad\square$

系 1.1.7. X と Y を距離空間とする．ある写像 $f\colon X \to Y$ と $g\colon Y \to X$ が存在して，f と g はそれぞれボルノロガスであり，かつ合成 $g \circ f$ と $f \circ g$ はそれぞれ X 及び Y の恒等写像と近いとする．このとき f と g はそれぞれ粗同値写像であり，特に X と Y は粗同値である．

定義 1.1.8. X を距離空間とする．X の任意の有界閉集合がコンパクトであるとき，X の距離は**固有（proper）**であるという．固有な距離を持つ距離空間を**固有距離空間（proper metric space）**という．

定義 1.1.9. $f\colon X \to Y$ を連続写像とする．任意のコンパクト集合 $K \subset Y$ に対して逆像 $f^{-1}(K)$ がコンパクトになるとき，f は**固有（proper）**であるという．

 X と Y を固有距離空間とし，$f\colon X \to Y$ を連続写像とする．このとき f が固有であることと，距離的固有であることは同値である．

1.1.2 擬等長同型
 距離空間の間の（連続とは限らない）写像を $f\colon X \to Y$ とする．

1. ある数 $\lambda \geq 1$ 及び $k \geq 0$ で，任意の $x, x' \in X$ に対して，

$$\overline{f(x), f(x')} \leq \lambda \overline{x, x'} + k$$

 を満たすものが存在するとき，f は (λ, k)-**巨視的リプシッツ（large scale Lipschitz）写像**であるという．特に $k = 0$ の場合は f は λ-**リプシッツ（Lipschitz）写像**であるという．

2. ある数 $\lambda \geq 1$ 及び $k \geq 0$ で，任意の $x, x' \in X$ に対して，

$$\frac{1}{\lambda} \overline{x, x'} - k \leq \overline{f(x), f(x')} \leq \lambda \overline{x, x'} + k$$

 を満たすものが存在するとき，f は (λ, k)-**擬等長埋め込み（quasi-isometric embedding）**であるという．

上述の定義において，ある定数 λ, k に関して (λ, k)-巨視的リプシッツ（もしくは擬等長埋め込み）となるとき，f は巨視的リプシッツ（もしくは擬等長埋め込み）であるという．

 距離空間 X の部分集合 $A \subset X$ と $C \geq 0$ に対し，$X = N(A; C)$ が成り立つとき，A は X の中で C-**稠密である**，という．このような $C \geq 0$ が存在するとき，A は X の中で**粗稠密である**という．

 距離空間 X と Y に対し，ある擬等長埋め込み $f\colon X \to Y$ が存在して，像

$f(X)$ が Y の中で粗稠密であるとき, X と Y は**擬等長同型** (**quasi-isometric**) である, といい, $X \cong_{\mathrm{qi}} Y$ と表す. また $f\colon X \to Y$ を**擬等長同型写像** (**quasi-isometry**) という.

注意 1.1.10. 距離空間の間の写像 $f\colon X \to Y$ が擬等長同型写像であるとき, f は粗同値写像である. しかし逆は一般に成立しない.

実際 $\mathbb{N}^{(k)}$ を例 1.1.4 で定義された $\mathbb{N}$ の部分集合とする. $k, l \in \mathbb{N}$ に対し, 写像 $f\colon \mathbb{N}^{(k)} \to \mathbb{N}^{(l)}$ を $n \in \mathbb{N}$ に対し, $f(n^k) := n^l$ と定めると, 例 1.1.4 より粗写像になる. f は全単射であり, 逆写像も粗写像となる.

一方で例 2.2.14 より, $k \neq l$ のとき $\mathbb{N}^{(k)}$ と $\mathbb{N}^{(l)}$ は擬等長同型ではない.

定義 1.1.11. $\{X_n, d_n\}_{n \in \mathbb{N}}$ を距離空間の可算無限族とする. 非交和 $\bigsqcup X_n$ 上の距離 d が, 次の 2 条件を満たすとする.

(1) d の X_n への制限は d_n と一致する.
(2) $i \neq j$ を満たしつつ $i + j \to \infty$ となるとき, $d(X_i, X_j) \to \infty$ となる.

このとき, $(\bigsqcup X_n, d)$ を**粗非交和** (**coarse disjoint union**) という.

定義 1.1.12. X を距離空間とする. ある正数 $a > 0$ が存在して, 任意の $x, x' \in X$ と $k-1 < \overline{x, x'} \leq k$ を満たす整数 k に対し, 点列 $x_0, x_1, \ldots, x_k \in X$ で $x = x_0$, $x' = x_k$ かつ $\overline{x_i, x_{i+1}} \leq a \ (0 \leq \forall i < k)$ を満たすものが存在するとき, X は**擬測地空間**であるという.

例 1.1.13. $\mathbb{R}, \mathbb{Z}, \mathbb{N}$ は全て擬測地空間である.

例 1.1.14. $\{X_n, d_n\}_{n \in \mathbb{N}}$ を距離空間の可算無限族とする. 粗非交和 $(\bigsqcup X_n, d)$ は擬測地空間ではない.

命題 1.1.15. X を擬測地空間とし, $f\colon X \to Y$ を距離空間の間の写像とする. f がボルノロガスであるなら, f は巨視的リプシッツ写像である.

証明. X を擬測地空間とし, a を擬測地空間の定義 (定義 1.1.12) に現れる定数とする. 写像 $f\colon X \to Y$ はボルノロガスであるので, ある定数 A が存在して任意の $x, x' \in X$ に対し,

$$\overline{x, x'} \leq a \Rightarrow \overline{f(x), f(x')} < A$$

が成立する. さて, 任意の $x, x' \in X$ に対し, 整数 k を $k-1 < d(x, x') \leq k$ を満たすものとする. このとき 点列 $x_0, x_1, \ldots, x_k \in X$ で $x = x_0$, $x' = x_k$ かつ $\overline{x_i, x_{i+1}} \leq a \ (0 \leq \forall i < k)$ を満たすものが存在する. 従って

$$\overline{f(x), f(x')} \leq \sum_{i=0}^{k-1} \overline{f(x_i), f(x_{i+1})}$$
$$\leq Ak \leq A\overline{x, x'} + A$$

を得る. $\qquad\square$

系 1.1.16. X と Y を擬測地空間とする. このとき, X と Y が粗同値であれば, X と Y が擬等長同型となる.

1.1.2.1 距離空間の直積

(X, d_X) と (Y, d_Y) を距離空間とする. $1 \le p < \infty$ に対し, 直積集合 $X \times Y$ の距離 $d_p^{X \times Y}$ を $(x, y), (x', y') \in X \times Y$ に対し

$$d_p^{X \times Y}((x, y), (x', y')) := \left(\overline{x, x'}^{\,p} + \overline{y, y'}^{\,p} \right)^{\frac{1}{p}}$$

で定める. また $p = \infty$ の場合は

$$d_\infty^{X \times Y}((x, y), (x', y')) := \max\{ \overline{x, x'}, \overline{y, y'} \}$$

で定める. この距離を $X \times Y$ 上の ℓ_p-**直積距離**という.

本書では特に断らない限り, 距離空間の直積には ℓ_1-直積距離を備えることにする.

演習問題 1.1.17. (X, d_X) と (Y, d_Y) を距離空間とする. 任意の $1 \le p \le q \le \infty$ に対し, $(X \times Y, d_p^{X \times Y})$ と $(X \times Y, d_q^{X \times Y})$ は擬等長同型であることを示せ.

1.1.3 グラフ

グラフとは, 頂点を辺で繋いで得られる図形である. 正確には次のように定式化される.

定義 1.1.18. V を集合とする. E を V の 2 点から成る部分集合の族とする. 即ち $E \subset \{A \in \mathfrak{P}(V) : \#A = 2\}$ である. このとき組 $X = (V, E)$ を**グラフ**という. 特に V が有限集合であるとき, **有限グラフ**という. また, V の元を**頂点**といい, E の元を**辺**という.

定義 1.1.19. (V, E) をグラフとする. 頂点 $v \in V$ に対し, v を端点とする辺の個数を v の**次数**といい, $\deg(v)$ で表す. 即ち

$$\deg(v) := \#\{e \in E : v \in e\}.$$

$X = (V, E)$ をグラフとする. 頂点の列 $\gamma = (v_1, \dots, v_n)$ で, 任意の $1 \le i < n$ に対し, $\{v_i, v_{i+1}\} \in E$ を満たすものを, X の**道 (path)** という. 特に, 道 $\gamma = (v_1, \dots, v_n)$ が $v_n = v_1$ を満たすとき, γ を**サイクル (cycle)** という.

定義 1.1.20. $\gamma = (v_1, \dots, v_n)$ をサイクルとする. 任意の $1 \le i < j \le n$ に

対し，次の 2 条件が成り立つとき，γ を**埋め込まれたサイクル**（**embedded cycle**）という．

1. $i < j$ かつ $(i,j) \neq (1,n)$ なら $v_i \neq v_j$.
2. $|i-j| \geq 2$ かつ $(i,j) \neq (1,n-1)$ ならば $\{v_i, v_j\} \notin E$.

例 1.1.21. 図 1.1 にて，$\gamma_1 := (v_1, v_2, v_3, v_8, v_1)$，$\gamma_2 := (v_3, v_4, v_5, v_6, v_7, v_8, v_3)$，及び $\gamma_3 := (v_1, v_2, v_3, v_4, v_5, v_6, v_7, v_8, v_1)$ は全てサイクルである．このうち γ_1 と γ_2 は埋め込まれたサイクルであるが，γ_3 は埋め込まれたサイクルではない．

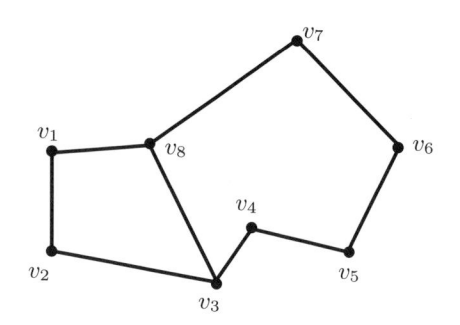

図 1.1　サイクル $(v_1, \ldots, v_8, v_1)$ は埋め込まれたサイクルではない．

　2 頂点 $v, w \in V$ に対し，道 $\gamma = (v_1, \ldots, v_n)$ で $v = v_1$ かつ $v_n = w$ を満たすものを v と w を繋ぐ道という．任意の 2 頂点 $v, w \in V$ に対し，v と w を繋ぐ道が存在するとき，グラフ (V, E) は**連結**であるという．

定義 1.1.22. (V, E) を連結なグラフとする．(V, E) が埋め込まれたサイクルを持たないとき，(V, E) を**木**（**tree**）という．

　以下では (V, E) を連結なグラフとする．辺上の正値関数 $\varphi\colon E \to (0, \infty)$ を**重み**という．道 $\gamma = (v_1, \ldots, v_n)$ に対し，γ の**重み付き長さ** $|\gamma|_\varphi$ を

$$|\gamma|_\varphi := \sum_{i=1}^{n-1} \varphi(\{v_i, v_{i+1}\})$$

と定める．また 2 頂点 $v, w \in V$ を結ぶ道 $\gamma = (v = v_1, v_2, \ldots, v_{n-1}, v_n = w)$ の中で重み付き長さの最も短い道の長さを，v と w の距離と定める．即ち

$$\overline{v, w} := \min\{|\gamma|_\varphi : \gamma = (v_1, \ldots, v_n) \text{ は道}, v = v_1, v_n = w\}$$

である．これが実際に V 上の距離になることは容易に確かめられる．特に φ が有界関数であるとき，この距離により頂点の集合 V は擬測地空間となる．

　連結グラフ $X = (V, E)$ は単体複体（定義 B.1.1）であり，その幾何学的実

現（定義 B.2.1）を $|X|$ と表すことにする．$|X|$ 上に自然に，V 上の距離を拡張することができる．この距離により $|X|$ は測地空間となる．$|X|$ を X と略記することもある．

例 1.1.23. $T = (V, E)$ を木とし，$\varphi\colon E \to (0, \infty)$ を重みとする．幾何学的実現 $|T|$ に上述の距離を備えたものを，**距離木（metric tree）**という．第 3.3 節で定義する三脚のように，一辺の長さが 1 とは限らないものを考察することもある．

頂点集合上の全単射 $\psi\colon V \to V$ が辺を保つとき，即ち任意の $\{v, v'\} \in E$ に対して $\{\psi(v), \psi(v')\} \in E$ が成り立つとき，ψ を**グラフ同型写像**という．(V, E) のグラフ同型写像が成す群を (V, E) の**自己同型群**といい，$\mathrm{Aut}(V, E)$ と表す．

G を群とする．準同型写像 $\rho\colon G \to \mathrm{Aut}(V, E)$ を G の (V, E) への作用という．このとき，G は幾何学的実現 $|X|$ へ連続に作用する．さらに重み $w\colon E \to (0, \infty)$ が G-不変であるとき，この作用は上述の距離に関して等長である．

1.2 群の幾何学化

この節では無限離散群をどのようにして「幾何学化」するのか，その一端を見ていこう．例 1.1.3 で，$\mathbb{Z}$ と $\mathbb{R}$ を同一視したが，これを少し別の見方で見直してみよう．$\mathbb{Z}$ を加法に関して無限巡回群と見なす．整数 $n \in \mathbb{Z}$ は実数 $x \in \mathbb{R}$ に平行移動 $x \mapsto n \cdot x := x + n$ で作用する．このとき例 1.1.3 の写像 f は $\mathbb{R}$ の原点 0 の軌道として実現される．さらに別の見方をすると，単位円周 S^1 の基本群は $\mathbb{Z}$ に同型であり，普遍被覆は $\mathbb{R}$ に等長である．このとき基本群 $\pi_1(S^1) \cong \mathbb{Z}$ の $\mathbb{R}$ への作用は先に述べた作用に一致する．

これを 2 次元にすると，トーラス $T^2 = S^1 \times S^1$ の基本群 $\pi_1(T^2)$ は階数 2 の自由アーベル群 $\mathbb{Z}^2$ に同型であり，普遍被覆はユークリッド平面 $\mathbb{R}^2$ である．先と同様にして基本群 $\pi_1(T^2) \cong \mathbb{Z}^2$ の $\mathbb{R}^2$ への作用は平行移動 $(n, m) \cdot (x, y) = (x + n, y + m)$ で与えられる．この作用に関する原点 $(0, 0)$ の軌道により粗同値写像 $\mathbb{Z}^2 \to \mathbb{R}^2$ が得られる．ただしここでは $\mathbb{Z}^2$ には $\mathbb{R}^2$ の部分空間としての距離を備えることにする．

次に M_g を種数 g の閉リーマン面とし，その基本群を Γ_g とおく．Γ_g は次のような $2g$ 個の生成元と 1 つの関係式から成る表示を持つ．

$$\Gamma_g = \langle \alpha_1, \ldots, \alpha_g, \beta_1, \ldots, \beta_g \mid [\alpha_1, \beta_1][\alpha_2, \beta_2] \cdots [\alpha_g, \beta_g] \rangle.$$

ここで $[\alpha, \beta] := \alpha\beta\alpha^{-1}\beta^{-1}$ は交換子である．種数が 0 のときは 2 次元球面であり，1 のときはトーラス T^2 である．種数が 2 以上のとき，M_g には定

曲率 -1 のリーマン計量が存在することが知られており，普遍被覆は双曲平面 $\mathbb{H}^2 = (\{(x,y) \in \mathbb{R}^2 : y > 0\}, \sqrt{dx^2 + dy^2}/y)$ と等長になる．すると基本群 Γ_g の普遍被覆 $\mathbb{H}^2$ への等長作用による点 $(0,1)$ の軌道として，埋め込み $\Gamma_g \to \mathbb{H}^2 : \gamma \mapsto \gamma \cdot (0,1)$ が得られる．この埋め込みを通して Γ_g を $\mathbb{H}^2$ の部分空間と見なすことにより，Γ_g に距離を定めることができ，この埋め込みは粗同値写像になる．

より一般に M を閉多様体とし，Γ をその基本群とする．M 上のリーマン計量 g を一つ固定し，それを普遍被覆 $\widetilde{M}$ に持ち上げたものを $\tilde{g}$ とする．このとき Γ は $(\widetilde{M}, \tilde{g})$ に等長に作用する．適当に選んだ点 $p \in \widetilde{M}$ の軌道として，埋め込み $\Gamma \to \widetilde{M} : \gamma \mapsto \gamma \cdot p$ が得られる．この埋め込みにより，γ に距離を定める．

このように，群が自然に作用する良い空間，例えば可縮な完備リーマン多様体，が与えられているときは，その空間を通して群を幾何学的な対象と見なすことができる．ではそのような空間があらかじめ与えられていない場合はどうしたらよいであろうか．有限生成群の場合にその答えはケイリーグラフである．

定義 1.2.1. G を群とする．ある有限部分集合 S が存在して，任意の元 $g \in G$ は $S \cup S^{-1}$ に属する有限個の元の積で表されるとき，G は **有限生成** である，と定める．ここで $S^{-1} := \{s^{-1} : s \in S\}$ である．またこのような S を **生成系** と呼ぶ．このときグラフ $\mathrm{Cay}(G, S)$ を次のように定義する．

1. 頂点集合は G.
2. 2頂点 g_1, g_2 に対し，ある生成元 $s \in S \cup S^{-1}$ で，$g_2 = g_1 s$ を満たすものが存在するとき，g_1 と g_2 を辺で結ぶ．即ち $\{\{g, gs\} : g \in G, s \in S \cup S^{-1}\}$ が辺の集合である．

このグラフ $\mathrm{Cay}(G, S)$ を群 G の生成系 S に関する **ケイリーグラフ (Cayley graph)** という．第 1.1.3 節で述べた方法により，$\mathrm{Cay}(G, S)$ は距離空間となる．ただし重みは定数関数 1 を用いる．

$\mathrm{Cay}(G, S)$ の頂点集合 G には G 自身が左からの掛け算で作用する．定義よりこの作用は辺を保つので，G はグラフ $\mathrm{Cay}(G, S)$ に等長変換として作用する．G 上に $\mathrm{Cay}(G, S)$ の部分集合としての距離を定めるとき，G 自身の左からの作用は等長的である．

以上では，群作用を用いて幾何学的な対象に埋め込むことにより，群に距離を定めてきた．一方で有限生成群に対して純粋に代数的な操作だけで距離を定めることができることを見てみよう．

定義 1.2.2. G を有限生成群とし，S を生成系とする．関数 $l : G \to [0, \infty)$ を $g \in G$ に対し，

$$l(g) := \min\{n : g = s_1 \cdots s_n, \, s_i \in S \cup S^{-1} \, (1 \le i \le n)\}$$

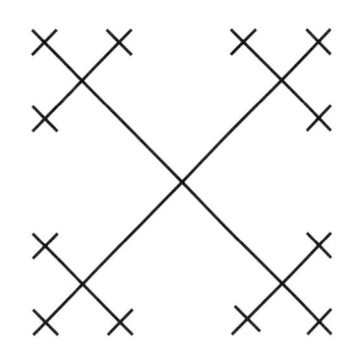

図 1.2　自由群 F_2 のケーリーグラフの一部分.

と定める．これを**語長**（**word length**）という．そこで 2 つの元 $g_1, g_2 \in G$ に対し，その距離を $d_S(g_1, g_2) := l(g_1^{-1}g_2)$ と定める．この d_S を**語距離**（**word metric**）という．

　有限生成群 G の生成系 S に関する語距離は，同じ生成系から構成したケイリーグラフ $\mathrm{Cay}(G, S)$ から得られるものと一致する．特に，語距離が定める位相は離散位相である．

　有限生成群 G には G 自身が左からの掛け算により作用するが，この作用に関して語距離は不変である．また，語距離に関する有界集合は有限集合であり，従って語距離は固有な距離である．

　このように有限生成群の上に幾何学的に定めた距離と代数的に定めた距離が巨視的に見ると一致することを主張するのが，以下で述べるシュバルツ，ミルナー（**Švarc, Milnor**）の**定理**である．

定義 1.2.3. X を位相空間とし，G を X に連続に作用する群とする．

1. 任意のコンパクト集合 $B \subset X$ に対し，集合 $\{g \in G : gB \cap B \neq \varnothing\}$ が有限集合となるとき，作用は**固有**（**proper**）であるという．
2. あるコンパクト集合 $K \subset X$ で，$G \cdot K := \bigcup_{g \in G} gK = X$ なるものが存在するとき，作用は**余コンパクト**（**cocompact**）であるという．
3. X は距離空間であり，G の作用は等長変換であるとする．このとき作用が固有かつ余コンパクトであるならば，作用は**幾何学的**であるという．

定理 1.2.4（シュバルツ，ミルナー）．X を固有な距離を持つ擬測地空間とし，X に群 G が幾何学的に作用しているとする．このとき次が成り立つ．

(1) G は有限生成である．
(2) 任意の点 $x_O \in X$ の軌道 $G \to X : g \mapsto gx_O$ は擬等長同型写像である．ただし，G にはある有限生成系に関する語距離を入れる．

定理 1.2.4 (1) の証明. 正数 $a > 0$ を，擬測地空間の定義（定義 1.1.12）に現

れるものとする．あるコンパクト集合 $K \subset X$ で，$X = \bigcup_{g \in G} gK$ を満たすものが存在する．$S := \{g \in G : gN(K;a) \cap N(K;a) \neq \varnothing\}$ とおく．作用が固有なので，S は有限集合である．この S が G の生成系であることを示す．基点 $x_O \in K$ を固定する．X は擬測地空間であるから，ある点列 $x_1, \ldots, x_k \in X$ で，$k-1 < \overline{x_O, gx_O} \leq k$，$x_O = x_1$，$gx_O = x_k$ かつ $\overline{x_i, x_{i+1}} \leq a\,(1 \leq \forall i < k)$ を満たすものが存在する．これに対応して $g_1, \ldots, g_k \in G$ で，$g_1 = e$，$g_k = g$ かつ $x_i \in g_i K\,(1 \leq \forall i \leq k)$ を満たすものが存在する．ただし e は G の単位元を表す．ここで $x_i \in g_{i+1} N(K;a)$ であるから，$g_i N(K;a) \cap g_{i+1} N(K;a) \neq \varnothing$ となる．従って $g_i^{-1} g_{i+1} \in S$．よって g は S に属する有限個の元の積で実現される． $\square$

定理 1.2.4 (2) の証明は以下の方針で行う．d_G を G のある生成系に関する語距離とする．基点 $x_O \in X$ を固定する．写像 $\varphi\colon G \to X$ を $g \in G$ に対し，$\varphi(g) := g x_O$ で定める．(G, d_G) は擬測地空間であるので，系 1.1.16 より，φ が粗同値写像であることを示せばよい．

そこで写像 $\psi\colon X \to G$ を以下のように定める．まず，G の作用が余コンパクトであることから，あるコンパクト集合 $K_O \subset X$ で $x_O \in K_O$ かつ $X = \bigcup_{g \in G} g K_O$ となるものが存在する．従って任意の点 $x \in X$ に対し，ある $g \in G$ で，$x \in g K_O$ を満たすものが存在する．そこでこのような g を一つ選び，$\psi(x) := g$ と定める．（選びかたは色々あるかもしれないが，どのように選んでも構わない．）系 1.1.7 より以下の 3 つの主張を示せばよい．

主張 1. $\psi \circ \varphi \simeq \mathrm{id}_G$ かつ $\varphi \circ \psi \simeq \mathrm{id}_X$．ただし id_G 及び id_X はそれぞれ G 及び X の恒等写像．

証明. $C := \max\{d_G(e, g) : g \in G,\ g K_O \cap K_O \neq \varnothing\}$ とおく．G の作用が固有であることから，C の値は有限である．$g \in G$ に対し，$g' := \psi \circ \varphi(g) = \psi(g x_O)$ とおく．ψ の定義より $g x_O \in g' K_O$ なので，$x_O \in g^{-1} g' K_O$ となる．従って $g^{-1} g' K_O \cap K_O \neq \varnothing$．故に $d_G(g, g') = d_G(e, g^{-1} g') \leq C$．よって $\psi \circ \varphi \simeq \mathrm{id}_G$．

次に $x \in X$ とし，$g := \psi(x)$ とおく．従って $x \in g K_O$ である．$\varphi \circ \psi(x) = \varphi(g) = g x_O \in g K_O$ であるから，$\overline{x, \varphi \circ \psi(x)} \leq \mathrm{diam}\, g K_O = \mathrm{diam}\, K_O$．よって $\varphi \circ \psi \simeq \mathrm{id}_X$． $\square$

主張 2. $\varphi\colon G \to X$ はボルノロガス．

証明. $R > 0$ を固定する．$S := \max\{\overline{x_O, g x_O} : g \in G,\ d_G(e, g) \leq R\}$ とする．$g, g' \in G$ が $d_G(g, g') \leq R$ を満たすとき，$d_G(e, g^{-1} g') \leq R$．故に $\overline{g x_O, g' x_O} = \overline{x_O, g^{-1} g' x_O} \leq S$．よって φ はボルノロガス． $\square$

主張 3. $\psi\colon X \to G$ はボルノロガス．

証明. $R > 0$ を固定する．$D := \operatorname{diam} K_O$ とする．

$$S := \max\{d(e, g) : g \in G,\ \overline{x_O, gx_O} \le 2D + R\}$$

とおく．G の X への作用が固有であるので，S の値は有限である．2 点 $x, x' \in X$ を $\overline{x, x'} \le R$ を満たすものとし，$g := \psi(x)$，$g' := \psi(x')$ とおく．$x \in gK_O$ かつ $x' \in g'K_O$ である．ここで

$$\overline{x_O, g^{-1}g'x_O} = \overline{gx_O, g'x_O} \le \overline{gx_O, x} + \overline{x, x'} + \overline{x', g'x_O} \le 2D + R$$

である．従って $d(g, g') = d(e, g^{-1}g') \le S$．よって ψ はボルノロガスである． $\square$

G を有限生成群とし，S を生成系とする．G のケイリーグラフ $\operatorname{Cay}(G, S)$ への作用は幾何学的であるから，定理 1.2.4 より $(G, d_S) \cong_{\mathrm{qi}} \operatorname{Cay}(G, S)$ である．実際，語距離 d_S は $\operatorname{Cay}(G, S)$ の距離を G に制限したものと一致した．そこで S' を G の別の生成系とすると，再び定理 1.2.4 より，$(G, d_{S'}) \cong_{\mathrm{qi}} \operatorname{Cay}(G, S) \cong_{\mathrm{qi}} (G, d_S)$ となる．特にある一つの有限生成群の語距離は，生成系の取り方によらず全て擬等長になってしまう．これを以下にまとめておこう．

系 1.2.5. G を有限生成群とし，S 及び S' を G の生成系とする．d_S 及び $d_{S'}$ をそれぞれ S 及び S' から定まる語距離とする．このとき恒等写像 $\mathrm{id}: (G, d_S) \to (G, d_{S'})$ は擬等長同型写像である．

M を閉多様体とし，その基本群を Γ とする．M 上の任意の計量 g の普遍被覆への持ち上げ $\tilde{g}$ に関して，Γ の $(\widetilde{M}, \tilde{g})$ への等長作用は幾何学的である．従って定理 1.2.4 より $\Gamma \cong_{\mathrm{qi}} (\widetilde{M}, \tilde{g})$．特に，このようにして構成した計量 $\tilde{g}$ は，底空間の計量 g の取り方によらず，全て擬等長同型である．

1.2.1 群上の固有な左不変距離

以下では群 G の位数 $|G|$ は高々可算無限大であるとする．このような群を**可算群**という．

定義 1.2.6. 群 G 上の距離 d_G は，任意の $g, g', h \in G$ に対し，$d_G(g, g') = d_G(hg, hg')$ となるとき**左不変**であるという．

有限生成群の任意の有限生成系に関する語距離は固有かつ左不変である．可算群に対しては以下のようにして，固有かつ左不変な距離を構成できる．

G を可算群とする．G の離散位相に関する固有写像 $\varphi: G \to \mathbb{N}$ を一つ選ぶ．元 $g \in G$ の φ に関する**重み付き語長** $l_\varphi(g)$ を

$$l_\varphi(g) := \min\left\{\sum_{i=1}^{n} \varphi(g_i) : g = g_1 g_2 \ldots g_n,\ g_i \in G\, (1 \le \forall i \le n)\right\}$$

で定める．そこで 2 点 $g, g' \in G$ に対し，その距離を $d_\varphi(g, g') := l_\varphi(g^{-1}g')$ と定める．この d_φ を φ に関する**重み付き語距離**と呼ぶ．d_φ は固有かつ左不変である．そして距離空間 (G, d_φ) は，関数 φ の選びかたに依らずに全て粗同値となる．実際には，可算群上の固有な左不変距離は全て粗同値になる．これを証明するために，まず次の命題によりこのような距離が離散位相を定めることを確認する．

命題 1.2.7. (X, d) を完備距離空間とし，G を群とする．G は X へ等長変換により推移的に作用するとする．X の濃度が高々可算無限大であるなら，d が定める X の位相は離散位相である．

証明. 対偶を示す．従って (X, d) の位相は離散位相ではないと仮定し，X の濃度が非可算無限であることを示す．仮定より，ある集積点 $x \in X$ が存在する．すると G の作用が等長的かつ推移的であることから，X の任意の点は集積点となる．

以下の議論で用いられる記号の準備をする．まず 2 つの集合 $\{0,1\}^n$ と $\{w\colon \{1, \dots, n\} \to \{0,1\}\}$ を同一視する．また，

$$\{0,1\}^{\mathbb{N}} := \{w\colon \mathbb{N} \to \{0,1\}\}$$

とする．そして $w \in \{0,1\}^n$ と $i \in \{0,1\}$ に対し，$wi \in \{0,1\}^{n+1}$ を

$$wi(k) := \begin{cases} w(k) & (1 \le k \le n) \\ i & (k = n+1) \end{cases}$$

で定める．また，$w \in \{0,1\}^{\mathbb{N}}$ と $N \in \mathbb{N}$ に対し，$w \upharpoonright N \in \{0,1\}^N$ を w の $\{1, \dots, n\}$ への制限として定める．

集合 $\{0,1\}^{\mathbb{N}}$ から X への単射 $\Phi\colon \{0,1\}^{\mathbb{N}} \to X$ を以下のように構成する．まず相異なる 2 点 $x_0, x_1 \in X$ を任意に取り，$\epsilon_1 := \overline{x_0, x_1}$ とおく．任意の点は集積点であるので，相異なる 2 点 $x_{00}, x_{01} \in B(x_0; \epsilon_1/4)$ 及び $x_{10}, x_{11} \in B(x_1; \epsilon_1/4)$ を取れる．そこで $\epsilon_2 := \min\{\overline{x_{00}, x_{01}}, \overline{x_{10}, x_{11}}\}$ とおく．同様にして自然数 N に関する帰納法により，正数 $\epsilon_N > 0$ 及び任意の $w \in \{0,1\}^N$ に対し点 $x_w \in X$ で，以下の性質を満たすものを構成できる．

1. 任意の $w \in \{0,1\}^N$ に対し，$x_{wi} \in B(x_w; \epsilon_N/4)$ $(i = 0, 1)$．
2. $\epsilon_{N+1} = \min\{\overline{x_{w0}, x_{w1}} : w \in \{0,1\}^N\} > 0$．

構成より，$w \in \{0,1\}^{\mathbb{N}}$ に対して点列 $\{x_{w \upharpoonright N}\}_{N \in \mathbb{N}}$ はコーシー列である．完備性より極限 $x_w := \lim_{N \to \infty} x_{w \upharpoonright N}$ が存在する．そこで写像 $\Phi\colon \{0,1\}^{\mathbb{N}} \to X$ を $w \in \{0,1\}^{\mathbb{N}}$ に対し $\Phi(w) := x_w$ で定めると，これは単射である．集合 $\{0,1\}^{\mathbb{N}}$ の濃度は非可算無限大であるから，X もそうである． □

系 1.2.8. G を可算群とし，d を G 上の固有な左不変距離とする．このとき d が定める G 上の位相は離散位相である．特に G の任意の有界集合は有限集合である．

命題 1.2.9. G を可算群とする．d と d' を G 上の固有な左不変距離とする．このとき恒等写像 $\mathrm{id} \colon (G, d) \to (G, d')$ は粗同値写像．

証明. 系 1.1.7 より，恒等写像 $\mathrm{id} \colon (G, d) \to (G, d')$ がボルノロガスであることを示せばよい．任意の $R > 0$ に対し，$S := \max\{d'(e, g) : g \in G, d(e, g) \le R\}$ とおく．系 1.2.8 より (G, d) は離散位相を持つ固有距離空間であるから，S の値は有限である．2 点 $g, g' \in G$ に対し，$d(g, g') \le R$ と仮定すると，$d(e, g^{-1}g') = d(g, g') \le R$ より，$d'(g, g') = d'(e, g^{-1}g') \le S$ を得る．よって恒等写像はボルノロガス． $\square$

例 1.2.10. G を有限生成群とし d_G を G のある有限生成系に関する語距離とする．また $K < G$ を部分群とする．d_G の K への制限 $d_G|_K$ は K 上の固有な左不変距離である．一方で K 自身も有限生成である場合，K の有限生成系から定まる語距離 d_K が存在する．これも K 上の固有な左不変距離であるから，命題 1.2.9 より $(K, d_G|_K)$ と (K, d_K) は粗同値である．

有限生成群 G 上の語距離は，系 1.2.5 より有限生成系の取り方に依らずに全て擬等長同型になる．一方で以下に述べる例では，G 上の 2 つの固有な左不変距離は一般に擬等長同型にはならないことを示している．

例 1.2.11. 表示 $\langle a, b \mid a^2 = b^{-1}ab \rangle$ で与えられる群 G を**バウムスラッグ・ソリッター（Baumslag-Solitar）群**という．d_G を生成系 $\{a, b, a^{-1}, b^{-1}\}$ に関する語距離とする．$H := \langle a \rangle < G$ を a で生成される部分群とする．H は無限巡回群である．

関係式 $a^2 = b^{-1}ab$ の両辺を平方して，$a^4 = b^{-1}a^2b$ となる．これを繰り返すことにより，$k \in \mathbb{N}$ に対し，$a^{2^k} = b^{-1}a^{2^{k-1}}b$ を得る．従って

$$a^{2^k} = b^{-1}a^{2^{k-1}}b = b^{-2}a^{2^{k-2}}b^2 = \cdots = b^{-k}ab^k$$

となる．よって $d_G(e, a^{2^k}) \le 2k + 1$．これは恒等写像 $(H, d_H) \to (H, d_G|H)$ が擬等長同型写像にならないことを示している．

1.3　粗ホモトピー

この節で解説する粗ホモトピーは，第 7 章及び第 8 章で解説する粗代数的位相幾何学とその粗バウム・コンヌ予想への応用で重要な役割を果たす．

定義 1.3.1. X, Y を固有距離空間とし, $f, g\colon X \to Y$ を粗写像とする. 直積空間 $X \times \mathbb{R}_{\geq 0}$ のある部分空間 $Z = \{(x, t) : 0 \leq t \leq T_x\}$ と粗写像 $h\colon Z \to Y$ で, 以下の条件

1. 写像 $T\colon X \to \mathbb{R}_{\geq 0}\colon x \mapsto T_x$ はボルノロガス,
2. $h(x, 0) = f(x)$,
3. $h(x, T_x) = g(x)$

を満たすものが存在するとき, 写像 f と g は**粗ホモトピック** (**coarsely homotopic**) であるという. また T と h の組みを f から g への**粗ホモトピー** (**coarse homotopy**) という.

命題 1.3.2. 粗ホモトピーは粗写像の間の同値関係である.

証明. $f\colon X \to Y$ を粗写像とする. $T \equiv 0$ とし, $H\colon \{(x, 0) \in X \times \mathbb{R}_{\geq 0}\} \to Y$ を $H(x, 0) := f(x)$ で定めれば, f が f 自身と粗ホモトピックであることが従う. よって反射律が成り立つ.

$f, g\colon X \to Y$ を粗写像とし, f と g は粗ホモトピックであるとする. T と $H\colon Z = \{(x, t) \in X \times \mathbb{R}_{\geq 0} : 0 \leq t \leq T_x\} \to Y$ を f から g への粗ホモトピーとする. このとき $H'\colon Z \to Y$ を $H'(x, t) := H(x, T_x - t)$ で定めれば, T と H' は g から f への粗ホモトピーになる. よって対称律も成り立つ.

$f, g, k\colon X \to Y$ を粗写像とし, f と g 及び g と k はそれぞれ粗ホモトピックであるとする. それぞれの粗ホモトピーを T, H 及び T', H' とする. 写像 $S\colon X \to \mathbb{R}_{\geq 0}$ を $S(x) = S_x := T_x + T'_x$ で定めると, S はボルノロガスである. $Z := \{(x, t) \in X \times \mathbb{R}_{\geq 0} : 0 \leq t \leq S_x\}$ とおく. 写像 $L\colon Z \to Y$ を $(x, t) \in Z$ に対し, $t \leq T_x$ のときは $L(x, t) := H(x, t)$ と定め, $t \geq T_x$ のときは $L(x, t) := H'(x, t - T_x)$ と定めれば, S, L が f から k への粗ホモトピーになる. よって推移律も成り立つ. $\qquad\square$

定義 1.3.3. X と Y を固有距離空間とする. 粗写像 $f\colon X \to Y$ 及び $g\colon Y \to X$ で, 合成 $g \circ f$ 及び $f \circ g$ がそれぞれ X 及び Y の恒等写像と粗ホモトピックであるものが存在するとき, X と Y は**粗ホモトピー同値**であるといい, f 及び g をそれぞれ**粗ホモトピー同値写像**という.

例 1.3.4 (双曲平面に対する粗カルタン・アダマールの定理[36][64]). 双曲平面 $\mathbb{H}^2$ とユークリッド平面 $\mathbb{R}^2$ は粗ホモトピー同値である.

証明. $\mathbb{H}^2$ の点 $o \in \mathbb{H}^2$ を固定し, その点に於ける接平面 $T_o\mathbb{H}^2$ と $\mathbb{R}^2$ を同一視する. 指数写像 $\exp\colon \mathbb{R}^2 \to \mathbb{H}^2$ は微分同相写像なので, 逆写像 $\log\colon \mathbb{H}^2 \to \mathbb{R}^2$ が存在する. $\mathbb{R}^2$ と $\mathbb{H}^2$ それぞれでの余弦公式を比べることにより, $\log$ は粗写像だが, $\exp$ はボルノロガスにならないことが分かる. そこで動径方向へ縮小

する写像 $\rho\colon \mathbb{R}^2 \to \mathbb{R}^2$ を $\rho(r(\cos\theta, \sin\theta)) := \sinh^{-1} r(\cos\theta, \sin\theta)$ で定めると，合成 $\exp \circ \rho$ は粗写像になる．そして ρ は $\mathrm{id}_{\mathbb{R}^2}$ と粗ホモトピックである．実際 $T\colon \mathbb{R}^2 \to \mathbb{R}_{\geq 0}$ を $T(r(\cos\theta, \sin\theta)) := r$ とし，$H\colon \{(x,t) \in \mathbb{R}_{\geq 0} : 0 \leq t \leq r\} \to \mathbb{R}^2$ を $H(r(\cos\theta, \sin\theta), t) := (r - t + \sinh^{-1} t)(\cos\theta, \sin\theta)$ と定めれば，これは $\mathrm{id}_{\mathbb{R}^2}$ から ρ への粗ホモトピーである．

ここで $\log \circ \exp \circ \rho = \rho$ なので，$\log \circ \exp \circ \rho\colon \mathbb{R}^2 \to \mathbb{R}^2$ は $\mathrm{id}_{\mathbb{R}^2}$ と粗ホモトピックである．また，$\exp \circ \rho \circ \log\colon \mathbb{H}^2 \to \mathbb{H}^2$ は恒等写像 $\mathrm{id}_{\mathbb{H}^2}$ と粗ホモトピックである．詳しくは補題 6.3.7 の計算を参照せよ．よって $\exp \circ \rho\colon \mathbb{R}^2 \to \mathbb{H}^2$ は粗ホモトピー同値写像である． $\qquad\square$

なお，双曲平面 $\mathbb{H}^2$ とユークリッド平面 $\mathbb{R}^2$ が粗同値でないことは，第 2 章の増大度を用いた議論により示される．例 2.2.21 を参照せよ．

1.4 開錐の粗幾何学

W をコンパクト距離化可能空間とする．W 上の**開錐**（**open cone**）を次の商位相空間として定める．

$$\mathcal{O}W = (\mathbb{R}_{\geq 0} \times W)/(\{0\} \times W).$$

組 $(t,w) \in \mathbb{R}_{\geq 0} \times W$ が代表する $\mathcal{O}W$ の元を tw と表すことにする．論文 [73] を参考にして開錐上の距離を次で定める．

命題 1.4.1. d_W を W 上の位相と一致する距離とする．関数 $d_{\mathcal{O}W}\colon \mathcal{O}W \times \mathcal{O}W \to \mathbb{R}_{\geq 0}$ を次の式で定める．

$$d_{\mathcal{O}W}(tw, t'w') = |t - t'| + \min\{t, t'\} d_W(w, w').$$

距離空間 (W, d_W) の直径が 2 以下であるならば，$d_{\mathcal{O}W}$ は開錐 $\mathcal{O}W$ 上の距離となる．

証明. 関数 $d_{\mathcal{O}W}$ が対称かつ非退化であることは明らかなので，三角不等式を確かめる．三点 $tw, t'w', t''w'' \in \mathcal{O}W$ を取る．関数 $d_{\mathcal{O}W}$ の定義と，距離関数 d_W に関する三角不等式より，次を得る．

$$
\begin{aligned}
&d_{\mathcal{O}W}(tw, t'w') + d_{\mathcal{O}W}(t'w', t''w'') \\
&= |t - t'| + |t' - t''| + \min\{t, t'\} d_W(w, w') + \min\{t', t''\} d_W(w', w'') \\
&\geq |t - t'| + |t' - t''| + \min\{t, t', t''\} d_W(w, w'') \\
&\geq |t - t''| + \min\{t, t', t''\} d_W(w, w'').
\end{aligned}
$$

もし $\min\{t, t', t''\} \neq t'$ ならば，$\min\{t, t', t''\} = \min\{t, t''\}$ であり，従って，

$$d_{\mathcal{O}W}(tw, t'w') + d_{\mathcal{O}W}(t'w', t''w'')$$

$$\geq |t - t''| + \min\{t, t''\} d_W(w, w'')$$
$$= d_{\mathcal{O}W}(tw, t''w'')$$

となり，三角不等式を得る．そこで $\min\{t, t', t''\} = t'$ と仮定する．また，$t'' \geq t$ と仮定しても一般性を失わない．すると，

$$d_{\mathcal{O}W}(tw, t'w') + d_{\mathcal{O}W}(t'w', t''w'')$$
$$\geq |t - t'| + |t' - t''| + \min\{t, t', t''\} d_W(w, w'')$$
$$\geq t - t' + t'' - t' + t' d_W(w, w'')$$
$$= t'' - t + 2(t - t') + t' d_W(w, w'')$$
$$\geq t'' - t + (t - t') d_W(w, w'') + t' d_W(w, w'')$$
$$= t'' - t + t d_W(w, w'')$$
$$= d_{\mathcal{O}W}(tw, t''w'')$$

となり，この場合も三角不等式を得る． $\qquad\square$

演習問題 1.4.2. 命題 1.4.1 において，距離空間 (W, d_W) の直径が 2 より大きいとき関数 $d_{\mathcal{O}W}$ は三角不等式を満たさないことを確かめよ．

命題 1.4.3. 距離化可能空間 W 上に，位相と一致する 2 つの距離 d_W と d'_W を選ぶ．距離空間 (W, d_W) と (W, d'_W) の直径はいずれも 2 以下と仮定する．開錐 $\mathcal{O}W$ 上の 2 つの距離 $d_{\mathcal{O}W}$ と $d'_{\mathcal{O}W}$ を命題 1.4.1 により構成する．

このとき，2 つの距離空間 $(\mathcal{O}W, d_{\mathcal{O}W})$ と $(\mathcal{O}W, d'_{\mathcal{O}W})$ は粗ホモトピー同値である．

証明のためにいくつか補題を準備する．(W, d_W) を直径が 2 以下である距離空間とする．開錐 $\mathcal{O}W$ に命題 1.4.1 で構成される距離 $d_{\mathcal{O}W}$ を入れる．

写像 $r \colon \mathbb{R}_{\geq 0} \to \mathbb{R}_{\geq 0}$ を 1-リプシッツ同相写像とする．開錐から自身への同相写像

$$\rho \colon \mathcal{O}W \to \mathcal{O}W; tw \mapsto r(t)w$$

を**放射状縮小写像**（**radial contraction**）という．

補題 1.4.4. 任意の放射状縮小写像 $\rho \colon \mathcal{O}W \to \mathcal{O}W$ は恒等写像 $\mathrm{id}_{\mathcal{O}W}$ と粗ホモトピックである．

証明．次の写像と集合を考える．

$$T \colon \mathcal{O}W \to \mathbb{R}_{\geq 0}; \quad tw \mapsto t,$$
$$Z := \{(tw, s) \in \mathcal{O}W \times \mathbb{R}_{\geq 0} : s \leq t\},$$
$$F \colon Z \to \mathcal{O}W; \quad (tw, s) \mapsto (t - s + r(s))w.$$

定義より $|t - t'| \leq d_{\mathcal{O}W}(tw, t'w')$ であるから，写像 T はボルノロガスである．また，$F(tw, 0) = tw$ 及び $F(tw, T(tw)) = r(t)w = \rho(tw)$ である．

次に写像 F が固有写像であることを確認する．開錐 $\mathcal{O}W$ 上の任意の有界集合 B に対し，ある正数 $C > 0$ が存在して，$B \subset \{tw \in \mathcal{O}W : t \leq C\}$ となる．従って $F^{-1}(B) \subset \{(tw, s) \in Z : t - s + r(s) \leq C\}$ である．そこで $t - s + r(s) \leq C$ とすると，$t - s \leq C$ かつ $r(s) \leq C$ であり，従って $s \leq r^{-1}(C)$ かつ $t \leq C + r^{-1}(C)$ である．よって F は固有写像である．

最後に，F がボルノロガスであることを計算により確かめる．

$$
\begin{aligned}
&d_{\mathcal{O}W}(F(tw, s), F(t'w', s')) \\
&\quad = d_{\mathcal{O}W}((t - s + r(s))w, (t' - s' + r(s'))w') \\
&\quad = |t - s + r(s) - t' + s' - r(s')| \\
&\qquad + \min\{t - s + r(s), t' - s' + r(s')\} d_W(w, w') \\
&\quad \leq |t - t'| + |s - s'| + |r(s) - r(s')| + \min\{t, t'\} d_W(w, w') \\
&\quad \leq |t - t'| + 2|s - s'| + \min\{t, t'\} d_W(w, w') \\
&\quad \leq 2 d_Z((tw, s), (t'w', s')).
\end{aligned}
$$

よって F はボルノロガス． $\qquad\qquad\qquad\qquad\qquad\qquad\qquad\qquad\qquad\qquad\square$

定義 1.4.5. X を位相空間とし Y を距離空間とする．写像 $f\colon X \to Y$ は，ある正数 $\epsilon > 0$ が存在して，任意の点 $x \in X$ に対し，逆像 $f^{-1}(\bar{B}(f(x); \epsilon))$ が x の近傍となるとき，**擬連続**（**pseudo continuous**）であるという．

次の補題は論文 [36, (4.3) Proposition] で述べられている．ここでは尾國による証明を紹介する．

補題 1.4.6. (W, d_W) を直径が 2 以下である距離空間とする．開錐 $\mathcal{O}W$ に命題 1.4.1 で構成される距離 $d_{\mathcal{O}W}$ を入れる．

Y を固有距離空間とする．写像 $f\colon \mathcal{O}W \to Y$ は固有かつ，擬連続とする．このとき，ある放射状縮小写像 $\rho\colon \mathcal{O}W \to \mathcal{O}W$ が存在して，合成 $f \circ \rho\colon \mathcal{O}W \to Y$ が粗写像になる．

証明. 写像 $f\colon \mathcal{O}W \to Y$ は擬連続なので，ある定数 $C > 0$ が存在して，任意の点 $uw \in \mathcal{O}W$ に対し $f^{-1}(\bar{B}(f(uw)); C/2)$ が点 uw の近傍となる．よってある定数 $D_{uw} > 0$ が存在して，任意の $u'w' \in \bar{B}(uw; D_{uw})$ に対して，$d_Y(f(uw), f(u'w')) < C/2$ となる．ここで任意の $u \geq 0$ に対し

$$
\mathcal{O}W_{\leq u} = \{u'w \in \mathcal{O}W : u' \leq u\}
$$

とおく．部分集合 $\mathcal{O}W_{\leq u+1}$ はコンパクトなのでルベーグの被覆補題より，ある定数 $D_u > 0$ が存在して，任意の 2 点 $u_1 w_1, u_2 w_2 \in \mathcal{O}W_{\leq u+1}$ で

$d_{\mathcal{O}W}(u_1w_1, u_2w_2) < D_u$ なるものに対して, $d_Y(f(u_1w_1), f(u_2w_2)) < C$ が成立する.

ここで $u \leq u'$ ならば $\mathcal{O}W_{\leq u+1} \subset \mathcal{O}W_{\leq u'+1}$ なので, 関数

$$\mathbb{R}_{\geq 0} \to \mathbb{R}_{>0}; \quad u \mapsto D_u$$

は単調非増大であると仮定してもよい. さらにこの関数は連続かつ任意の $u \in \mathbb{R}_{\geq 0}$ に対し $D_u \leq 1$ と仮定しても一般性を失わない.

正数 δ_u を, $u \geq 1$ のとき $\delta_u = D_u/u$ とし, $0 \leq u < 1$ のとき $\delta_u = \delta_1 = D_1$ と定める. 任意の $u \in \mathbb{R}_{\geq 0}$ に対し $\delta_u \leq 1$ が成り立ち, 関数

$$\mathbb{R}_{\geq 0} \to \mathbb{R}_{>0}; \quad u \mapsto \delta_u$$

は連続かつ単調非増大になる. さらに関数 $q\colon \mathbb{R}_{\geq 0} \to \mathbb{R}_{\geq 0}$ を

$$q(u) := u/\delta_u$$

で定める. これは連続かつ狭義増大であり, $q(0) = 0$ かつ $u \to \infty$ のとき $q(u) \to \infty$ となる. 従って q は同相写像である. さらに q は拡大写像である. 実際, 任意の $u_1, u_2 \in \mathbb{R}_{\geq 0}$ で $u_2 \geq u_1$ なるものに対し,

$$0 \leq u_2 - u_1 \leq \frac{u_2}{\delta_{u_2}} - \frac{u_1}{\delta_{u_1}} = q(u_2) - q(u_1) \tag{1.1}$$

となる. 従って逆写像 $r := q^{-1}$ は 1-リプシッツ同相写像である.

以上の準備の元に, 放射状縮小写像 $\rho\colon \mathcal{O}W \to \mathcal{O}W; tw \mapsto r(t)w$ に対し, 合成 $f \circ \rho\colon \mathcal{O}W \to Y$ が粗写像であることを示そう.

f と ρ は共に距離的固有であるから, 合成 $f \circ \rho$ も距離的固有である. 次に $f \circ \rho\colon \mathcal{O}W \to Y$ がボルノロガスであることを示そう. そのためには, 任意の $R \geq 1$ に対し, ある $S > 0$ が存在して, 任意の 2 点 $u_1w_1, u_2w_2 \in \mathcal{O}W$ で $u_2 \geq u_1$ かつ $d_{\mathcal{O}W}(q(u_1)w_1, q(u_2)w_2) < R$ を満たすものに対して

$$d_Y(f(u_1w_1), f(u_2w_2)) < S$$

が成り立つことを示せばよい.

実数 $R \geq 1$ を取り, $S = C + \operatorname{diam} f(\mathcal{O}W_{\leq 2R})$ とおく. 2 点 $u_1w_1, u_2w_2 \in \mathcal{O}W$ を, $u_2 \geq u_1$ かつ $d_{\mathcal{O}W}(q(u_1)w_1, q(u_2)w_2) < R$ なるものとする. 上述の構成と (1.1) より,

$$\begin{aligned} d_{\mathcal{O}W}(q(u_1)w_1, q(u_2)w_2) &= q(u_2) - q(u_1) + q(u_1)d_W(w_1, w_2) \\ &\geq \frac{1}{\delta_{u_1}}(u_2 - u_1) + \frac{1}{\delta_{u_1}}u_1 d_W(w_1, w_2) \\ &= \frac{1}{\delta_{u_1}}d_{\mathcal{O}W}(u_1w_1, u_2w_2) \end{aligned}$$

となる. よって次を得る.

$$d_{\mathcal{O}W}(u_1w_1, u_2w_2) \leq R\delta_{u_1}. \tag{1.2}$$

まず, $u_1 \geq R$ と仮定する. $1 \leq R \leq U_1$ なので, $u_1 \delta_{u_1} = D_{u_1} \leq 1$ である. 故に

$$d_{\mathcal{O}W}(u_1 w_1, u_2 w_2) \leq u_1 \delta_{u_1} = D_{u_1} \leq 1$$

となる. 従って $u_2 w_2 \in \mathcal{O}W_{\leq u_1 + 1}$. よって $d_Y(f(u_1 w_1), f(u_2 w_2)) < C \leq S$ を得る.

次に, $u_1 \leq R$ と仮定する. 式 (1.2) より

$$u_2 - u_1 \leq d_{\mathcal{O}W}(u_1 w_1, u_2 w_2) \leq R \delta_{u_1} \leq R$$

であるから, $0 \leq u_1 \leq u_2 \leq 2R$ となる. 故に $i = 1, 2$ に対し, $f(u_i w_i) \in f(\mathcal{O}W_{\leq 2R})$ となる. よって

$$d_Y(f(u_1 w_1), f(u_2 w_2)) \leq \mathrm{diam}\, f(\mathcal{O}W_{\leq 2R}) < S.$$

以上より f はボルノロガスである. $\qquad\qquad\qquad\qquad\qquad\qquad\square$

命題 1.4.3 の証明. (W_1, d_1) と (W_2, d_2) をコンパクト距離空間とし, それぞれの直径は 2 以下であるとする. それぞれの開錐 $\mathcal{O}W_1$ 及び $\mathcal{O}W_2$ に命題 1.4.1 で定まる距離 $d_{\mathcal{O}W_1}$ 及び $d_{\mathcal{O}W_2}$ を備える.

W_1 と W_2 は同相であると仮定する. このとき, 開錐 $(\mathcal{O}W_1, d_{\mathcal{O}W_1})$ と $(\mathcal{O}W_2, d_{\mathcal{O}W_2})$ は粗ホモトピー同値であることを示す.

写像 $\varphi \colon W_1 \to W_2$ を同相写像とする. 次で定める 2 つの写像

$$\mathcal{O}\varphi \colon \mathcal{O}W_1 \to \mathcal{O}W_2; \quad tw_1 \to t\varphi(w_1),$$
$$(\mathcal{O}\varphi)^{-1} = \mathcal{O}(\varphi^{-1}) \colon \mathcal{O}W_2 \to \mathcal{O}W_1; \quad tw_2 \to t\varphi^{-1}(w_2)$$

はそれぞれ同相写像であるが, 一般にボルノロガスとは限らない. 補題 1.4.6 よりある放射状縮小写像

$$\rho_1 \colon \mathcal{O}W_1 \to \mathcal{O}W_1; \quad t_1 w_1 \mapsto r_1(t_1) w_1,$$
$$\rho_2 \colon \mathcal{O}W_2 \to \mathcal{O}W_2; \quad t_2 w_2 \mapsto r_2(t_2) w_2$$

との合成 $\mathcal{O}\varphi \circ \rho_1$ 及び $(\mathcal{O}\varphi)^{-1} \circ \rho_2$ は粗写像となる.

また構成より, $((\mathcal{O}\varphi)^{-1} \circ \rho_2) \circ (\mathcal{O}\varphi \circ \rho_1)(t_1 w_1) = (r_2 \circ r_1(t_1)) w_1$, となるので, 写像 $((\mathcal{O}\varphi)^{-1} \circ \rho_2) \circ (\mathcal{O}\varphi \circ \rho_1)$ もまた放射状縮小写像であり, 従って補題 1.4.4 より恒等写像 $\mathrm{id}_{\mathcal{O}W_1}$ と粗ホモトピー同値である. 同様にして $(\mathcal{O}\varphi \circ \rho_1) \circ ((\mathcal{O}\varphi)^{-1} \circ \rho_2)$ も恒等写像 $\mathrm{id}_{\mathcal{O}W_2}$ と粗ホモトピー同値であることが示せる. $\qquad\qquad\qquad\qquad\qquad\qquad\square$

開錐への距離の入れ方には, 命題 1.4.1 の方法以外にも, ヒルベルト空間への埋め込みを利用するものがある.

$\mathcal{H}$ を可分ヒルベルト空間とし, $\mathbb{S}(1) := \{ v \in \mathcal{H} : \|v\| = 1 \}$ を $\mathcal{H}$ の単位球面

とする．W をコンパクト距離化可能空間とする．命題 A.1.2 により，位相埋め込み $\iota\colon W \to \mathbb{S}(1)$ が存在する．この埋め込みは自然に $\iota\colon \mathcal{O}W \to \mathcal{H}$ へと拡張できる．実際，$\iota(tw) := t\iota(w)$ とすればよい．そこで $\mathcal{O}W$ 上の新しい距離 $d^{\mathcal{H}}_{\mathcal{O}W}$ を

$$d^{\mathcal{H}}_{\mathcal{O}W}(tw, t'w') := \|t\iota(w) - t'\iota(w')\|$$

で定める．即ち $d^{\mathcal{H}}_{\mathcal{O}W}$ は $\mathcal{H}$ の距離の $\iota(\mathcal{O}W)$ への制限である．

命題 1.4.7. W をコンパクト距離化可能空間とし，$\iota\colon W \to \mathbb{S}(1)$ をヒルベルト空間 $\mathcal{H}$ の単位球への位相埋め込みとする．$d^{\mathcal{H}}_{\mathcal{O}W}$ をこの埋め込みから定まる距離とする．一方，W 上の距離 d_W を

$$d_W(w, w') := d^{\mathcal{H}}_{\mathcal{O}W}(1w, 1w') = \|\iota(w) - \iota(w')\|$$

で定めると，距離空間 (W, d_W) の直径は 2 以下になる．そこで距離 d_W に対して命題 1.4.1 を適用して得られる $\mathcal{O}W$ 上の距離を $d_{\mathcal{O}W}$ と表すと，任意の $tw, t'w' \in \mathcal{O}W$ に対し，次が成り立つ．

$$d^{\mathcal{H}}_{\mathcal{O}W}(tw, t'w') \leq d_{\mathcal{O}W}(tw, t'w') \leq 3d^{\mathcal{H}}_{\mathcal{O}W}(tw, t'w').$$

特に，恒等写像 $(\mathcal{O}W, d_{\mathcal{O}W}) \to (\mathcal{O}W, d^{\mathcal{H}}_{\mathcal{O}W})$ は粗同値写像である．

証明. 任意に $t \geq t' \geq 0$ と $w, w' \in W$ を取る．すると

$$
\begin{aligned}
d^{\mathcal{H}}_{\mathcal{O}W}(tw, tw') &= \|t\iota(w) - t'\iota(w')\| \\
&\leq \|t\iota(w) - t'\iota(w)\| + \|t'\iota(w) - t'\iota(w')\| \\
&= t - t' + t'\|\iota(w) - \iota(w')\| = d_{\mathcal{O}W}(tw, tw')
\end{aligned}
$$

を得る．また同様の計算で次を得る．

$$
\begin{aligned}
d_{\mathcal{O}W}(tw, tw') &= t - t' + t'\|\iota(w) - \iota(w')\| \\
&= t - t' + \|t'\iota(w) - t'\iota(w')\| \\
&\leq t - t' + \|t'\iota(w) - t\iota(w)\| + \|t\iota(w) - t'\iota(w')\| \\
&= 2(t - t') + \|t\iota(w) - t'\iota(w')\| \\
&\leq 3\|t\iota(w) - t'\iota(w')\| = 3d^{\mathcal{H}}_{\mathcal{O}W}(tw, tw').
\end{aligned}
$$

$\square$

1.5 コンパクト化

この節では関数解析の初歩的な知識を仮定する．関数解析に不慣れな読者は

この節を読み飛ばしても本書の残りの部分を読む上で差し支えは無い.

定義 1.5.1. X を局所コンパクト・ハウスドルフ空間とする.コンパクト・ハウスドルフ空間 $\bar{X}$ に対し,位相埋め込み $\iota\colon X \to \bar{X}$ で,像 $\iota(X)$ が $\bar{X}$ の中で稠密であるものが与えられたとき,$\bar{X}$ を X の**コンパクト化**という.このとき,X を $\iota(X)$ と同一視し,$\bar{X}$ の部分集合と見なす.

固有距離空間 X 上の有界連続関数全体のなす集合を $C_b(X)$ で表す.これは各点ごとの和と積により,可換環になる.また複素共役を取るという操作により,$C_b(X)$ 上の対合が定まる.$C_b(X)$ 上のノルムを $f \in C_b(X)$ に対し

$$\|f\| := \sup_{x \in X} |f(x)|$$

で定めることにより,C^* 環(定義 C.1.1)となる.このノルムにより定まる位相は,一様収束の位相と一致する.次に $f \in C_b(X)$ とする.任意の $\epsilon > 0$ に対してあるコンパクト集合 $K \subset X$ が存在し,任意の $x \in X \setminus K$ に対して $|f(x)| < \epsilon$ が成り立つとき,f は**無限遠で消える**という.X 上の連続関数のうち,無限遠で消えるもの全体の成す集合を $C_0(X)$ とする.$C_0(X)$ は $C_b(X)$ の閉イデアルであり,対合で閉じている.

定義 1.5.2. X を固有距離空間とする.写像 $f\colon X \to \mathbb{C}$ に対し,写像 $df\colon X \times X \to \mathbb{C}$ を $(x,y) \in X \times X$ に対し,$df(x,y) := f(y) - f(x)$ で定める.任意の $R > 0$ と任意の $\epsilon > 0$ に対し,あるコンパクト集合 $K \subset X$ が存在して,任意の $x,y \in X \setminus K$ に対し,$\overline{x,y} \leq R$ なら $|df(x,y)| \leq \epsilon$ となるとき,f は**緩振動**(**slowly oscillating**)であるという.

X 上の緩振動である有界連続関数全体の成す集合を $C_h(X)$ で表す.定数関数は緩振動なので $C_h(X)$ は単位元 1 を含む.

命題 1.5.3. $C_h(X)$ は $C_b(X)$ の閉部分 C^* 環であり,$C_0(X) \subset C_h(X)$ が成り立つ.

証明. $C_h(X)$ が各点ごとの和と共役を取る操作で閉じていることは自明.$f,g \in C_h(X)$ とする.任意の $x,y \in X$ に対し,

$$d(fg)(x,y) = df(x,y)g(x) + f(y)dg(x,y)$$

であることを用いれば,各点ごとの積でも閉じていることが容易に分かる.次に,関数列 $f_n \in C_h(X)$ が $f \in C_b(X)$ に一様収束しているとする.任意の $x,y \in X$ に対し,次を得る.

$$\begin{aligned} |df(x,y)| &= |f(x) - f_n(x) + f_n(x) - f_n(y) + f_n(y) - f(y)| \\ &\leq |df_n(x,y)| + 2\,\|f - f_n\|. \end{aligned}$$

これより f は緩振動であるので,$f \in C_h(X)$ となる.よって $C_h(X)$ は $C_b(X)$ の閉部分空間である.無限遠で消える関数が緩振動であることは容易に分かるので,包含関係 $C_0(X) \subset C_h(X)$ は自明. $\qquad\square$

ゲルファント・ナイマーク (Gelfand-Naimark) の理論より,$C_h(X)$ は一意的に定まるあるコンパクト・ハウスドルフ空間上の連続関数環と同型になる.

定義 1.5.4. X を固有距離空間とする.コンパクト・ハウスドルフ空間 hX で,その上の連続関数環 $C(hX)$ が $C_h(X)$ と同型になるものを,X の**ヒグソンコンパクト化 (Higson compactification)** という.

包含関係 $C_0(X) \subset C_h(X)$ より,稠密な埋め込み $\iota\colon X \hookrightarrow hX$ が与えられる.そこで以後は X を埋め込みの像 $\iota(X)$ と同一視し,$X \subset hX$ と見なす.境界 $hX \setminus X$ を**ヒグソンコロナ (Higson corona)** と呼び,νX で表す.短完全列

$$0 \to C_0(X) \to C(hX) \to C(\nu X) \to 0$$

は連続関数環の同型 $C(\nu X) \cong C_h(X)/C_0(X)$ を誘導する.

次に,固有距離空間の間の粗写像から,ヒグソンコロナの間の連続写像を構成する.粗写像は連続とは限らないので,上述の連続関数環を用いた定義を修正する必要がある.

$B_h(X)$ を距離空間 X 上の有界関数で,緩振動であるもの全体の成す可換環とする.これは sup ノルムにより可換 C^* 環となる.また,$B_0(X)$ を X 上の無限遠で消える関数全体のなす集合とする.$B_0(X)$ は $B_h(X)$ の閉イデアルである.

命題 1.5.5. X を固有距離空間とする.次が成り立つ.

(a) $C_0(X) = C_h(X) \cap B_0(X)$.

(b) $C_h(X) = C_b(X) \cap B_h(X)$.

(c) $B_h(X) = C_h(X) + B_0(X)$.

証明. 定義より (a) と (b) は自明.そこで (c) を示す.一様な直径の上限を持つ開集合合からなる X 上の局所有限な開被覆 $\{U_\lambda\}_{\lambda \in \Lambda}$ と,付随する 1 の分割 $\{\varphi_\lambda\}_{\lambda \in \Lambda}$ を取る.各 $\lambda \in \Lambda$ に対し,点 $x_\lambda \in U_\lambda$ を選ぶ.ここで写像 $f \in B_h(X)$ に対し,関数 $g\colon X \to \mathbb{C}$ を

$$g(x) := \sum_{\lambda \in \Lambda} \varphi_\lambda(x) f(x_\lambda)$$

で定める.g は連続かつ有界である.また

$$f(x) - g(x) = \sum_{\lambda \in \Lambda} \varphi_\lambda(x)(f(x) - f(x_\lambda))$$

である．$\varphi_\lambda(x) \neq 0$ なら $x \in U_\lambda$ であることと，$\sup_{\lambda \in \Lambda} \mathrm{diam}\, U_\lambda < \infty$ 及び，f が緩振動であるから，$f - g \in B_0(X)$ となる．従って $g = f - (f - g) \in B_h(X)$. 故に (b) より $g \in C_h(X)$. よって $B_h(X) = C_h(X) + B_0(X)$ である． □

以上の議論により，ヒグソンコロナ上の連続関数環を，連続関数を用いずに記述できることが分かる．

系 1.5.6. X を固有距離空間とする．次が成り立つ．

$$C(\nu X) \cong B_h(X)/B_0(X). \tag{1.3}$$

証明. 第二準同型定理より

$$C(\nu X) \cong \frac{C_h(X)}{C_0(X)} \cong \frac{C_h(X)}{C_h(X) \cap B_0(X)} \cong \frac{C_h(X) + B_0(X)}{B_0(X)} \cong \frac{B_h(X)}{B_0(X)}. \tag{1.4}$$

□

補題 1.5.7. X, Y を固有距離空間とする．粗写像 $\Phi\colon X \to Y$ は連続写像 $\nu\Phi\colon \nu X \to \nu Y$ を誘導し，写像 $\Phi \cup \nu\Phi\colon hX \to hY$ は νX 上の各点で連続である．さらに2つの粗写像 $\Phi, \Psi\colon X \to Y$ が近いならば，$\nu\Phi = \nu\Psi$ である．

証明. 粗写像 $\Phi\colon X \to Y$ は準同型 $\Phi^*\colon B_h(Y) \to B_h(X)$ を誘導し，$\Phi^*(B_0(Y)) \subset B_0(X)$ である．これは準同型

$$\Phi^*\colon B_h(Y)/B_0(Y) \to B_h(X)/B_0(X)$$

を誘導するので，前半の主張を得る．2つの粗写像 Φ, Ψ が近ければ，$f \in B_h(Y)$ に対し，$\Phi^* f - \Psi^* f \in B_0(X)$ となるので，後半の主張を得る． □

命題 1.5.8. X を非有界な固有距離空間とする．hX は第二可算公理を満たさない．従って特に距離化不可能である．

証明. X を固有距離空間とする．位相空間 hX が第二可算公理を満たすことと，連続関数の成す環 $C(hX) \cong C_h(X)$ が可分であることは同値なので，X が非有界であるなら $C_h(X)$ が可分ではないことを示す．

X の点列 $(x_n)_{n \in \mathbb{N}}$ で，任意の $m, n \in \mathbb{N}$ に対し，$\overline{x_n, x_m} > 2(n + m)$ となるものが存在する．このとき $B(x_n; 2n) \cap B(x_m; 2m) = \varnothing$ である．各 $n \in \mathbb{N}$ に対し，関数 $\varphi_n\colon X \to [0,1]$ を $x \in B(x_n; n)$ に対し，$\varphi_n(x) := 1 - \overline{x, x_n}/n$ とし，$x \in X \setminus B(x_n; n)$ に対し，$\varphi_n(x) := 0$ と定める．$\{0,1\}^{\mathbb{N}} := \{w\colon \mathbb{N} \to \{0,1\}\}$ とし，各 $w \in \{0,1\}^{\mathbb{N}}$ に対し，関数 $\Phi_w\colon X \to [0,1]$ を $\Phi_w(x) := \sum_{n \in \mathbb{N}} w(n)\varphi_n(x)$ と定める．まず Φ_w は緩振動であることを示す．任意の $R > 0$ と $0 < \epsilon < 1$ に対し，

$$K_R := \bigcup_{n \le 2\lfloor R/\epsilon \rfloor + 1} \bar{B}(x_n; n)$$

とおく. 2 点 $x, y \in X \setminus K_R$ は $\overline{x, y} < R$ を満たすとする. 任意の $n \in \mathbb{N}$ に対し $\{x, y\} \cap B(x_n; n) = \varnothing$ なら $d\Phi_w(x, y) = 0$ である. そこである $N \in \mathbb{N}$ に対し, $\{x, y\} \cap B(x_N; N) \ne \varnothing$ と仮定する. $N \le 2\lfloor R/\epsilon \rfloor + 1$ なら $\{x, y\} \cap K_R \ne \varnothing$ となり矛盾するので, $N > 2\lfloor R/\epsilon \rfloor + 1$ であり, このような $N \in \mathbb{N}$ はただ一つである. 差分を計算すると,

$$\begin{aligned}
|\Phi_w(x) - \Phi_w(y)| &= \left| \sum_{n \in \mathbb{N}} w(n)(\varphi_n(x) - \varphi_n(y)) \right| \\
&= |w(N)(\varphi_N(x) - \varphi_N(y))| \\
&\le R/N < \epsilon
\end{aligned}$$

となる. よって $\Phi_w \in C_h(X)$ である.

さて, 任意の $w, w' \in \{0, 1\}^{\mathbb{N}}$ に対し, $w \ne w'$ ならば $\|\Phi_w - \Phi_{w'}\| = 1$ である. よって部分集合 $\{\Phi_w : w \in \{0, 1\}^{\mathbb{N}}\} \subset C_h(X)$ は相異なる 2 つの元のノルム距離が 1 である非可算無限集合であるから, $C_h(X)$ は可分ではない. □

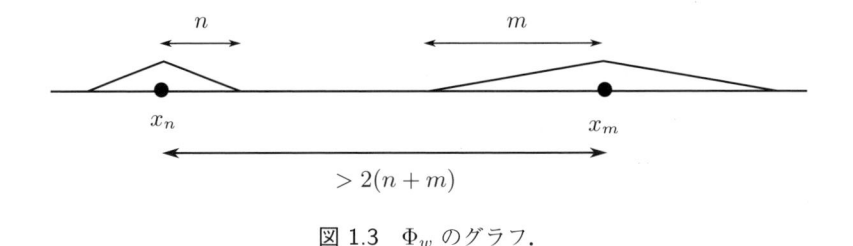

図 1.3　Φ_w のグラフ.

定義 1.5.9. X を固有距離空間とし, $\bar{X}$ を X のコンパクト化とする. $\bar{X}$ が距離化可能であり, 恒等写像 $\mathrm{id} \colon X \to X$ が連続写像 $hX \to \bar{X}$ に拡張するとき, $\bar{X}$ を X の**粗コンパクト化** (**coarse compactification**) という.

X を固有距離空間とする. W を距離化可能空間とし, $\zeta \colon \nu X \to W$ を全射連続写像とする. このような W を X の**コロナ** (**corona**) という. 非交和 $X \sqcup W$ に, 写像 $\mathrm{id} \cup \zeta \colon hX = X \cup \nu X \to X \sqcup W$ を連続にするような最も強い位相を備えた空間を $X \cup_\zeta W$ と表すことにする.

次に関数環を用いて同じ空間を再構成する. 連続写像 ζ は準同型

$$\zeta^* \colon C(W) \to C(\nu X)$$

を誘導する. 従って像 $\zeta^*(C(W))$ は $C(\nu X)$ の $*$-部分代数である. 写像

$$\pi\colon C_h(X) \to C_h(X)/C_0(X) \cong C(\nu X)$$

を商写像とする．引き戻し $\pi^{-1}(\zeta^*(C(W)))$ は $C_h(X)$ の $*$-部分代数である．次に $A = \{(f,g) \in \pi^{-1}(\zeta^*(C(W))) \oplus C(W) : \pi(f) = \zeta^*(g)\}$ とおく．A は単位元を持つ可換 C^* 環であり，$C_0(X)$ をイデアルとして含む．

命題 1.5.10. C^* 環の同型 $C(X \cup_\zeta W) \cong A$ が成り立つ．また $X \cup_\zeta W$ はコンパクト距離化可能空間であり，従って X の粗コンパクト化である．$X \cup_\zeta W$ を単に $X \cup W$ と表す．

証明. 埋め込み $C_0(X) \hookrightarrow A$ を $f \mapsto (f,0)$ で定める．また準同型 $A \to C(W)$ を $(f,g) \mapsto g$ とする．これは全射である．さらに準同型 $C(X \cup_\zeta W) \to A$ を $f \mapsto (f|_X, f|_W)$ で定める．ここで $f \in C(X \cup_\zeta W)$ に対し，$f|_X$ 及び $f|_W$ は f の X 及び W への制限．これより上下 2 本の完全列からなる以下の可換図式を得る．

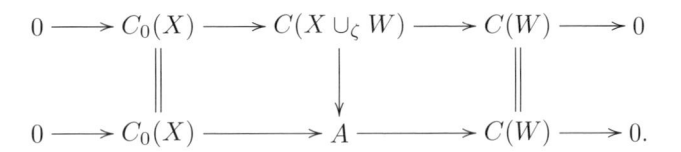

五項補題より準同型 $C(X \cup_\zeta W) \to A$ は同型である．$C(W)$ と $C_0(X)$ が可分なので，A も可分である．故に $X \cup_\zeta W$ は第二可算公理を満たし，距離化可能である． $\square$

上述の議論は ζ が全射と仮定しなくても成立する．ただしその場合，一般に X が $X \cup_\zeta W$ の中で稠密であるとは限らない．

命題 1.5.11. X と Y を固有距離空間とする．また W をコンパクト距離化可能空間とし，$\bar{Y} = Y \cup W$ を Y の粗コンパクト化とする．X が Y と粗同値であるならば，W は X のコロナであり，X の粗コンパクト化 $\bar{X} = X \cup W$ が存在する．

証明. $\bar{Y} = Y \cup W$ は粗コンパクト化であるので，恒等写像は全射連続写像 $hY \to \bar{Y}$ に拡張する．これを νY に制限したものを $\zeta\colon \nu Y \to W$ と表す．X が Y と粗同値であるので，粗同値写像 $f\colon X \to Y$ が存在する．このとき合成 $\zeta \circ \nu f\colon \nu X \to W$ は全射連続写像なので，W は X のコロナである．よって $X \cup_{\zeta \circ \nu f} W$ は X の粗コンパクト化． $\square$

定義 1.5.12. X と Y を固有距離空間する．W と Z をコンパクト距離化可能空間とし，$\zeta\colon \nu X \to W$ と $\xi\colon \nu Y \to Z$ を連続写像とする．また $f\colon X \to Y$ を粗写像とし，$\eta\colon W \to Z$ を連続写像とする．写像 $f \cup \eta\colon X \cup_\zeta W \to Y \cup_\xi Z$ が W 上の各点で連続であるとき，f は η と**整合的**であるという．

注意 1.5.13. 上記の設定の元で，f が η と整合的である必要十分条件は，次の図式が可換になることである.

$$
\begin{array}{ccc}
\nu X & \xrightarrow{\ \nu f\ } & \nu Y \\
{\scriptstyle \zeta}\downarrow & & \downarrow{\scriptstyle \xi} \\
W & \xrightarrow{\ \eta\ } & Z.
\end{array}
$$

第 2 章
距離空間の増大度

　前章にて距離空間の間の粗同値という同値関係を導入した．2 つの距離空間が粗同値であることを示すには，その間の粗同値写像を作ってしまえばよい．一方で粗同値にならないことを示すには，2 つの空間を区別する何らかの尺度が必要である．その一つとして，本章で解説する「増大度」というものがある．これを用いて，$\mathbb{Z}^n$ と $\mathbb{Z}^m$ が粗同値になるのは $n = m$ のときに限ることを証明する．また閉リーマン多様体のリッチ曲率と基本群の増大度を結び付けるミルナーの定理を紹介する．

2.1　一様に離散的な距離空間の増大度

　関数 $f, g\colon \mathbb{N} \to \mathbb{N}$ に対し，ある定数 $a, b \in \mathbb{N}$ が存在して任意の $n \in \mathbb{N}$ に対し $f(n) \le ag(bn)$ が成立するとき，$f \preccurlyeq g$ と定める．また $f \preccurlyeq g$ かつ $g \preccurlyeq f$ であるとき，$f \approx g$ と定める．これは同値関係である．

例 **2.1.1.** 多項式及び指数関数の同値類は以下の通り．

1. $n^k \approx n^l$ となるのは $k = l$ に限る．
2. $a > 1$ なら任意の k に対し，$n^k \preccurlyeq a^n$ かつ $n^k \not\approx a^n$．
3. 任意の $a, b > 1$ に対し，$a^n \approx b^n$．

　関数 f の同値類を f の**増大度**（**growth type**）と呼び $[f]$ で表す．特に k 次多項式 $f(n) = n^k$ 及び指数関数 $g(n) = 2^n$ の増大度をそれぞれ $[n^k]$ 及び $[2^n]$ と表す．

　距離空間 X は，ある定数 $\delta > 0$ が存在して任意の異なる 2 点 $x, x' \in X$ に対し $\overline{x, x'} \ge \delta$ が成立するとき，**一様に離散的**であるという．有限生成群に語距離を備えたものは一様に離散的な距離空間である．X を一様に離散的な距離空間とする．任意の自然数 n に対して $\sup\{\#\bar{B}(x, n) : x \in X\} < \infty$ が成

り立つとき，X は**有界幾何学**（**bounded geometry**）を持つという．

　一様に離散的で有界幾何学を持つ距離空間 X に対し，基点 $o_X \in X$ を固定して関数 $\mathrm{gr}_X : \mathbb{N} \to \mathbb{N}$ を

$$\mathrm{gr}^X(n) := \#\bar{B}(o_X; n)$$

で定める．この関数 gr^X の増大度を X の基点 o_X に関する**増大度**（**growth type**）と呼び，$[\mathrm{gr}^X]$ と表す．次の命題は後に一般化した形で証明する．

命題 2.1.2. 2 つの一様に離散的で有界幾何学を持つ距離空間 X と Y が擬等長であれば，X と Y の増大度は等しい．特に増大度は基点の取り方によらない．

　有限生成群 Γ に対しては，ある有限生成系から定まる語距離に関する増大度を，Γ の増大度と定める．命題 2.1.2 より Γ の増大度は有限生成系の取り方に依存しない．

例 2.1.3. 増大度の例．

1. 階数 k の自由アーベル群 $\mathbb{Z}^k$ の増大度は $[n^k]$．
2. 階数 2 の自由群 $F_2 = \langle a, b \rangle$ の増大度は $[2^n]$．
3. 種数 $g \geq 2$ の閉リーマン面 M_g の基本群 $\pi_1(M_g)$ の増大度は $[2^n]$．

最後の例は第 2.2.1 節で議論する．

2.2　有界幾何学を持つ距離空間に対する増大度

　前節では一様に離散的な距離空間に対して増大度を定義した．本節では改めてより広い設定で増大度を定義し，それが擬等長同型のもとで不変であることを示す．

定義 2.2.1. $E > 0$ とする．集合 $\{x_1, \ldots, x_k\} \subset X$ は，任意の $1 \leq i < j \leq k$ に対し，$\overline{x_i, x_j} > E$ を満たすとき，**E-分離集合**であるという．

　部分集合 $S \subset X$ と正数 $E > 0$ に対し，

$$\mathrm{cap}_E(S) := \max\left\{n : \exists\{x_1 \ldots, x_n\} \subset S,\ \{x_1 \ldots, x_n\} \text{ は } E\text{-分離集合 }\right\},$$

$$\mathrm{ent}_E(S) := \min\left\{n : \exists\{y_1 \ldots, y_n\} \subset X,\ S \subset \bigcup_i \bar{B}(y_i; E)\right\}$$

とおき，$\mathrm{cap}_E(S)$ を S の **E-容積**（**E-capacity**）といい，$\mathrm{ent}_E(S)$ を S の **E-エントロピー**（**E-entropy**）という．直感的にいうと，図 2.1 の通り，E-容積は S の中に半径 $E/2$ の距離球体をどれだけ沢山詰め込むことができるかを

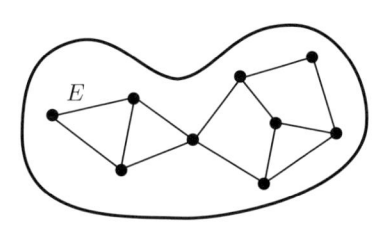

どの 2 点も互いに E 以上離れている．　半径 E の球体で覆われている．

図 2.1　容積とエントロピー．

計り，E-エントロピーは S を覆うために必要な半径 E の距離球体の個数の最小値を表す．

命題 2.2.2. $E, E' > 0$ を定数とする．X を距離空間とし，$S, S' \subset X$ を部分集合とする．次が成立する．

(a) $S \subset S'$ ならば，$\mathrm{cap}_E(S) \le \mathrm{cap}_E(S')$ かつ $\mathrm{ent}_E(S) \le \mathrm{ent}_E(S')$．

(b) $E \le E'$ ならば，$\mathrm{cap}_{E'}(S) \le \mathrm{cap}_E(S)$ かつ $\mathrm{ent}_{E'}(S) \le \mathrm{ent}_E(S)$．

(c) $\mathrm{cap}_E(S \cup S') \le \mathrm{cap}_E(S) + \mathrm{cap}_E(S')$．

(d) $\mathrm{cap}_{2E}(S) \le \mathrm{ent}_E(S) \le \mathrm{cap}_E(S)$．

証明. (a), (b), (c) は明らか．(d) を示す．$N := \mathrm{cap}_E(S)$ とおく．定義よりある E-分離集合 $\{x_1, \ldots, x_N\} \subset S$ が存在する．このとき $S \subset \bigcup_{i=1}^N \bar{B}(x_i; E)$ が成立する．実際そうでないと仮定すると，ある点 $z \in S \setminus \bigcup_{i=1}^N \bar{B}(x_i; E)$ が存在する．すると任意の $i = 1, \ldots, N$ に対し，$\overline{z, x_i} > E$ が成立するので，$\{z, x_1, \ldots, x_N\}$ も S に含まれる E-分離集合である．故に $\mathrm{cap}_E(S) > N$ となり矛盾．よって $\mathrm{ent}_E(S) \le N$ を得る．

　次に $M := \mathrm{ent}_E(S)$ とおく．任意の $2E$-分離集合 $\{x_1, \ldots, x_k\} \subset S$ に対し $k \le M$ が成立することを，背理法を用いて示す．そこで $k > M$ と仮定する．定義より部分集合 $\{y_1, \ldots, y_M\} \subset X$ で，$S \subset \bigcup_{j=1}^M \bar{B}(y_j; E)$ を満たすものが存在する．すると任意の $i = 1, \ldots, k$ に対し，ある $j(i) \in \{1, \ldots, M\}$ で $x_i \in \bar{B}(y_{j(i)}; E)$ を満たすものが存在する．$k > M$ と仮定したので，鳩ノ巣の原理よりある $i \ne i'$ で，$j(i) = j(i')$ を満たすものが存在する．従って $x_i, x_{i'} \in \bar{B}(y_{j(i)}; E)$ より $\overline{x_i, x_{i'}} \le 2E$ となり，$2E$-分離集合であることに矛盾する．よって $k \le M$ となる．以上より $\mathrm{cap}_{2E}(S) \le \mathrm{ent}_E(S)$ を得る．　□

定義 2.2.3. X を距離空間とし，$E > 0$ を定数とする．任意の自然数 n に対し，

$$\sup\{\mathrm{cap}_E(\bar{B}(x; n)) : x \in X\} < \infty$$

が成立するとき，X は E-**有界幾何学**（**bounded geometry**）を持つという．

またこのような E をゲージ (**gauge**) という．あるゲージ $E > 0$ に対して E-有界幾何学を持つとき，X は有界幾何学を持つ，という．

例 2.2.4. 有限生成群 G は任意の $E > 0$ に対して E-有界幾何学を持つ．実際任意の $x \in G$ に対し，写像 $x\cdot\colon G \to G; g \mapsto xg$ は等長同型であり，特にその制限 $x\cdot\colon \bar{B}(e;n) \to \bar{B}(x;n)$ も等長同型である．よって $\mathrm{cap}_E(\bar{B}(x;n)) = \mathrm{cap}_E(\bar{B}(e;n))$ となるので，$\mathrm{cap}_E(\bar{B}(x;n))$ は x に依らず一様に有界である．

例 2.2.5. 無限次元ヒルベルト空間は有界幾何学を持たない．実際，

$$\ell_2(\mathbb{Z}) := \left\{ f\colon \mathbb{Z} \to \mathbb{R} : \sum_{n \in \mathbb{Z}} |f(n)|^2 < \infty \right\},$$

$$\langle f, g \rangle := \sum_{n \in \mathbb{Z}} f(n)g(n), \quad (f, g \in \ell_2(\mathbb{Z}))$$

と定めると，$\ell_2(\mathbb{Z})$ はヒルベルト空間である．関数 $\delta_i \in \ell_2(\mathbb{Z})$ を，$\delta_i(i) = 1$, $\delta_i(n) = 0 \, (n \neq i)$ と定めると，$\{\delta_i\}_{i \in \mathbb{Z}}$ は $\ell_2(\mathbb{Z})$ の正規直交基底であり，$\delta_i \in \bar{B}(O;1)$ かつ，任意の $i \neq j$ に対し，$\|\delta_i - \delta_j\| = \sqrt{2}$ を満たす．ただし，O は $\ell_2(\mathbb{Z})$ の原点，即ち恒等的に零である写像を表す．以上より任意の $n \in \mathbb{N}$ に対し，$\mathrm{cap}_n \bar{B}(O;n) = \infty$ となる．

演習問題 2.2.6. 先ほどの例 2.2.5 の無限次元ヒルベルト空間は固有な距離空間ではないことを示せ．また固有な距離空間で，有界幾何学を持たない例を構成せよ．

補題 2.2.7. $E, E' > 0$ を定数とする．X は E-有界幾何学及び E'-有界幾何学の両方を持つとする．このとき，E, E' のみに依存する定数 $k = k(E, E')$ が存在して，任意の部分集合 $S \subset X$ に対し

$$\frac{1}{k} \mathrm{cap}_E(S) \le \mathrm{cap}_{E'}(S) \le k \, \mathrm{cap}_E(S)$$

が成立する．

証明. $E' > E$ と仮定しても一般性を失わない．定数 $k = k(E, E')$ を次のように定める．

$$k := \sup\{\mathrm{cap}_E(\bar{B}(x; E')) : x \in X\}.$$

命題 2.2.2 より，部分集合 $S \subset X$ に対し，$\mathrm{cap}_E(S) \le k \, \mathrm{ent}_{E'}(S)$ を示せばよい．$N := \mathrm{ent}_{E'}(S)$ とする．定義よりある部分集合 $\{y_1, \ldots, y_N\} \subset X$ で，$S \subset \bigcup_{i=1}^{N} \bar{B}(y_i; E')$ を満たすものが存在する．このとき，命題 2.2.2 の (a) 及び (c) より次を得る．

$$\mathrm{cap}_E(S) \le \mathrm{cap}_E\left(\bigcup_{i=1}^{N} \bar{B}(y_i; E')\right) \le \sum_{i=1}^{N} \mathrm{cap}_E(\bar{B}(y_i; E')) \le kN.$$

$\qquad\qquad\qquad\qquad\qquad\qquad\qquad\qquad\qquad\qquad\qquad\qquad\qquad\qquad\qquad\square$

定義 2.2.8. $E > 0$ を定数とする．距離空間 X は E-有界幾何学を持つとする．基点 $x \in X$ に対し，関数 $\mathrm{gr}_{E,x}\colon \mathbb{N} \to \mathbb{N}$ を $\mathrm{gr}_{E,x}(n) := \mathrm{cap}_E(\bar{B}(x; n))$ で定める．この関数 $\mathrm{gr}_{E,x}$ の同値関係 $\approx$ に関する同値類を X の **増大度 (growth type)** と定め，$\mathrm{gr}\,X$ と表すことにする．

命題 2.2.9. 距離空間 X の増大度はゲージ $E > 0$ と基点 $x \in X$ の取り方に依らない．

証明. $E, E' > 0$ を定数とする．X は E-有界幾何学及び E'-有界幾何学の両方を持つとする．補題 2.2.7 よりある定数 $k = k(E, E')$ が存在して，任意の $n \in \mathbb{N}$ に対して，

$$\mathrm{gr}_{E,x}(n) = \mathrm{cap}_E(\bar{B}(x; n)) \le k\,\mathrm{cap}_{E'}(\bar{B}(x; n)) = k\,\mathrm{gr}_{E',x}(n).$$

よって $\mathrm{gr}_{E,x} \preccurlyeq \mathrm{gr}_{E',x}$ となる．ゲージ E と E' を入れ替えて同様に議論して，$\mathrm{gr}_{E,x} \approx \mathrm{gr}_{E',x}$ を得る．

次に 2 つの基点 $x, x' \in X$ を考える．$b := \lfloor \overline{x, x'} \rfloor + 1$ とおく．このとき $\bar{B}(x; n) \subset \bar{B}(x'; n + b)$ なので，

$$\mathrm{gr}_{E,x}(n) = \mathrm{cap}_E(\bar{B}(x; n)) \le \mathrm{cap}_E(\bar{B}(x'; b + n)) = \mathrm{gr}_{E,x'}(n + b).$$

よって $\mathrm{gr}_{E,x} \preccurlyeq \mathrm{gr}_{E,x'}$ を得る．x と x' を入れ替えて同様に議論して，$\mathrm{gr}_{E,x} \approx \mathrm{gr}_{E,x'}$ を得る． $\qquad\qquad\qquad\square$

命題 2.2.10. X と Y を距離空間とする．$f\colon X \to Y$ を擬等長埋め込みとする．十分大きな定数 E に対してある定数 $F := F(E, f)$ が存在して，$x \in X$ に対し，$\mathrm{gr}_{E,x} \preccurlyeq \mathrm{gr}_{F,f(x)}$ が成立する．

証明. 擬等長埋め込みの定義より，ある定数 A が存在して，任意の $x, x' \in X$ に対して

$$\frac{1}{A}\,\overline{x, x'} - A \le \overline{f(x), f(x')} \le A\,\overline{x, x'} + A \qquad\qquad (2.1)$$

が成立する．

そこで $E > A^2$ とする．任意の E-分離集合 $\{x_1, \ldots, x_N\} \subset X$ に対し，その像 $\{f(x_1), \ldots, f(x_N)\} \subset Y$ は $(E/A - A)$-分離集合である．実際，(2.1) より任意の i, j に対して，

$$\overline{f(x_i), f(x_j)} \ge (1/A)\,\overline{x_i, x_j} - A \ge E/A - A$$

が成立する．同様にして，任意の $x \in X$ と $n \in \mathbb{N}$ に対し，

$$f(\bar{B}(x;n)) \subset \bar{B}(f(x); An + A)$$

も成立する．

以上より，$F := E/A - A$ とおけば，次を得る．

$$\mathrm{gr}_{E,x}(n) = \mathrm{cap}_E(\bar{B}(x;n)) \le \mathrm{cap}_F(f(\bar{B}(x;n)))$$
$$\le \mathrm{cap}_F(\bar{B}(f(x); An + A)) = \mathrm{gr}_{F,f(x)}(An + A).$$

よって $\mathrm{gr}_{E,x} \preceq \mathrm{gr}_{F,f(x)}$ が成り立つ． $\qquad\qquad\square$

系 2.2.11. 距離空間 X と Y は互いに擬等長であるとする．このとき，X が有界幾何学を持つことと Y が有界幾何学を持つことは同値である．

系 2.2.12. 距離空間 X と Y は互いに擬等長であるとする．このとき X と Y の増大度は一致する．

例 2.2.13. $\mathbb{Z}^k$ の増大度は $[n^k]$ であった．従って $\mathbb{Z}^k$ と $\mathbb{Z}^l$ が擬等長同型ならば，$k = l$ である．

例 2.2.14. $\mathbb{N}^{(k)}$ を例 1.1.4 で定義された $\mathbb{N}$ の部分集合とする．$\mathbb{N}^{(k)}$ の増大度は $[n^{1/k}]$ である．従って $\mathbb{N}^{(k)}$ と $\mathbb{N}^{(l)}$ が擬等長同型ならば，$k = l$ である．

2.2.1 測度距離空間の場合

(X, d) を距離空間とし，μ を X 上のボレル測度とする．3 つ組 (X, d, μ) を**測度距離空間**という．

定義 2.2.15. (X, d, μ) を測度距離空間とする．ある 2 つの非減少関数 $f, g: \mathbb{R}_{\ge 0} \to \mathbb{R}_{\ge 0}$ が存在して，任意の $r > 0$ と $x \in X$ に対し，

$$0 < f(r) \le \mu(\bar{B}(x;r)) \le g(r)$$

となるとき，μ を**一様測度**という．

例 2.2.16. M を閉多様体とし，g を M 上のリーマン計量とする．$\widetilde{M}$ を M の普遍被覆とし，$\tilde{g}$ を g の $\widetilde{M}$ への持ち上げとする．$\tilde{d}$ を $\widetilde{M}$ 上のリーマン距離とし，vol を $(\widetilde{M}, \tilde{g})$ の体積測度とする．このとき vol は一様測度である．

例 2.2.17. G を可算群とし，d を G 上の固有左不変距離とする．μ を数え上げ測度（counting measure）とすると，μ は一様測度である．

定義 2.2.18. (X, d, μ) を測度距離空間とし，μ は一様測度であるとする．関数 $n \mapsto \mu(\bar{B}(x;n))$ の同値類を**体積増大度（volume growth）**という．

命題 **2.2.19.** (X, d, μ) を測度距離空間とし, μ は一様測度であるとする. (X, d) の増大度は (X, d, μ) の体積増大度に等しい.

証明. $f, g\colon \mathbb{R}_{\geq 0} \to \mathbb{R}_{\geq 0}$ を一様測度の定義に現れる関数とする. まず, 任意の $x \in X$, $n \in \mathbb{N}$ に対し, 次の不等式が成り立つことを示す.

$$\mathrm{cap}_E(\bar{B}(x; n)) \leq \frac{1}{f(E/2)}\mu\left(\bar{B}(x; n + E/2)\right). \tag{2.2}$$

$N := \mathrm{cap}_E(\bar{B}(x; n))$ とおく. 定義よりある E-分離集合 $\{x_1, \ldots, x_N\} \subset \bar{B}(x; n)$ が存在する. ここで

$$\bigsqcup_{i=1}^{N} \bar{B}(x_i; E/2) \subset \bar{B}(x; n + E/2)$$

であるので, μ が一様測度であることから, $Nf(E/2) \leq \mu(\bar{B}(x; n + E/2))$ を得る.

次に $M := \mathrm{ent}_E(\bar{B}(x; n))$ とおく. $M \leq N$ である. 定義よりある部分集合 $\{y_1, \ldots, y_M\} \subset X$ が存在して, $\bar{B}(x; n) \subset \bigcup_{i=1}^{M} \bar{B}(y_i; E)$ となる. 故に $\mu(\bar{B}(x; n)) \leq Mg(E)$ が成り立つ. 不等式 (2.2) と合わせて,

$$\frac{1}{g(E)}\mu(\bar{B}(x; n)) \leq \mathrm{cap}_E(\bar{B}(x; n)) \leq \frac{1}{f(E/2)}\mu(\bar{B}(x; n + E/2))$$

を得る. これで題意は示された. $\qquad\square$

系 **2.2.20.** M を閉リーマン多様体とし, Γ を M の基本群とする. このとき Γ の増大度は M の普遍被覆 $\widetilde{M}$ の体積増大度に等しい.

例 **2.2.21.** N 次元ユークリッド空間 $\mathbb{R}^N$ の増大度は $[n^N]$. また, 双曲平面 $\mathbb{H}^2$ の増大度は $[2^n]$. 従って $\mathbb{R}^N$ と $\mathbb{H}^2$ は擬等長同型ではない.

例 **2.2.22.** 種数 $g \geq 2$ の閉リーマン面 M_g の基本群 $\pi_1(M_g)$ の増大度は, 双曲平面 $\mathbb{H}^2$ の増大度と等しく $[2^n]$ である. この $\pi_1(M_g)$ の増大度を, 生成元と関係式の情報から計算することは容易ではないであろう. 双曲平面 $\mathbb{H}^2$ への群作用を通して微分幾何学の道具を用いることにより計算できたのである.

次の定理は, 多様体の微分幾何学的な性質が基本群の代数的な性質を規定することの一例である.

定理 **2.2.23** (ミルナー). M を k 次元閉多様体とする. M の上に, リッチ曲率が至る所正であるようなリーマン計量が存在するならば, M の基本群の増大度は高々 k 次多項式である.

証明. $\widetilde{M}$ 及び $\tilde{g}$ を M の普遍被覆及び M 上のリーマン計量の持ち上げとする. Γ を M の基本群とすると, 定理 1.2.4 より, Γ は $\widetilde{M}$ と擬等長同型なので, 系 2.2.12 及び系 2.2.20 より, Γ の増大度は $\widetilde{M}$ の体積増大度に等しい.

vol で $\widetilde{M}$ の体積測度を表すことにすると，ビショップ・グロモフの不等式より，ある定数 $C > 0$ が存在して，任意の $x \in \widetilde{M}$ 及び $n \in \mathbb{N}$ に対して，$\mathrm{vol}(B(x;n)) \le Cn^k$ となる．よって (M の体積増大度) $\preccurlyeq n^k$ である． $\square$

ここでビショップ・グロモフの不等式については，例えば文献 [79, 4.6 比較定理] を参照して頂きたい．

2.2.2 ハイゼンベルグ群の粗幾何学

行列群 $GL(3;\mathbb{R})$ の中の次のような部分群を考察する．

$$
H := \left\{ \begin{pmatrix} 1 & x & z \\ 0 & 1 & y \\ 0 & 0 & 1 \end{pmatrix} : x,y,z \in \mathbb{R} \right\} < GL(3;\mathbb{R}),
$$

$$
H_{\mathbb{Z}} := \left\{ \begin{pmatrix} 1 & a & c \\ 0 & 1 & b \\ 0 & 0 & 1 \end{pmatrix} : a,b,c \in \mathbb{Z} \right\} < H,
$$

$$
Z := \left\{ \begin{pmatrix} 1 & 0 & z \\ 0 & 1 & 0 \\ 0 & 0 & 1 \end{pmatrix} : z \in \mathbb{R} \right\} < H.
$$

H は $GL(3;\mathbb{R})$ の閉部分群であるからリー群であり，左不変リーマン計量を持つ．容易に分かるように Z は H の中心であり，また，商群 H/Z はアーベル群である．従って $\{0\} \lhd Z \lhd H$ は中心列である．よって H は冪零リー群である．この H を**ハイゼンベルグ群**（**Heisenberg group**）という

演習問題 2.2.24. 部分群 $H_{\mathbb{Z}}$ の H への左からの掛け算による作用は固有かつ余コンパクトであることを示せ．

$H_{\mathbb{Z}}$ に含まれる以下の 3 つの元を考える．

$$
u := \begin{pmatrix} 1 & 1 & 0 \\ 0 & 1 & 0 \\ 0 & 0 & 1 \end{pmatrix}, \quad v := \begin{pmatrix} 1 & 0 & 0 \\ 0 & 1 & 1 \\ 0 & 0 & 1 \end{pmatrix}, \quad w := \begin{pmatrix} 1 & 0 & 1 \\ 0 & 1 & 0 \\ 0 & 0 & 1 \end{pmatrix}.
$$

$\{u,v,w\}$ は $H_{\mathbb{Z}}$ の生成系であり以下の関係を満たすことが，直接計算により確かめられる．

$$
uw = wu, \quad vw = wv, \quad uvu^{-1}v^{-1} = w. \tag{2.3}
$$

演習問題 2.2.25. 関係式 (2.3) を確かめよ．また，整数 $a,b,c \in \mathbb{Z}$ に対し，$u^a v^b w^c$ を行列の形で書き下すことにより，$\{u,v,w\}$ が実際に $H_{\mathbb{Z}}$ を生成することを確認せよ．さらに元 $g \in H_{\mathbb{Z}}$ を整数 $a,b,c \in Z$ を用いて，$g = u^a v^b w^c$

と表したとき，a, b, c は一意的に定まることを示せ.

以下では，生成系 $\{u, v, w\}$ に関する $H_{\mathbb{Z}}$ の語長を $l(g)$ で表すことにする.

命題 2.2.26. $g = u^a v^b w^c$ とする. ただし $a, b, c \in \mathbb{Z}$ である. このとき, 語長 $l(g)$ に関して, 次の評価式が成り立つ.

$$\frac{1}{4}\left(|a| + |b| + \sqrt{|c|}\right) \le l(g) \le 6\left(|a| + |b| + \sqrt{|c|}\right).$$

証明. まず上からの評価を行う. $l(g) \le |a| + |b| + l(w^c)$ であるから, w^c の語長を上から評価すればよい. $c > 0$ と仮定しても一般性を失わない. するとある $k \in \mathbb{N}$ で, $k^2 \le c < (k+1)^2$ を満たすものが存在する. $m := c - k^2$ とおけば, $m < (k+1)^2 - k^2 = 2k + 1$ より $m \le 2\sqrt{c}$ である. 関係式 (2.3) を用いると

$$w^c = w^{k^2 + m} = u^k v^k u^{-k} v^{-k} w^m$$

を得る. 実際 $uv = vuw$, 即ち u と v を一度入れ替えると, w が一つ増えるので, $u^k v^k u^{-k} v^{-k} = w^{k^2}$ が成立する. よって $l(w^c) \le 4k + m \le 6\sqrt{c}$ となる.

次に下からの評価を行う. x を文字 u, v, w についての語で, 与えられた $g \in G$ の語長を実現するものとする. 非負整数 α, β, γ を次のように定める.

$$\alpha := x \text{ に含まれる } u, u^{-1} \text{ の数},$$
$$\beta := x \text{ に含まれる } v, v^{-1} \text{ の数},$$
$$\gamma := x \text{ に含まれる } w, w^{-1} \text{ の数}.$$

x の定義より, $l(g) = \alpha + \beta + \gamma$ である. この語 x を $u^a v^b w^c$ の形に書き換えるには, 最大で u と v を $\alpha\beta$ 回入れ替える必要があり, そのとき w は高々 $\alpha\beta$ 個増える. よって

$$|c| \le \gamma + \alpha\beta \le l(g) + l(g)^2 \le 2l(g)^2.$$

また上述の操作で文字 u, u^{-1}, v, v^{-1} の個数は増加しないので, $|a| \le \alpha \le l(g)$ かつ $|b| \le \beta \le l(g)$. 以上より $|a| + |b| + \sqrt{|c|} \le 4l(g)$. $\qquad\square$

系 2.2.27. 群 $H_{\mathbb{Z}}$ の増大度は $[n^4]$ である.

証明. $n \in Z$ を固定する. $g \in H_{\mathbb{Z}}$ で $l(g) \le n$ を満たすものを取り, 整数 a, b, c を用いて $g = u^a v^b w^c$ と表す. 命題 2.2.26 より $(|a| + |b| + \sqrt{|c|}) \le 4n$. よって $|a| \le 4n$, $|b| \le 4n$, $|c| \le 16n^2$. これを満たす 3 つ組 $(a, b, c) \in \mathbb{Z}^3$ の個数は高々 $8n \times 8n \times 32n^2 = 2048n^4$. 一方で整数 a, b, c が

$$|a| \le \frac{1}{3} \times \frac{1}{6}n, \quad |b| \le \frac{1}{3} \times \frac{1}{6}n, \quad |c| \le \left(\frac{1}{3} \times \frac{1}{6}n\right)^2$$

を満たせば，命題 2.2.26 より $g = u^a v^b w^c$ は

$$l(g) \leq 6 \left(|a| + |b| + \sqrt{|c|} \right) \leq n$$

を満たす．これを満たす 3 つ組 $(a,b,c) \in \mathbb{Z}^3$ の個数は少なくとも $(n/18-1)^4$.
以上より $H_{\mathbb{Z}}$ の増大度は n^4 である． □

2.2.3　発展

次のグロモフ（Gromov）による結果は，群の粗幾何学的な性質から代数的
な性質を決定するという類の研究の一つの金字塔である．

定理 2.2.28. 有限生成群 Γ の増大度が高々多項式であるならば，Γ は実質的
冪零群（virtually nilpotent group）である，即ちある冪零群を有限指数部分
群として含む．

グロモフによる証明[27]は，ヒルベルトの第 5 問題の解決まで用いた高度で長
大なものである．その後クライナー（Kleiner）[43]により調和写像を用いた微分
幾何学的な証明が与えられた．また定理 2.2.28 の精密化が進められた[68][11].
さらに小澤[57]により関数解析を用いた非常に短い証明が与えられている．

第 3 章
グロモフ双曲空間

　グロモフ（Gromov）はリーマン多様体とは限らない距離空間に対して，「空間が負に曲がっている」という概念を定式化し，双曲群と呼ばれる「負曲率を持つ」群のクラスを導入した[25]．測地空間に対する双曲性は，「三角形が痩せている」という性質で特徴付けられる．この性質はグロモフ積と呼ばれる，三角不等式の両辺の差の値，いわば三角形が退化していない度合い，を表す量が満たすある関係式と同値であることが，グロモフ自身によって示されている．

　本章では距離空間に関する双曲性の様々な定式化を導入し，それらが本質的に同値であることを確かめる．そして双曲性が導く最も重要な性質である，測地線に対する射影が強い収縮性を持つことを証明する．この性質から，モースの補題と呼ばれる，擬測地線はその端点を結ぶ測地線の近くにある，という定理が導かれる．

3.1　導入

　実数 $\mathbb{R}$ の連結な閉集合を I で表す．即ち I は次の形の集合のいずれかである．

$$[a,b], \quad [a,+\infty), \quad (-\infty,b], \quad \mathbb{R}.$$

　距離空間 X への写像 $f\colon I \to X$ が等長であるとき，即ち任意の $t,s \in I$ に対し，$\overline{f(t),f(s)} = |t-s|$ が成り立つとき，f を**測地線**（**geodesic**）という．また像 $f(I)$ も測地線という．任意の 2 点 $x,y \in X$ に対し，ある測地線 $f\colon [0,\overline{x,y}] \to X$ で，$f(0) = x$ かつ $f(\overline{x,y}) = y$ を満たすものが存在するとき，X は**測地空間**であるという．このような f を，x と y を結ぶ測地線という．このとき，$[x,y] := f([0,\overline{x,y}])$ と表す．

　以下では，X を測地空間とする．3 点 $x,y,z \in X$ に対し，それぞれを結ぶ測地線の和集合 $[x,y] \cup [y,z] \cup [z,x]$ を $\{x,y,z\}$ を頂点とする**測地三角形**

(**geodesic triangle**) といい, $\triangle(x, y, z)$ と表す. また $[x, y], [y, z], [z, x]$ をそれぞれ**辺**という.

定義 3.1.1. $\delta \geq 0$ とする. 任意の 3 点 $x, y, z \in X$ に対し, それらを頂点とする測地三角形の各辺が, 他の 2 辺の和集合の δ-近傍に含まれるとき, 即ち

$$[x, y] \subset N([y, z] \cup [z, x]; \delta),$$
$$[y, z] \subset N([z, x] \cup [x, y]; \delta),$$
$$[z, x] \subset N([x, y] \cup [y, z]; \delta)$$

が成り立つとき, X は δ-**リップス条件** (**Rips condition**) を満たす, という.

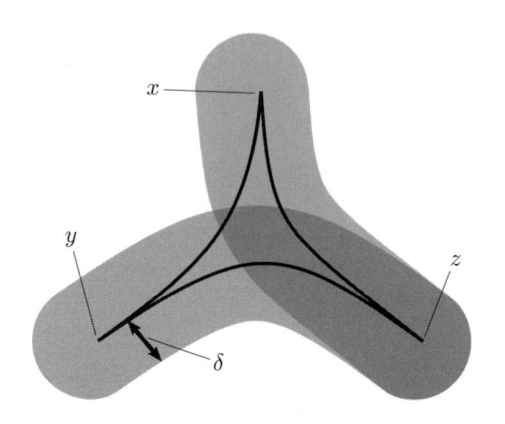

図 3.1 δ-リップス条件 (定義 3.1.1 の 1 番目の式を図示).

定義 3.1.2. 測地空間 X は, ある定数 δ が存在して, δ-リップス条件を満たすとき, **測地的グロモフ双曲空間** (**geodesic Gromov hyperbolic space**) であるという.

例 3.1.3. 以下の距離空間は全て測地的グロモフ双曲空間である.

1. 有界距離空間.
2. 双曲平面 $\mathbb{H}^2$. 詳しくは例 3.3.9 を参照せよ.
3. 一様に負の断面曲率を持つ単連結完備リーマン多様体.
4. 木 (定義 1.1.22).

定義 3.1.4. ある固有な距離を持つ測地的グロモフ双曲空間に, 等長変換として固有かつ余コンパクトに作用する群を**双曲群** (**hyperbolic group**) と呼ぶ.

定理 1.2.4 より双曲群は有限生成である. また有限生成群が双曲群であるための必要十分条件は, ある有限生成系に関するケイリーグラフがグロモフ双曲

空間になることである．このことは第 3.4 節で証明する．

例 3.1.5. 以下の群は全て双曲群である．

1. 有限群．
2. 種数 g の閉リーマン面 M_g の基本群 $\pi_1(M_g)$．
3. 至る所負の断面曲率を持つ閉リーマン多様体 M の基本群 $\pi_1(M)$．
4. 階数 2 の自由群 $F_2 = \langle a, b \rangle$．
5. $SL(2; \mathbb{Z})$ 及び $PSL(2; \mathbb{Z})$．

最後の例については，$PSL(2; \mathbb{Z}) \cong \mathbb{Z}/2\mathbb{Z} * \mathbb{Z}/3\mathbb{Z} \cong \langle a, b | a^2, b^3 \rangle$ であるから生成系 $\{a, b\}$ に関するケイリーグラフが，全ての頂点の次数が 3 であるツリーと擬等長同型になるので，定理 3.4.6 より $PSL(2; \mathbb{Z})$ が双曲群であることが従う．また $SL(2; \mathbb{Z})$ は $PSL(2; \mathbb{Z})$ と擬等長同型なので，$SL(2; \mathbb{Z})$ も双曲群である．

3.2 グロモフ積

この節では X を距離空間とする．X が測地的であることは仮定しない．この設定の下で改めて双曲性を定義する．

定義 3.2.1. 3 点 $x, y, z \in X$ に対し，非負実数 $(y \mid z)_x$ を

$$(y \mid z)_x := \frac{1}{2}(\overline{y, x} + \overline{z, x} - \overline{y, z})$$

と定め，x を基点とする y と z の**グロモフ積**（**Gromov product**）と呼ぶ．

基点 x の選び方が文脈から明らかな場合は，基点を省略して $(y \mid z)$ と表すこともある．3 点 $x, y, z \in X$ に対し，三角不等式より次が成り立つ．

$$0 \leq (y \mid z)_x \leq \min\{\overline{y, x}, \overline{z, x}\}. \tag{3.1}$$

また，x, y, z が同一測地線上にある場合，3 点が y, x, z もしくは z, x, y の順に並ぶ場合は $(y \mid z)_x = 0$ であり（図 3.2），そうでない場合は $(y \mid z)_x = \min\{\overline{y, x}, \overline{z, x}\}$ である（図 3.3）．

定義 3.2.2. 距離空間 X が非負実数 $\delta \geq 0$ に対して以下の条件 (P1; δ) を満たすとき，X は **(P1; δ)-双曲的**（**(P1; δ)-hyperbolic**）もしくは省略して **δ-双曲的**（**δ-hyperbolic**）という．
(P1; δ) 任意の 4 点 $x, y, z, w \in X$ に対し，次の不等式が成立する．

$$(x \mid z)_w \geq \min\{(x \mid y)_w, (y \mid z)_w\} - \delta.$$

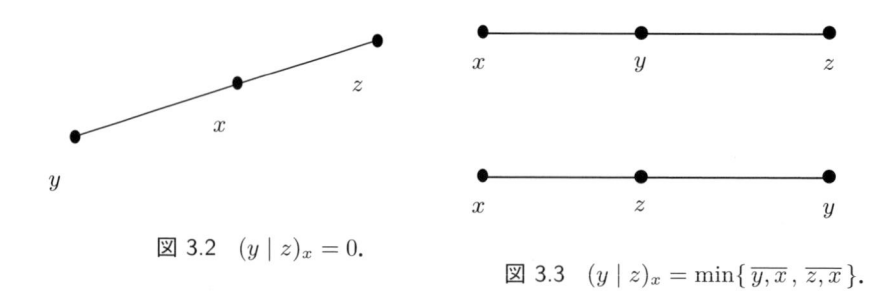

図 3.2 $(y \mid z)_x = 0$.

図 3.3 $(y \mid z)_x = \min\{\overline{y,x}, \overline{z,x}\}$.

また距離空間 X に対してある定数 $\delta \geq 0$ が存在して，X が δ-双曲的となるとき，X をグロモフ双曲空間（**Gromov hyperbolic space**）という．また X は**双曲的**であるということもある．

距離空間 (X, d) に対して，条件 (P1; δ) は以下の条件 (P1$'$; 2δ) で言い換えることができる．

(P1$'$; δ) 任意の 4 点 $x, y, z, w \in X$ に対し，次の不等式が成立する．

$$\overline{x,y} + \overline{z,w} \leq \max\{\overline{x,z} + \overline{y,w}, \overline{x,w} + \overline{y,z}\} + \delta. \tag{3.2}$$

条件 (P1$'$; δ) は δ に関する**四点条件**とも呼ばれている．

命題 3.2.3. X を距離空間とする．$\delta \geq 0$ に対し，X が条件 (P1; δ) を満たすことと，条件 (P1$'$; 2δ) を満たすことは同値である．

証明. 距離空間 X が条件 (P1; δ) を満たすとする．4 点 $x, y, z, w \in X$ に対する (P1; δ) の式を，グロモフ積の定義を用いて書き直せば，

$$\frac{1}{2}(\overline{x,w} + \overline{y,w} - \overline{x,y})$$
$$\geq \frac{1}{2}\min\{\overline{x,w} + \overline{z,w} - \overline{x,z}, \overline{y,w} + \overline{z,w} - \overline{y,z}\} - \delta$$

となる．両辺を -2 倍して $\overline{x,w} + \overline{y,w} + \overline{z,w}$ を足せば

$$\overline{x,y} + \overline{z,w} \leq \max\{\overline{x,z} + \overline{y,w}, \overline{x,w} + \overline{y,z}\} + 2\delta.$$

よって X は (P1$'$; 2δ) を満たす．この式変形は逆に辿れるので，X が (P1$'$; 2δ) を満たせば (P1; δ) を満たすことも示せる． $\square$

3.3　測地三角形

4 つの頂点と 3 つの辺からなり，3 つの辺が 1 つの頂点を共有する距離木を**三脚**（**tripod**）と呼ぶ．3 辺に共有される頂点を三脚の**中心**という．図 3.4 を参照せよ．なお，それぞれの辺の長さは同じとは限らない．便宜上，ある 1 つの辺の長さが 0 であり，従って 3 頂点が直線上に並んでいるグラフも三脚と呼

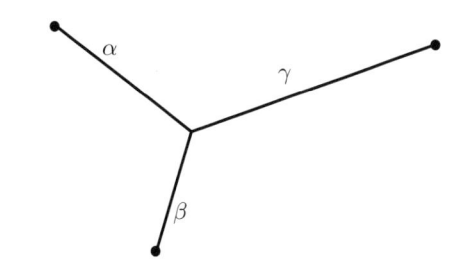

図 3.4　3 辺の長さがそれぞれ α, β, γ である三脚.

ぶことにする.

　以下，この節では X を測地空間とする．3 点 $x, y, z \in X$ に対し，それらを頂点とする測地三角形 $\triangle := [x, y] \cup [y, z] \cup [z, x]$ が存在する.

命題 3.3.1. $\triangle := [x, y] \cup [y, z] \cup [z, x]$ を測地三角形とする．このとき三脚 $T_\triangle$ と連続写像 $f_\triangle : \triangle \to T_\triangle$ で次の性質を満たすものがただ一つ存在する.

(1) f は $\triangle$ の頂点集合 $\{x, y, z\}$ を $T_\triangle$ の頂点集合へ移す.

(2) $f_\triangle$ を各辺 $[x, y]$, $[y, z]$ 及び $[z, x]$ に制限したものはそれぞれ等長写像になる．特に $\overline{x, y} = \overline{f(x), f(y)}$, $\overline{y, z} = \overline{f(y), f(z)}$, $\overline{z, x} = \overline{f(z), f(x)}$ となる.

(3) $T_\triangle$ の中心を $M_\triangle$ とするとき，$(y \mid z)_x = \overline{f(x), M_\triangle}$ が成り立つ.

この $T_\triangle$ 及び $f_\triangle$ をそれぞれ $\triangle$ の**比較三脚（comparison tripod）**及び**比較写像（comparison map）**と呼ぶ.

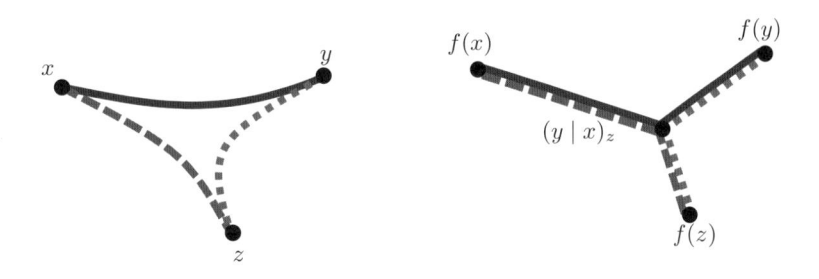

図 3.5　測地三角形 $[x, y] \cup [y, z] \cup [z, x]$ とその比較三脚.

証明. 未知変数 α, β, γ に関する連立方程式

$$\alpha + \beta = \overline{x, y}, \quad \beta + \gamma = \overline{y, z}, \quad \gamma + \alpha = \overline{z, x}$$

の解は $\alpha = (y \mid z)_x$, $\beta = (z \mid x)_y$, $\gamma = (x \mid y)_z$ となる．そこで 3 辺の長さがそれぞれ $(y \mid z)_x$, $(z \mid x)_y$, $(x \mid y)_z$ である三脚を $T_\triangle$ とすればよい．　　　□

補題 3.3.2. $\triangle := [x,y] \cup [y,z] \cup [z,x]$ を測地三角形とする．$T_\triangle$ を $\triangle$ の比較三脚とし，$f_\triangle \colon \triangle \to T_\triangle$ を対応する比較写像とする．2 点 $u,v \in [x,y] \cup [x,z]$ が $\overline{x,u} = \overline{x,v} \le (y \mid z)_x$ を満たすなら，$f_\triangle(u) = f_\triangle(v)$ である．特に 3 点 p,q,r が $p \in [x,y]$, $q \in [y,z]$, $r \in [z,x]$ かつ

$$\overline{x,r} = \overline{x,p} = (y \mid z)_x, \quad \overline{y,p} = \overline{y,q} = (z \mid x)_y, \quad \overline{z,q} = \overline{z,r} = (x \mid y)_z,$$

を満たせば，$f_\triangle(p) = f_\triangle(q) = f_\triangle(r)$ である．また任意の $u,v \in \triangle$ に対し，$\overline{f_\triangle(u),f_\triangle(v)} \le \overline{u,v}$ である．

証明. 前半の主張は比較三脚の定義から明らか．後半の主張を示す．2 点を $u,v \in \triangle$ とする．頂点の名前を適当に付け替えることにより，$u \in [x,y]$, $v \in [x,z]$ としてよい．ここで $\min\{\overline{x,u}, \overline{x,v}\} \le (y \mid z)_x$ のときは，

$$\overline{f_\triangle(u),f_\triangle(v)} = |\overline{x,u} - \overline{x,v}| \le \overline{u,v}.$$

また $\min\{\overline{x,u}, \overline{x,v}\} \ge (y \mid z)_x$ のときは，

$$\begin{aligned}
\overline{f_\triangle(u),f_\triangle(v)} &= \overline{x,u} + \overline{x,v} - 2(y \mid z)_x \\
&= \overline{y,z} - (\overline{x,y} - \overline{x,u}) - (\overline{x,z} - \overline{x,v}) \\
&= \overline{y,z} - \overline{y,u} - \overline{z,v} \le \overline{z,u} - \overline{z,v} \le \overline{u,v}.
\end{aligned}$$

以上より，いずれの場合も $\overline{f_\triangle(u),f_\triangle(v)} \le \overline{u,v}$ が成立する． $\square$

補題 3.3.3. $\triangle := [x,y] \cup [y,z] \cup [z,x]$ を測地三角形とし，$T_\triangle$ を $\triangle$ の比較三脚とし，$f_\triangle \colon \triangle \to T_\triangle$ を対応する比較写像とする．$\delta \ge 0$ とする．以下の条件は同値である．

(i) 任意の $u,v \in \triangle$ に対し，$f_\triangle(u) = f_\triangle(v)$ ならば $\overline{u,v} \le \delta$ となる．
(ii) 任意の $u,v \in \triangle$ に対し，$\overline{u,v} \le \overline{f_\triangle(u),f_\triangle(v)} + \delta$ が成り立つ．

定義 3.3.4. $\triangle := [x,y] \cup [y,z] \cup [z,x]$ を測地三角形とする．補題 3.3.3 の条件 (i) もしくは (ii) が成り立つとき，$\triangle$ は **δ-細い**と定める．

補題 3.3.3 の証明. (ii) ならば (i) は明らかなので，逆を示す．2 点 $u,v \in \triangle$ に対し，適当に点 x,y,z の名前を付け替えることにより，$u \in [x,y]$, $v \in [x,z]$ としてよい．

まず，$\min\{\overline{x,u}, \overline{x,v}\} \le (y \mid z)_x$ のときを考察する．$\overline{x,u} \le (y \mid z)_x$ と仮定してよい．点 $u' \in [x,z]$ を $\overline{x,u} = \overline{x,u'}$ と成るように取れば，補題 3.3.2 より $f_\triangle(u) = f_\triangle(u')$．故に $\overline{u,u'} \le \delta$ かつ

$$\overline{u',v} = \overline{f_\triangle(u'),f_\triangle(v)} = \overline{f_\triangle(u),f_\triangle(v)}.$$

従って $\overline{u,v} \le \overline{u,u'} + \overline{u',v} \le \delta + \overline{f_\triangle(u),f_\triangle(v)}$ を得る．図 3.6 を参照．

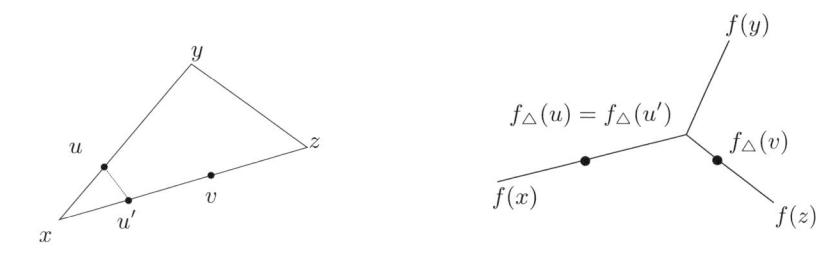

図 3.6　2 点 u と u' の関係.

次に $\min\{\overline{x,u}, \overline{x,v}\} \geq (y \mid z)_x$ の場合を考察する. 2 点 $p \in [x,y]$, $q \in [x,z]$ を $\overline{x,p} = \overline{x,q} = (y \mid z)_x$ となるように取る. $T_\triangle$ の中心を m とおけば, $m = f_\triangle(p) = f_\triangle(q)$ より $\overline{p,q} \leq \delta$ であり,

$$\overline{f_\triangle(u), f_\triangle(v)} = \overline{f_\triangle(u), m} + \overline{m, f_\triangle(u)} = \overline{u,p} + \overline{q,v} \geq \overline{u,v} - \overline{p,q}.$$

よって $\overline{u,v} \leq \overline{f_\triangle(u), f_\triangle(v)} + \delta$ を得る. $\qquad\square$

補題 3.3.5. $\triangle := [x,y] \cup [y,z] \cup [z,x]$ を測地三角形とする. 次が成立する.

(i) $(y \mid z)_x \leq d(x, [y,z])$.

(ii) $\delta \geq 0$ とする. $\triangle$ が δ-細いなら, $d(x, [y,z]) \leq (y \mid z)_x + \delta$.

証明. (i) について. ある $u \in [y,z]$ で $\overline{x,u} = d(x, [y,z])$ を満たすものが存在する. このとき,

$$2(y \mid z)_x = \overline{x,y} + \overline{x,z} - \overline{y,z} = \overline{x,y} + \overline{x,z} - (\overline{y,u} + \overline{u,z})$$
$$= \overline{x,y} - \overline{y,u} + \overline{x,z} - \overline{u,z} \leq 2\,\overline{x,u}.$$

(ii) について. 3 点 $p, q, r \in \triangle$ を $p \in [x,y]$, $q \in [y,z]$, $r \in [z,x]$ かつ $f_\triangle(p) = f_\triangle(q) = f_\triangle(r)$ を満たすように取ると, 次が成り立つ.

$$d(x, [y,z]) \leq \overline{x,q} \leq \overline{x,p} + \overline{p,q} \leq (y \mid z)_x + \delta.$$

ここで最初の不等号は $d(x, [y,z])$ の定義から, 次の不等号は三角不等式から, 最後は $\triangle$ が δ-細いこと及び $\overline{x,p} = (y \mid z)_x$ から従う. 図 3.7 を参考にせよ. $\qquad\square$

$\triangle := [x,y] \cup [y,z] \cup [z,x]$ を測地三角形とし, $T_\triangle$ を $\triangle$ の比較三脚とし, $f_\triangle: \triangle \to T_\triangle$ を対応する比較写像とする. $T_\triangle$ の中心の $f_\triangle$ による逆像 $\{p,q,r\}$ を**内接三点**という. このとき, $p \in [x,y]$, $q \in [y,z]$, $r \in [x,z]$ とすれば, 等式

$$\overline{x,p} = \overline{x,r}, \quad \overline{y,q} = \overline{y,p}, \quad \overline{z,r} = \overline{z,p}$$

が成り立つ. 図 3.8 を参照せよ.

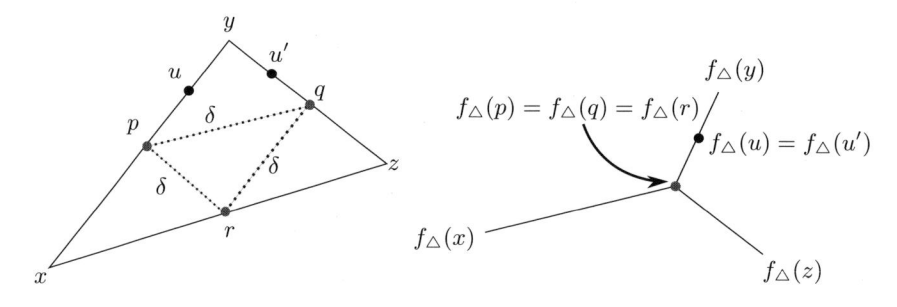

図 3.7　δ-細い三角形.

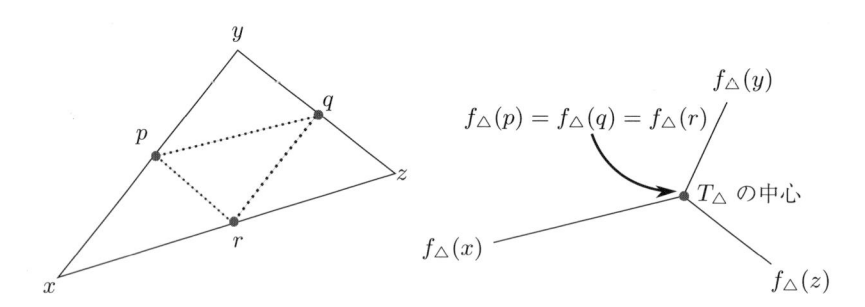

図 3.8　内接三点 $\{p, q, r\}$.

内接三点の直径 $\mathrm{diam}\{p, q, r\} = \max\{\overline{p, q}, \overline{q, r}, \overline{r, p}\}$ を $\triangle$ の径という. また各辺から一点ずつ選んだ 3 点集合の直径の最小値, 即ち

$$\min\{\mathrm{diam}\{u, v, w\} : u \in [y, z], v \in [z, x], w \in [x, y]\}$$

の値を $\triangle$ の**最小径**という.

補題 3.3.6. $\triangle := [x_1, x_2] \cup [x_2, x_3] \cup [x_3, x_1]$ を測地三角形とし, δ' を $\triangle$ の径, δ を $\triangle$ の最小径とする. このとき $\delta \leq \delta' \leq 4\delta$ が成立する.

証明. 定義より $\delta \leq \delta'$ は自明. $\{p_1, p_2, p_3\}$ を内接三点とし, $\{q_1, q_2, q_3\}$ を最小径を実現する 3 点とする. 適切に名前を付け替えることにより,

$$p_1, q_1 \in [x_2, x_3], \quad p_2, q_2 \in [x_3, x_1], \quad p_3, q_3 \in [x_1, x_2]$$

としてよい. 図 3.9 を参照. (i, j, k) を $(1, 2, 3)$ の巡回置換とする. このとき, $\overline{p_i, x_k} = \overline{p_j, x_k}$ かつ

$$\left| \overline{q_i, x_k} - \overline{q_j, x_k} \right| \leq \overline{q_i, q_j} \leq \delta$$

が成り立つ. ここで最初の不等号は三角不等式より, 次は δ の定義より従う. また,

$$d_i := \overline{p_i, x_j} - \overline{q_i, x_j} = -(\overline{p_i, x_k} - \overline{q_i, x_k})$$

とおくと，$|d_i| = \overline{p_i, q_i}$ かつ

$$|d_i + d_j| = |-(\overline{p_i, x_k} - \overline{q_i, x_k}) + (\overline{p_j, x_k} - \overline{q_j, x_k})|$$
$$= |\overline{q_i, x_k} - \overline{q_j, x_k}| \le \delta.$$

同様にして $|d_j + d_k| \le \delta$，$|d_k + d_i| \le \delta$ を得る．よって

$$|d_i| = \frac{1}{2}|d_i + d_j - d_j - d_k + d_k + d_i| \le \frac{3}{2}\delta.$$

従って $\overline{p_j, p_k} \le \overline{p_j, q_j} + \overline{q_j, q_k} + \overline{q_k, p_k} = |d_j| + \delta + |d_k| \le 4\delta$ となる．以上より $\delta' \le 4\delta$ となる． $\qquad\square$

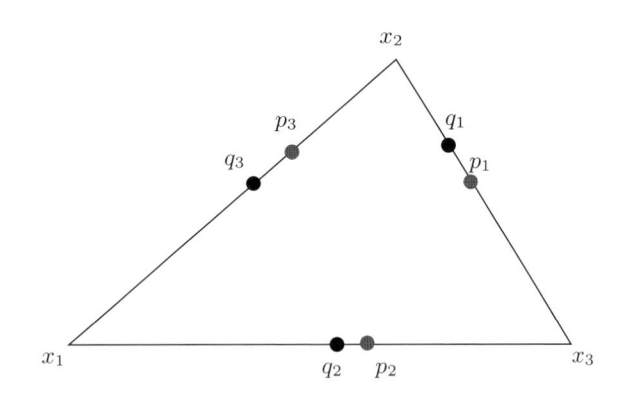

図 3.9　内接三点 $\{p_1, p_2, p_3\}$ と最小径を実現する三点 $\{q_1, q_2, q_3\}$.

命題 3.3.7. X を測地空間とする．$\delta \ge 0$ に関する次の 6 つの条件を考察する．
(P1; δ) X は δ-双曲的（定義 3.2.2）.
(P1$'$; δ) X は δ に関して四点条件 (3.2) を満たす．
(P2; δ) X の全ての測地三角形は δ-細い（定義 3.3.4）.
(P3; δ) X は δ-リップス条件を満たす（定義 3.1.1）.
(P4; δ) 任意の測地三角形の径は δ 以下．
(P5; δ) 任意の測地三角形の最小径は δ 以下．
このとき (P1; δ) と (P1$'$; 2δ) は同値で，なおかつ任意の $1 \le i, j \le 5$ に対し，ある定数 $1 \le c_{ij} \le 8$ が存在して，(Pi; δ) $\Rightarrow$ (Pj; $c_{ij}\delta$) が成立する．即ち，上記の条件は定数 δ の適当な取り替えの下で，全て同値である．

系 3.3.8. X を測地空間とする．ある $\delta \ge 0$ と $1 \le i \le 5$ が存在して，X は命題 3.3.7 に現れる条件 (Pi; δ) を満たすとき，X はグロモフ双曲空間である．

　この節の残りで，命題 3.3.7 の証明を行う．命題 3.2.3 より (P1; δ) と (P1$'$; 2δ) は同値．また

$(P2;\delta) \Rightarrow (P3;\delta), \quad (P2;\delta) \Rightarrow (P4;\delta) \Rightarrow (P5;\delta)$

は自明．命題 3.3.6 より $(P5;\delta) \Rightarrow (P4;4\delta)$ を得る．残りは以下を示す．

$$(P1;\delta) \Rightarrow (P2;4\delta), \qquad\qquad (P2;\delta) \Rightarrow (P1;2\delta),$$
$$(P3;\delta) \Rightarrow (P2;4\delta), \qquad\qquad (P4;\delta) \Rightarrow (P2;\delta).$$

$(P1;\delta) \Rightarrow (P2;4\delta)$ の証明．$\triangle := [x,y] \cup [y,z] \cup [z,x]$ を測地三角形とし，$f_\triangle$ を $\triangle$ の比較写像とする．

2 点 $u \in [x,y]$, $v \in [x,z]$ を，$t := \overline{x,u} = \overline{x,v} \le (y \mid z)_x$ が成り立つように取る．このとき $f_\triangle(u) = f_\triangle(v)$ である．x,u,y 及び x,v,z がそれぞれ同一測地線上にあることから，$(u \mid y)_x = (v \mid z)_x = t \le (y \mid z)_x$ である．条件 $(P1;\delta)$ より

$$(u \mid v)_x \ge \min\{(u \mid y)_x, (y \mid z)_x, (z \mid v)_x\} - 2\delta = t - 2\delta$$

となる．$(u \mid v)_x = (1/2)(2t - \overline{u,v})$ より $\overline{u,v} \le 4\delta$. $\qquad\square$

$(P2;\delta) \Rightarrow (P1;2\delta)$ の証明．4 点 $x_0, x_1, x_2, x_3 \in X$ を固定する．図 3.10 を参照．ここで

$$t := \min\{(x_1 \mid x_3)_{x_0}, (x_3 \mid x_2)_{x_0}\}$$

とおく．次の不等式を示す．

$$(x_1 \mid x_2)_{x_0} \ge t - 2\delta. \tag{3.3}$$

$(x_1 \mid x_2)_{x_0} \ge t$ の場合は (3.3) は成立するので，$(x_1 \mid x_2)_{x_0} < t$ と仮定する．$j \in \{1,2,3\}$ に対し，$x_j' \in [x_0, x_j]$ を $\overline{x_0, x_j'} = t$ なるものとして定める．仮定よりある $y_1, y_2 \in [x_1, x_2]$ で，$\overline{x_1, x_1'} = \overline{x_1, y_1}$, $\overline{x_2, x_2'} = \overline{x_2, y_2}$ を満たすものが存在する．$(P2;\delta)$ より

$$\overline{x_1', x_3'} \le \delta, \quad \overline{x_2', x_3'} \le \delta, \quad \overline{x_1', y_1} \le \delta, \quad \overline{x_2', y_2} \le \delta.$$

従って $\overline{x_1', x_2'} \le 2\delta$. 一方で

$$\begin{aligned}
\overline{x_1', x_2'} &\ge \overline{y_1, y_2} - 2\delta \\
&= \overline{x_1, x_2} - \overline{x_1, y_1} - \overline{x_2, y_2} - 2\delta \\
&= \overline{x_1, x_2} - (\overline{x_0, x_1} - \overline{x_0, x_1'}) - (\overline{x_0, x_2} - \overline{x_0, x_2'}) - 2\delta \\
&= -2(x_1 \mid x_2)_{x_0} + 2t - 2\delta.
\end{aligned}$$

以上の $\overline{x_1', x_2'}$ についての上下からの評価を合わせて，不等式 (3.3) を得る． $\square$

$(P3;\delta) \Rightarrow (P2;4\delta)$ の証明．対偶「$(P2;4\delta)$ が不成立 $\Rightarrow$ $(P3;\delta)$ が不成立」

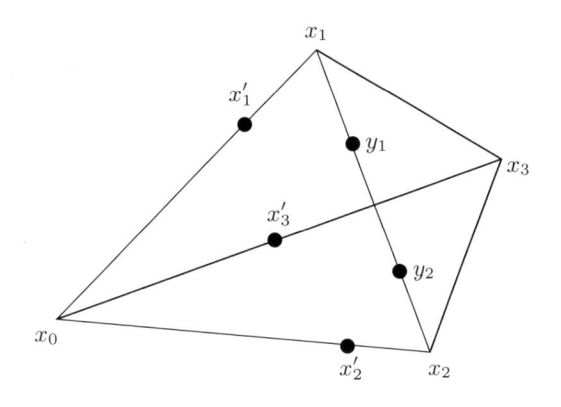

図 3.10　(P2; δ) $\Rightarrow$ (P1; 2δ).

を示す．(P2; 4δ) が成立しないと仮定すると，ある測地三角形 $\triangle :=$ $[x,y]\cup[y,z]\cup[z,x]$ と 2 点 $u \in [x,y]$, $v \in [x,z]$ で，$t := \overline{x,u} = \overline{x,v} < (y \mid z)_x$ かつ $\overline{u,v} > 4\delta$ を満たすものが存在する．補題 3.3.5 より

$$d(v,[x,y]) = \min\{d(v,[x,u]), d(v,[u,y])\} \geq \min\{(x \mid u)_v, (u \mid y)_v\}$$

である．さて，$2(x \mid u)_v = \overline{u,v} > 4\delta$ であり，また

$$2(u \mid y)_v = \overline{u,v} + \overline{y,v} - \overline{u,y} = \overline{u,v} + \overline{y,v} - (\overline{x,y} - \overline{x,u})$$
$$= \overline{u,v} + \overline{x,v} + \overline{y,v} - \overline{x,y} \geq \overline{u,v} > 4\delta$$

となる．ここで 2 番目の等号には $\overline{x,u} = \overline{x,v}$ を，その次の不等号には 3 点 x, v, y に関する三角不等式を用いた．

　以上より $d(v,[x,y]) > 2\delta$ を得る．よって $\overline{x,v} > 2\delta$ である．ここで $p \in [x,v]$ を $\overline{p,v} = \delta$ として定める．

$$d(p,[x,y]) \geq d(v,[x,y]) - \overline{p,v} > \delta$$

であり，また，$d(x,[y,z]) \geq (y \mid z)_x$ より

$$d(p,[y,z]) \geq d(x,[y,z]) - \overline{x,p} \geq (y \mid z)_x - (\overline{x,v} - \delta) > \delta.$$

よって $d(p,[x,y] \cup [y,z]) > \delta$．故に (P3; δ) は不成立． □

(P4; δ) $\Rightarrow$ (P2; δ) の証明．$\triangle := [x,y] \cup [y,z] \cup [z,x]$ を測地三角形とする．2 点 $u \in [x,y]$, $v \in [x,z]$ を，$\overline{x,u} = \overline{x,v} \leq (y \mid z)_x$ を満たすように取る．この 2 点に対し，$\overline{u,v} \leq \delta$ が成り立つことを示せばよい．

　測地線 $[x,y]$ 及び $[x,z]$ を実現する写像をそれぞれ $\gamma\colon [0, \overline{x,y}] \to X$ 及び $\eta\colon [0, \overline{x,z}] \to X$ とする．実数 $t \in [0,1]$ に対し，

$$f(t) := (\gamma(t\,\overline{x,y}) \mid \eta(t\,\overline{x,z}))_x$$

とおくと，関数 $f(t)$ は連続であり，$f(0) = 0 \le (y \mid z)_x = f(1)$ であるから中間値の定理より，ある $t_0 \in [0,1]$ が存在して，$f(t_0) = \overline{x,u} = \overline{x,v}$ が成り立つ．そこで $p := (\gamma(t_0 \overline{x,y}))$，$q := (\eta(t_0 \overline{x,z}))$ とおけば，$(p \mid q)_x = \overline{x,u} = \overline{x,v}$ であるから u,v は測地三角形 $[x,p] \cup [p,q] \cup [q,x]$ の内接三点のうち 2 点となる．よって $\overline{u,v} \le \delta$ が成り立つ． □

例 3.3.9. n 次元双曲空間 $\mathbb{H}^n$ は n に寄らないある定数 $\delta > 0$ が存在して $(\mathrm{P5}; \delta)$ を満たす．従って測地的グロモフ双曲空間である．

証明. $\mathbb{H}^n$ の測地三角形はある全測地的平面に含まれるので，$n = 2$ の場合に示せばよい．$\mathbb{H}^2$ の任意の測地三角形はガウス・ボンネの定理により面積が π 以下となる．従って測地三角形に含まれる円の直径はある定数 δ 以下となる．これは $\mathbb{H}^2$ が $(\mathrm{P5}; \delta)$ を満たすことを意味する． □

3.4 双曲空間の測地線への射影とモースの補題

距離空間 X の閉部分集合 $A, B \subset X$ に対し，そのハウスドルフ距離 (**Hausdorff distance**) を

$$\mathcal{H}(A,B) := \inf\{\epsilon \ge 0 : A \subset N(B; \epsilon), B \subset N(A; \epsilon)\}$$

で定める．

定義 3.4.1. $\lambda \ge 1$ と $c \ge 0$ を定数とする．X を距離空間とし，I を $\mathbb{R}$ の連結な閉部分集合とする．写像 $f \colon I \to X$ が (λ, c)-擬等長埋め込みであるとき，即ち任意の $t, s \in I$ に対し，

$$\frac{1}{\lambda}|t - s| - c \le \overline{f(t), f(s)} \le \lambda|t - s| + c$$

を満たすとき，f を (λ, c)-**擬測地線**という．特に定義域 I が有界閉区間 $[\alpha, \beta]$ のとき，f を (λ, c)-**擬測地線分**という．

上の定義において，写像 f は連続とは仮定していないことに注意する．

定理 3.4.2 (モース (**Morse**) の補題). 任意の $\delta \ge 0$, $\lambda \ge 1$, $c \ge 0$ に対し，ある実数 $H = H(\delta, \lambda, c) \ge 0$ が存在して，次が成り立つ．

X を $(\mathrm{P2}; \delta)$ を満たす測地空間とする．$I = [0, a]$ とし，$f \colon I \to X$ を (λ, c)-擬測地線分とする．また，$J = [0, \overline{f(0), f(a)}]$ とし，$g \colon J \to X$ を測地線で $f(0) = g(0)$ かつ $f(a) = g(\overline{f(0), f(a)})$ を満たすものとする．このとき $\mathcal{H}(\mathrm{Im}\, f, \mathrm{Im}\, g) \le H$ となる．

以下では $\delta \ge 0$ とし，X を条件 $(\mathrm{P2}; \delta)$ を満たす測地空間とする．モースの補題の証明の要となるのが，次に述べる測地線への射影の強い収縮性である．

定義 3.4.3. $\gamma \subset X$ を測地線とする. 点 $x \in X$ に対し, 点 $x' \in \gamma$ で $\overline{x,x'} = d(x,\gamma)$ を満たすものを, x の γ への**射影**という.

上の定義において, $\overline{x,x'} = d(x,\gamma)$ を満たす $x' \in \gamma$ は一意とは限らないことに注意する.

命題 3.4.4. $\gamma \subset X$ を測地線とする. 2 点 $x, y \in X$ の γ への射影をそれぞれ $x', y' \in \gamma$ とする. ここで $\overline{x,y} \le d(x,\gamma) + d(y,\gamma) - 3\delta$ ならば, $\overline{x',y'} \le 3\delta$ である.

証明. 測地三角形 $\triangle(x,x',y')$ の内接三点を $p \in [x,x'], q \in [x',y'], r \in [y',x]$ とし, $\triangle(x,y',y)$ の内接三点を $u \in [x,y'], s \in [y',y], t \in [y,x]$ とする. ただし, $\triangle(x,x',y')$ の辺 $[x',y']$ は測地線 γ の部分集合であるとする. 仮定より

$$\overline{x,y} \le \overline{x,x'} + \overline{y,y'} - 3\delta \tag{3.4}$$

である. まず, 次の不等式を示す.

$$\overline{x',p} = \overline{x',q} \le \delta. \tag{3.5}$$

実際, $\overline{x',p} > \delta$ と仮定すると, $\overline{p,q} \le \delta$ であることから, $\overline{p,q} < \overline{p,x'}$ となる. すると $\overline{x,q} \le \overline{x,p} + \overline{p,q} < \overline{x,p} + \overline{p,x'} = \overline{x,x'}$ となり x' が x の γ への射影であることに矛盾する.

次に $u \in [x,r]$ を示すために再び背理法を用いる. そこで $u \in [r,y']$ と仮定する (図 3.11). このときある $u' \in [x',y']$ で, $\overline{y',u} = \overline{y',u'}$ なるものが存在する. (P2; δ) より $\overline{u,u'} \le \delta$ である. ここで式 (3.5) を示したのと同様の議論により, 次が成立する.

$$\overline{y',s} = \overline{y',u'} \le 2\delta. \tag{3.6}$$

実際, もし $\overline{y',s} > 2\delta$ なら y から $s \to u \to u'$ と辿ったほうが γ に近くなる. ここで仮定より $\overline{x,p} = \overline{x,r} < \overline{x,u} = \overline{x,t}$ である. 従って

$$\overline{x,x'} + \overline{y,y'} = \overline{x,p} + \overline{p,x'} + \overline{y,s} + \overline{s,y'}$$
$$< \overline{x,t} + \overline{p,x'} + \overline{y,t} + \overline{s,y'} \le \overline{x,y} + 3\delta$$

となり (3.4) に矛盾する. なお途中の式変形では $\overline{y,s} = \overline{y,t}$ を用いた.

以上により $u \in [x,r]$ である (図 3.12). 従って $\overline{y',r} \le \overline{y',u}$ であるから, ある $r' \in [y',s]$ が存在して, $\overline{y',r'} = \overline{y',r}$ かつ $\overline{r,r'} \le \delta$ が成り立つ. ここで $\overline{r',y'} \le 2\delta$ である. 何故なら, $\overline{r',y'} > 2\delta$ であれば, y から $r' \to r \to q$ と辿ったほうが γ に近くなるからである. 従って $\overline{q,y'} = \overline{r,y'} = \overline{r',y'}$ を用いて

$$\overline{x',y'} = \overline{x',q} + \overline{q,y'} = \overline{x',q} + \overline{r',y'} \le 3\delta$$

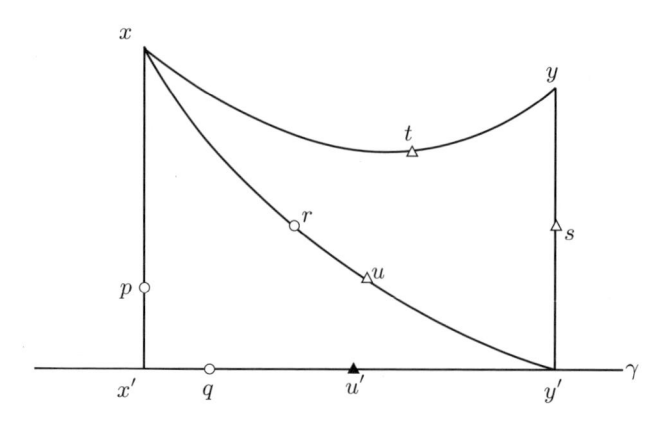

図 3.11 $u \in [r, y']$ と仮定した場合の点の配置図.

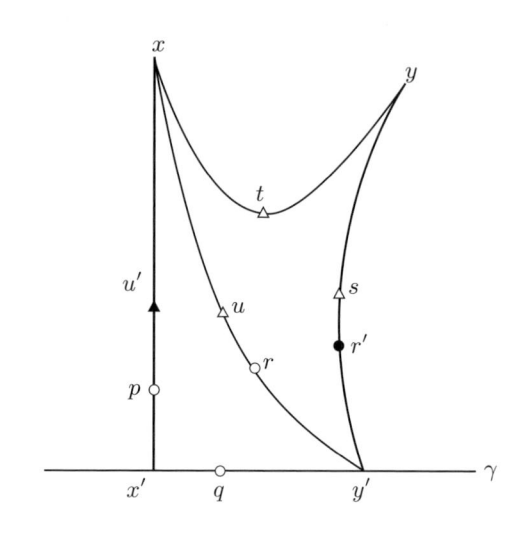

図 3.12 真の点の配置図.

となり，題意は成立する. □

定理 3.4.2 の証明. 自然数 N を $N > 3\delta\lambda$ を満たすものとし，

$$R := \frac{1}{2}(\lambda N + c + 3\delta)$$

とおく. $i \in I$ に対して $x_i := f(i)$ とし，$N_R := N([x_0, x_a]; R)$ とおく. 証明の方針は，$\mathrm{Im}\, f$ のうち N_R から「はみ出ている部分」に注目し，その部分が測地線 $[x_0, x_a]$ から一定の距離に含まれることを示すことである.

点 x_i の測地線 $[x_0, x_a]$ への射影を $y_i \in [x_0, x_a]$ とする.

整数 $u, v \in \{1, 2, \ldots, \lfloor a \rfloor - 1\}$ を，以下の条件を満たすものとする.

(i) $u \le v$,

(ii) $x_{u-1} \in N_R$ かつ $x_{v+1} \in N_R$,

(iii) $\{x_u, x_{u+1}, \ldots, x_v\} \subset X \setminus N_R$.

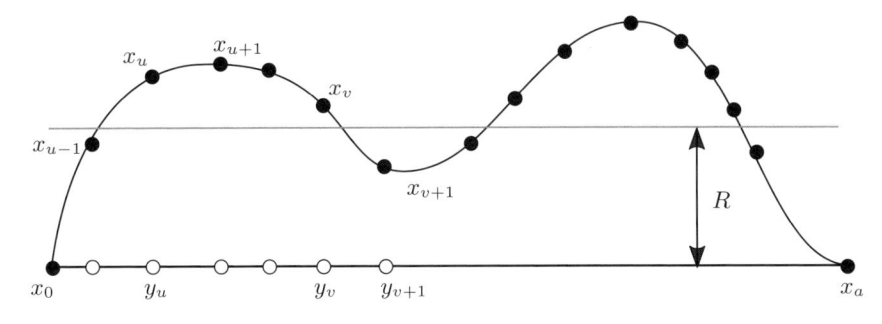

図 3.13 モースの補題.

$I_0 := \{u, u+1, \ldots, v\}$ とおく. 整数 $i, j \in I_0$ が $|i - j| \leq N$ を満たせば,

$$\overline{x_i, x_j} \leq \lambda \,|i - j| + c < \lambda N + c = 2R - 3\delta.$$

従って命題 3.4.4 より $\overline{y_i, y_j} \leq 3\delta$ である. 以上の議論を

$$(i, j) = (u, u+N), (u+N, u+2N), \ldots,$$
$$\left(u + \left(\left\lfloor \frac{v-u}{N} \right\rfloor - 1\right)N, u + \left\lfloor \frac{v-u}{N} \right\rfloor N\right), \left(u + \left\lfloor \frac{v-u}{N} \right\rfloor N, v\right)$$

に対して適用して次を得る.

$$\overline{x_u, x_v} \leq \overline{x_u, y_u} + \overline{y_u, y_{u+N}} + \cdots + \overline{y_{u+\lfloor \frac{v-u}{N} \rfloor N}, y_v} + \overline{y_v, x_v}$$
$$\leq R + \lambda + c + 3\delta \left(\frac{|u-v|}{N} + 1\right) + R + \lambda + c. \tag{3.7}$$

ここで $\overline{x_u, y_u}$ の評価には,

$$\overline{x_u, y_u} \leq \overline{x_u, y_{u-1}} \leq \overline{x_u, x_{u-1}} + \overline{x_{u-1}, y_{u-1}} \leq \lambda + c + R$$

を用いた. $\overline{y_v, x_v}$ の評価も同様である.

一方で $\overline{x_u, x_v} \geq (1/\lambda)\,|u - v| - c$ であるから, (3.7) と合わせて

$$|u - v| \left(\frac{1}{\lambda} - \frac{3\delta}{N}\right) \leq 2R + 2\lambda + 3\delta + 3c$$

を得る. よって任意の $i \in I_0$ に対し,

$$\overline{x_u, x_i} \leq \lambda \,|u - v| + c \leq \lambda \left(\frac{1}{\lambda} - \frac{3\delta}{N}\right)^{-1} (2R + 2\lambda + 3\delta + 3c) + c$$

となる. 従って

$$d(x_i, [x_0, x_a]) \leq \overline{x_i, x_u} + \overline{x_u, x_{u-1}} + \overline{x_{u-1}, y_{u-1}}$$
$$\leq \lambda \left(\frac{1}{\lambda} - \frac{3\delta}{N}\right)^{-1} (2R + 2\lambda + 3\delta + 3c) + \lambda + 2c + R. \tag{3.8}$$

よって式 (3.8) の最右辺を H' とおくと, $\{x_u,\ldots,x_v\} \subset N([x_0,x_a];H')$ である. また, $f([u-1,v+1]) \subset N(\{x_u,\ldots,x_v\};\lambda+c)$ であるので $H'' := H' + \lambda + c$ とおけば, $f([u-1,v+1]) \subset N([x_0,x_a];H'')$ となる.

以上の議論を, 最初に与えられた条件を満たすような全ての組 (u,v) に適用すれば, $\operatorname{Im} f \subset N([x_0,x_a];H'')$ を得る. 逆の包含関係は次の補題から従う. $\qquad\square$

補題 3.4.5. 任意の $\lambda \geq 1$, $c \geq 0$, $H'' \geq 0$ に対し, ある定数 $H = H(\lambda,c,H'')$ が存在して, 次が成り立つ. X を距離空間とする. $I = [p,q] \subset \mathbb{R}$, $J = [r,s] \subset \mathbb{R}$ とし, $f\colon I \to X$ を (λ,c)-擬測地線, $g\colon J \to X$ を測地線で, 以下を満たすものとする.

$$\overline{f(p),g(r)} \leq H'', \quad \overline{f(q),g(s)} \leq H'', \quad \operatorname{Im} f \subset N(\operatorname{Im} g;H'').$$

このとき, $\operatorname{Im} g \subset N(\operatorname{Im} f;H)$.

証明. $H := 2H'' + \lambda + c$ とおく. I の分割を $p = t_0 < t_1 < \cdots < t_n = q$, $|t_i - t_{i-1}| \leq 1$ を満たすものとする. 任意の $i \in \{0,\ldots,n\}$ に対し, ある $u_i \in J$ で $\overline{f(t_i),g(u_i)} \leq H''$ を満たすものが存在する. 仮定より $u_0 = r$ かつ $u_n = s$ としてよい. このとき $|u_i - u_{i-1}| = \overline{g(u_i),g(u_{i-1})} \leq 2H'' + \lambda + c$ である.

任意の $u \in J$ に対し, ある $i \in \{0,\ldots,n\}$ で, $|u - u_i| \leq H'' + (\lambda+c)/2$ を満たすものが存在する. この i に対し,

$$\overline{g(u),f(t_i)} \leq \overline{g(u),g(u_i)} + \overline{g(u_i),f(t_i)} \leq 2H'' + \frac{1}{2}(\lambda+c) \leq H$$

である. よって $\operatorname{Im} g \subset N(\operatorname{Im} f;H)$. $\qquad\square$

定理 3.4.6. X と Y を測地空間とし, $F\colon X \to Y$ を擬等長埋め込み写像とする. このとき Y がグロモフ双曲空間であるならば, X もグロモフ双曲空間である.

証明. $\delta \geq 0$ とし, Y は (P3; δ) を満たすとする. $F\colon X \to Y$ が擬等長埋め込み写像であることから, ある定数 A が存在して, 任意の $u,v \in X$ に対し,

$$\frac{1}{A}\,\overline{u,v} - A \leq \overline{F(u),F(v)} \leq A\,\overline{u,v} + A$$

となる. $H = H(A,A,\delta)$ を定理 3.4.2 の定数とする. まず次の主張が成り立つことを示す.

主張. 任意の $u,v \in X$ に対し, $\mathcal{H}(F([u,v]),[F(u),F(v)]) \leq H$.

実際, $g\colon [0,\overline{u,v}] \to X$ を u と v をつなぐ測地線で, $g([0,\overline{u,v}]) = [u,v]$ を満たすものとする. このとき $F \circ g\colon [0,\overline{u,v}] \to Y$ は (A,A)-擬測地線であるので, 定理 3.4.2 より主張は成立する.

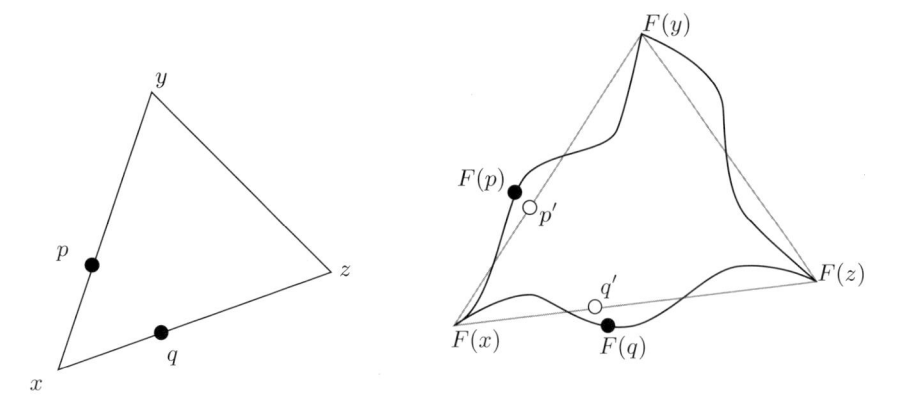

図 3.14 測地三角形と F による像.

3 点 $x, y, z \in X$ を取り，測地三角形 $\triangle := [x, y] \cup [y, z] \cup [z, x]$ を考える．

主張より，任意の点 $p \in [x, y]$ に対し，ある点 $p' \in [F(x), F(y)]$ で，$\overline{F(p), p'} \leq H$ なるものが存在する．Y は δ-リップス条件を満たすので，ある点 $q' \in [F(y), F(z)] \cup [F(z), F(x)]$ で，$\overline{p', q'} \leq \delta$ なるものが存在する．再び主張よりある点 $q \in [y, z] \cup [z, x]$ で $\overline{F(q), q'} \leq H$ なるものが存在する．従って

$$\overline{p, q} \leq A\,\overline{F(p), F(q)} + A^2 \leq A(\,\overline{F(p), p'} + \overline{p', q'} + \overline{q', F(q)}\,) + A^2$$
$$\leq A(2H + \delta) + A^2.$$

よって X は $(A(2H + \delta) + A^2)$-リップス条件を満たす． $\square$

測地的グロモフ双曲空間に等長変換として，固有かつ余コンパクトに作用する群を双曲群と呼んだ（定義 3.1.4）．定理 3.4.6 の系として，双曲群の別の定式化が得られる．

系 3.4.7. G を群とする．次の条件は全て同値である．

(1) G は双曲群である．
(2) G は有限生成であり，ある生成系に関するケーリーグラフが双曲的である．
(3) G は有限生成であり，どの生成系に関するケーリーグラフも双曲的である．

次の補題は，擬等長埋め込みの下で，グロモフ積の情報が保存されることを意味する．この事実は次章で，擬等長埋め込みが導くグロモフ双曲空間の境界の間の写像が連続であることを導く．

補題 3.4.8. 任意の $\lambda \geq 1$, $c \geq 0$, $\delta \geq 0$ に対し，ある定数 $A = A(\lambda, c, \delta)$ が存在して，次が成り立つ．X と Y を共に $(\mathrm{P2}; \delta)$ を満たす測地空間とし，$F \colon X \to Y$ を (λ, c)-擬等長埋め込みとする．任意の $x, y, z, w \in X$ に対し，次が成り立つ．

$$\frac{1}{\lambda}(x \mid y)_w - A \le (F(x) \mid F(y))_{F(w)} \le \lambda(x \mid y)_w + A, \tag{3.9}$$

$$\frac{1}{\lambda}\left|(x \mid y)_w - (y \mid z)_w\right| - A$$

$$\le \left|(F(x) \mid F(y))_{F(w)} - (F(y) \mid F(z))_{F(w)}\right|$$

$$\le \lambda\left|(x \mid y)_w - (y \mid z)_w\right| + A. \tag{3.10}$$

演習問題 3.4.9. 補題 3.4.8 を証明せよ．ヒント：どちらも定理 3.4.2 から従う $\mathcal{H}(F([x,y]), [F(x), F(y)]) \le H(\lambda, c, \delta)$ 等を使う．式 (3.9) は補題 3.3.5 の不等式

$$(x \mid y)_w \le d(w, [x,y]) \le (x \mid y)_w + \delta$$

を使う．式 (3.10) は $\triangle(x, y, w)$，$\triangle(y, z, w)$ 及び $\triangle(F(x), F(y), F(w))$，$\triangle(F(y), F(z), F(w))$ の内接三点と補題 3.3.6 の証明で用いられた議論を使う．図 3.15 も参照せよ．

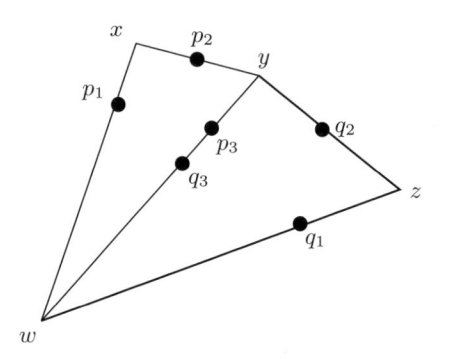

図 3.15　2 つの測地三角形とそれぞれの内接三点．

3.5　グロモフ双曲空間の粗凸性

以下に述べる命題により，測地的グロモフ双曲空間は第 6 章で解説する粗凸空間の構造を持つことが分かる．

命題 3.5.1. $\delta \ge 0$ とし，X は (P2; δ) を満たす測地空間とする．$\gamma\colon [0, a] \to X$ と $\eta\colon [0, b] \to X$ を測地線とする．任意の $t \in [0, 1]$ に対し，

$$\overline{\gamma(ta), \eta(tb)} \le (1-t)\,\overline{\gamma(0), \eta(0)} + t\,\overline{\gamma(a), \eta(b)} + 2\delta$$

が成り立つ．

証明. まず，$\gamma(0) = \eta(0)$ の場合に示す．

$$f_\triangle\colon \gamma([0, a]) \cup \eta([0, b]) \cup [\gamma(a), \eta(b)] \to T$$

を比較三脚 T への比較写像とする．まず，$\min\{ta,tb\} \leq (\gamma(a) \mid \eta(b))_{\gamma(0)}$ のときは，

$$\overline{f_\triangle(\gamma(ta)),f_\triangle(\eta(tb))} = |ta-tb| \leq t\,\overline{\gamma(a),\eta(b)}.$$

また $(\gamma(a) \mid \gamma(b))_{\gamma(0)} \leq \min\{ta,tb\}$ のとき

$$\overline{f_\triangle(\gamma(ta)),f_\triangle(\eta(tb))} = ta + tb - 2(\gamma(a) \mid \eta(b))_{\gamma(0)}$$
$$= \overline{\gamma(a),\eta(b)} - (1-t)(a+b) \leq t\,\overline{\gamma(a),\eta(b)}.$$

従っていずれの場合も

$$\overline{\gamma(ta),\eta(tb)} \leq \overline{f_\triangle(\gamma(ta)),f_\triangle(\eta(tb))} + \delta \leq t\,\overline{\gamma(a),\eta(b)} + \delta$$

となる．

　次に $\gamma(0) \neq \eta(0)$ の場合を考察する．$\eta'\colon [0,c] \to X$ を $\gamma(0)$ と $\eta(b)$ を繋ぐ測地線とする．先の議論により，$\overline{\gamma(ta),\eta'(tc)} \leq t\,\overline{\gamma(a),\eta'(c)} + \delta$．一方で η' と η の向きを逆にした測地線に対して先の議論を適用すれば，$\overline{\eta'(tc),\eta(tb)} \leq (1-t)\,\overline{\eta'(0),\eta(0)} + \delta$ となる．よって

$$\overline{\gamma(ta),\eta(tb)} \leq (1-t)\,\overline{\gamma(0),\eta(0)} + t\,\overline{\gamma(a),\eta(b)} + 2\delta.$$

$\square$

第 4 章
双曲空間の境界

固有な距離を持つ測地的グロモフ双曲空間に対して 3 通りの方法で境界を構成し，それらが全て等しいことを確認する．またグロモフ積を用いて境界上の距離を構成する．

4.1 二分木の場合

この節ではまず，二分木と呼ばれるツリーをトイモデルとして，その境界を構成してみる．

4.1.1 二分木の構成

$A = \{0, 1\}$ とし，これを**文字**の集合という．自然数 n に対し，A の元を n 個並べたもの $w = (a_1, \ldots, a_n) \in A^n$ を長さ n の**語（word）** という．このとき $|w| = n$ と表す．また，記号 $w_\varnothing$ により長さ 0 の語を表す．これを**空語**という．語の集合 A^* を $A^* := \{w_\varnothing\} \cup \bigcup_{n \in \mathbb{N}} A^n$ と定める．

2 つの語 $w = (a_1, \ldots, a_k)$, $z = (b_1, \ldots, b_l)$ に対し，**結合** wz を

$$wz := (a_1, \ldots, a_k, b_1 \ldots, b_l)$$

と定める．特に長さ 1 の語 (a), $a \in A$ と語 $w \in A^*$ に対し，$w(a)$ を wa と表す．また空語 $w_\varnothing$ に対しては，$w w_\varnothing = w_\varnothing w := w$ と定める．

自然数 $k \leq n$ と語 $w = (a_1, \ldots, a_n) \in A^n$ に対し，**接頭語** $w \upharpoonright k$ を

$$w \upharpoonright k := (a_1, \ldots, a_k)$$

で定める．また $w \upharpoonright 0 := w_\varnothing$ とする．語の集合 A^* に付随するグラフ T_2 を次のように定める．まず頂点集合は A^* とする．次に 2 つの頂点 $w, w' \in A^*$ に対し，ある文字 $a \in A$ が存在して $w' = wa$ が成り立つとき，w と w' を辺でつなぐ．このようにして作られるグラフはループを持たず，従って木となる．

これを**二分木（binary tree）**と呼ぶ．一辺の長さを 1 と定めることにより，幾何学的実現 $|T_2|$ は測地空間となる．頂点 $w \in A^*$ に対し，その隣接する接頭語達

$$w \restriction 0,\, w \restriction 1,\, \ldots,\, w \restriction (|w| - 1),\, w$$

を辺で結んだものは頂点 $w_\varnothing$ と w を結ぶ測地線になるので，2 頂点 $w, w' \in A^*$ に対し，基点 $w_\varnothing$ に関するグロモフ積 $(w \mid w')$ は

$$(w \mid w') = \max\{n \in \{0\} \cup \mathbb{N} : w \restriction n = w' \restriction n\}$$

で与えられる．距離は $\overline{w, w'} = |w| + |w'| - 2(w \mid w')$ で与えられる．

4.1.2 二分木の境界

関数 $\alpha\colon \mathbb{N} \to A$ を長さ無限大の語といい，その集合を $A^\mathbb{N}$ と表す．$\alpha \in A^\mathbb{N}$ と $n \in \mathbb{N}$ に対し，その接頭語 $\alpha \restriction n$ を $\alpha \restriction n := (\alpha(1), \ldots, \alpha(n))$ と定める．また $\alpha \restriction 0 := w_\varnothing$ とおく．

集合 $A^\mathbb{N}$ 上にグロモフ積 $(\cdot \mid \cdot)$ を，

$$(\alpha \mid \beta) := \max\{n \in \{0\} \cup \mathbb{N} : \alpha \restriction n = \beta \restriction n\}$$

で定める．次の性質は容易に確かめられる．$\alpha, \beta, \gamma \in A^\mathbb{N}$ とする．

(i) $(\alpha \mid \beta) = (\beta \mid \alpha)$.
(ii) $(\alpha \mid \beta) = \infty$ となる必要十分条件は $\alpha = \beta$.
(iii) $(\alpha \mid \gamma) \geq \min\{(\alpha \mid \beta), (\beta \mid \gamma)\}$.

これを用いて，語 $\alpha \in A^\mathbb{N}$ と $N \in \mathbb{N}$ に対し，集合 $U(\alpha, N)$ を

$$U(\alpha, N) := \{\beta \in A^\mathbb{N} : (\alpha \mid \beta) > N\}$$

で定める．$A^\mathbb{N}$ 上に，集合族 $\{U(\alpha, N)\}_{N \in \mathbb{N}}$ を α の基本近傍系とするような位相を定める．これは距離化可能である．実際，$d(\alpha, \beta) := 2^{-(\alpha \mid \beta)}$ とおくと，これは上記の位相と整合的な距離となる．特に，グロモフ積の性質 (iii) より，3 点 $\alpha, \beta, \gamma \in A^\mathbb{N}$ に対し，不等式

$$d(\alpha, \gamma) \leq \max\{d(\alpha, \beta),\, d(\beta, \gamma)\}$$

が成立する．この不等式を**超三角（ultra triangle）不等式**という．

命題 4.1.1. $A^\mathbb{N}$ はコンパクトである．

証明. $A^\mathbb{N}$ は距離可能であるので，完備かつ全有界であることを示せばよい．

まず完備性から示す．$(\alpha_n)_{n \in \mathbb{N}}$ を $A^\mathbb{N}$ のコーシー列とする．任意の $N \in \mathbb{N}$ に対し，ある $R(N) > N$ が存在して，任意の $n, m \geq R(N)$ に対し，

$d(\alpha_n, \alpha_m) < 2^{-N}$ が成り立つ. 従って $\alpha_n \upharpoonright N = \alpha_m \upharpoonright N$ となる. そこで語 $\alpha \colon \mathbb{N} \to A$ を, $n \in \mathbb{N}$ に対し,

$$\alpha(n) := \alpha_{R(n)}(n)$$

と定める. これは $R(n)$ の取り方によらずに定まり, また (α_n) は α に各点収束する. よって $A^{\mathbb{N}}$ は完備である.

次に全有界であることを示す. 任意の $\epsilon > 0$ に対し, 自然数 N を $2^{-N} < \epsilon$ を満たすように取る. 長さ N の語 $w \in A^N$ に対し,

$$U(w, N) := \{\alpha \in A^{\mathbb{N}} : \alpha \upharpoonright N = w\}$$

とおくと, $U(w, N)$ の直径は 2^{-N} である. また, 任意の $\alpha \in A^{\mathbb{N}}$ に対し, $\alpha \in U(\alpha \upharpoonright N, N)$ であるから, $A^{\mathbb{N}} = \bigcup_{w \in A^N} U(w, N)$ が成り立つ. A^N は有限集合であるから, $A^{\mathbb{N}}$ は全有界である. $\qquad\square$

ここで構成された $(A^{\mathbb{N}}, d)$ は, **カントール（Cantor）集合**と呼ばれる位相空間と同相である. これを二分木 T_2 の境界と見なす.

この節では語の持つ組合せ論的な性質を用いて二分木の境界を構成した. 次節ではそれを測地線が持つ幾何学的な性質に置き換えることにより, グロモフ双曲空間の境界を構成する.

4.2 測地光線

以下では X を測地空間とする.

4.2.1 測地光線の漸近的な振る舞い

写像 $f \colon \mathbb{R}_{\geq 0} \to X$ に関して, f が等長埋め込みであるとき, f を**測地光線（geodesic ray）**といい, f が擬等長埋め込みであるとき, f を**擬測地光線（quasi-geodesic ray）**という.

擬測地光線 f, g に対し, $\mathcal{H}(\mathrm{Im}\, f, \mathrm{Im}\, g) < \infty$ となるとき, $f \simeq_{\mathcal{H}} g$ と定める. この関係 $\simeq_{\mathcal{H}}$ は同値関係である.

命題 4.2.1. 測地光線 $g, h \colon \mathbb{R}_{\geq 0} \to X$ に対し, 次は同値.

(i) $g \simeq_{\mathcal{H}} h$.
(ii) $\sup_{t \geq 0} \overline{h(t), g(t)} < \infty$.

証明. (ii) から (i) は直ちに従う. 故に逆を示す. $H := \mathcal{H}(\mathrm{Im}\, g, \mathrm{Im}\, h)$ とする. $t \geq 0$ に対し, ある $s_t \geq 0$ で $\overline{h(t), g(s_t)} \leq H$ なるものが存在する. 三角不等式より

$$\overline{h(t), h(0)} - 2H \leq \overline{g(s_t), g(s_0)} \leq \overline{h(t), h(0)} + 2H$$

であるから，次を得る．

$$t - 2H \leq |s_t - s_0| \leq t + 2H.$$

従って $t > s_0 + 2H$ の場合，$s_t > s_0$ となり，$|s_t - t| \leq s_0 + 2H$ を得る．これより $\overline{g(t), h(t)} \leq s_0 + 3H$ となる．以上より

$$\sup_{t \geq 0} \overline{h(t), g(t)} \leq \max \left\{ \overline{h(t), g(t)} : t \in [0, s_0 + 2H] \right\} + s_0 + 3H.$$

$\square$

命題 4.2.2. X は (P2; δ) を満たすグロモフ双曲空間であるとする．測地光線 $g, h \colon \mathbb{R}_{\geq 0} \to X$ は $g(0) = h(0)$ かつ $g \simeq_{\mathcal{H}} h$ を満たすとする．このとき，$\sup_{t \geq 0} \overline{h(t), g(t)} \leq \delta$.

証明. 命題 4.2.1 より，$D := \sup_{t \geq 0} \overline{h(t), g(t)}$ とおくと D は有限の値になる．任意の $t \geq 0$ に対して，$T := t + D + 1$ とおくと，

$$(h(T) \mid g(T))_{h(0)} = T - \frac{1}{2} \overline{h(T), g(T)} \geq T - \frac{D}{2} > t.$$

ここで測地三角形 $h([0, T]) \cup [h(T), g(T)] \cup g([0, T])$ に条件 (P2; δ) を適用すれば，$\overline{h(t), g(t)} \leq \delta$ を得る．

$\square$

4.2.2　測地光線の構成

X の距離が固有であれば，第 3.4 節で証明されたモースの補題（定理 3.4.2）を用いることにより，擬測地光線から測地光線を構成することができる．

定理 4.2.3. 任意の $\delta \geq 0$，$\lambda \geq 1$，$c \geq 0$ に対し，ある定数 $H = H(\delta, \lambda, c)$ が存在して，次が成り立つ．X を測地空間とする．X の距離は固有で，(P2; δ) を満たすとする．$f \colon \mathbb{R}_{\geq 0} \to X$ を (λ, c)-擬測地光線とする．このとき，測地光線 $g \colon \mathbb{R}_{\geq 0} \to X$ で，$f(0) = g(0)$ かつ $\mathcal{H}(\mathrm{Im}\, f, \mathrm{Im}\, g) \leq H$ を満たすものが存在する．

証明. $H' := H'(\delta, \lambda, c)$ を定理 3.4.2 で与えられる定数とする．$f \colon \mathbb{R}_{\geq 0} \to X$ を (λ, c)-擬測地線とする．自然数 $k \geq 1$ に対し，$B_k := \bar{B}(f(0); k)$ とおく．X の距離は固有なので，B_k はコンパクトである．また Θ_k で次の条件 (a)，(b)，(c) を満たす写像 $\gamma \colon [0, k] \to B_k$ のなす集合を表す．

(a) $\gamma(0) = f(0)$.
(b) ある実数 $L_\gamma \leq k$ が存在して，制限 $\gamma|_{[0, L_\gamma]}$ は測地線.
(c) 制限 $\gamma|_{[L_\gamma, k]}$ は $\gamma(L_\gamma)$ への定値写像.

Θ_k 上の距離 d を，$\gamma, \gamma' \in \Theta_k$ に対して $d(\gamma, \gamma') := \max \left\{ \overline{\gamma(t), \gamma'(t)} : t \in [0, k] \right\}$

で定める．この距離は Θ_k 上に一様収束の位相を定める．アルツェラ・アスコ
リ（Arzelà–Ascoli）の定理より，Θ_k はコンパクトである．

　写像 $h\colon [0,b] \to X$ に対し，記号 $h^{(k)}$ により写像 $h^{(k)}\colon [0,k] \to X$ で，$0 \le t \le b$ に対し $h^{(k)}(t) = h(t)$ となり，$b < t \le k$ に対し $h^{(k)}(t) = h(b)$ となるものを表すことにする．h が測地線ならば，$h^{(k)} \in \Theta_k$ である．

　任意の $n \ge 1$ に対し，$a_n := \overline{f(0), f(n)}$，$J_n := [0, a_n]$ と定める．また $f_n := f|_{[0,n]}$ とし，$h_n\colon J_n \to X$ を $f(0)$ と $f(n)$ を結ぶ測地線とする．定理 3.4.2 より $\mathcal{H}(f_n, h_n) \le H'$ である．

　各 $k \ge 1$ に対し，Θ_k がコンパクトであることから，$(h_n)_{n \ge 1}$ のある部分列 $(h_{k,m})_{m \ge 1}$ で，次の (i), (ii) を満たすものが存在する．

  (i) $(h_{k+1,m})_{m \ge 1}$ は $(h_{k,m})_{m \ge 1}$ の部分列．
  (ii) $(h_{k,m}^{(k)})_{m \ge 1}$ は $[0, k]$ 上一様収束する．

ここで $g_m := h_{m,m}$ とおけば，対角線論法により任意の $k \ge 1$ に対し，$\left(g_m^{(k)}\right)_{m \ge 1}$ は $[0, k]$ 上で一様収束する．そこでその極限を

$$g^{(k)}\colon [0, k] \to B_k$$

とおく．即ち $t \in [0, k]$ に対し $g^{(k)}(t) := \lim_{m \to \infty} g_m^{(k)}(t)$ と定める．

主張 1. $g^{(k)}\colon [0, k] \to B_k$ は測地線．

証明. 任意の $\epsilon > 0$ に対し，ある $N = N(\epsilon, k) \in \mathbb{N}$ が存在して，任意の $m > N$ と $t \in [0, k]$ に対し，$\overline{g^{(k)}(t), g_m^{(k)}(t)} \le \epsilon/2$ となる．従って任意の $t, s \in [0, k]$ に対し，

$$\overline{g^{(k)}(t), g^{(k)}(s)} \le \overline{g^{(k)}(t), g_m^{(k)}(t)} + \overline{g_m^{(k)}(t), g_m^{(k)}(s)} + \overline{g_m^{(k)}(s), g^{(k)}(s)}$$
$$\le |t - s| + \epsilon.$$

同様にして $\overline{g^{(k)}(t), g^{(k)}(s)} \ge |t - s| - \epsilon$ も示すことができる．ϵ は任意なので，$\overline{g^{(k)}(t), g^{(k)}(s)} = |t - s|$ となる．よって $g^{(k)}$ は測地線． □

主張 2. $l \ge k$ ならば，$g^{(l)}|_{[0,k]} = g^{(k)}$．

証明. 実際 $l \ge k$ を固定して考えると，任意の $t \in [0, k]$ と任意の $m \ge k$ に対して $g_m^{(l)}(t) = g_m(t) = g_m^{(k)}(t)$ なので，

$$g^{(l)}(t) = \lim_{m \to \infty} g_m^{(l)}(t) = \lim_{m \to \infty} g_m^{(k)}(t) = g^{(k)}(t).$$

よって $g^{(l)}|_{[0,k]} = g^{(k)}$． □

　そこで写像 $g\colon \mathbb{R}_{\ge 0} \to X$ を，$t \in \mathbb{R}_{\ge 0}$ に対して，$k \in \mathbb{N}$ で $k \ge t$ なるものを用いて，$g(t) := g^{(k)}(t)$ で定める．主張 2 よりこの構成は $k \ge t$ なる自然数 k の取り方によらない．また，$g(0) = f(0)$ であり，主張 1 より g は測地線で

ある.

主張 3. $\mathcal{H}(\operatorname{Im} f, \operatorname{Im} g) \leq H' + 1.$

証明. $x \in \operatorname{Im} f$ とする. 十分大きな自然数 n に対し, $x \in \operatorname{Im} f_n \subset N(\operatorname{Im} h_n; H')$ となる. 故にある $y_n \in \operatorname{Im} h_n$ で, $\overline{x, y_n} \leq H'$ なるものが存在する. $\bar{B}(x; H')$ はコンパクトなので, $(y_n)_{n \geq 1}$ のある収束部分列で, その収束先 y が, $y \in \operatorname{Im} g$ を満たすものが存在する. 実際, g の構成で用いた部分列からさらに部分列を抜き出せばよい. ここで $\overline{x, y} \leq H'$ であるから $x \in N(\operatorname{Im} g; H')$. よって $\operatorname{Im} f \subset N(\operatorname{Im} g; H')$ を得る.

次に $z \in \operatorname{Im} g$ とする. z に収束する点列 $(z_m)_{m \geq 1}$ で, 任意の $m \in \mathbb{N}$ に対し $z_m \in \operatorname{Im} g_m$ を満たすものが存在する. 各 m に対し, ある $n(m) \in \mathbb{N}$ とある点 $x_m \in \operatorname{Im} f_{n(m)}$ で, $\overline{x_m, z_m} \leq H'$ なるものが存在する. ここで m が十分大きければ $\overline{z, z_m} < 1$ となる. 故に $z \in N(\operatorname{Im} f; H' + 1)$. よって $\operatorname{Im} g \subset N(\operatorname{Im} f; H' + 1)$. $\qquad \square$

以上より, 定理 4.2.3 の主張は示された. $\qquad \square$

4.3 境界の構成

以下では, X を $(\mathrm{P2}; \delta)$ を満たす固有測地空間とする. X の境界として, 以下の 3 つの集合を考える.

4.3.1 擬測地光線モデル

擬測地光線の集合を同値関係 $\simeq_{\mathcal{H}}$ で割って得られる集合を $\partial_q X$ と表す.

$$\partial_q X := \{ f \colon \mathbb{R}_{\geq 0} \to X : f \text{ は擬測地光線 } \} / {\simeq_{\mathcal{H}}}.$$

擬測地光線 $f \colon \mathbb{R}_{\geq 0} \to X$ が点 $a \in \partial_q X$ の代表元であるとき, $a = [f]$, $f \to a$, $f(\infty) = a$, または $f(t) \to a \, (t \to \infty)$ と表す.

4.3.2 測地光線モデル

基点 $w \in X$ を固定する. w を始点とする測地光線の集合を同値関係 $\simeq_{\mathcal{H}}$ で割って得られる集合を $\partial_{r,w} X$ と表す.

$$\partial_{r,w} X := \{ f \colon \mathbb{R}_{\geq 0} \to X : f \text{ は測地光線, } f(0) = w \} / {\simeq_{\mathcal{H}}}.$$

$\partial_{r,w} X$ は $\partial_q X$ の部分集合である. 点 $a \in \partial_{r,w} X$ に対し $[w, a)$ により, 測地光線 $f \colon \mathbb{R}_{\geq 0} \to X$ で, $f(0) = w$ かつ $f(t) \to a \, (t \to \infty)$ なるものの像 $f(\mathbb{R}_{\geq 0})$ を表すことにする. 測地光線 f, f' が共に $a \in \partial_{r,w} X$ の代表元で $f(0) = f'(0) = w$ を満たすならば, 命題 4.2.2 より $\sup_{t \geq 0} \overline{f(t) f'(t)} \leq \delta$ となる.

4.3.3 点列モデル

X の点列 $(x_i)_{i \geq 1}$ が，$\lim_{i,j}(x_i \mid x_j) = \infty$ を満たすとき，$(x_i)_{i \geq 1}$ は**無限遠に向かう**といい，$(x_i)_{i \geq 1} \to \infty$ で表す．この条件はグロモフ積の基点の取り方に依らない．無限遠に向かう 2 つの点列 $(x_i)_{i \geq 1}$ と $(y_j)_{j \geq 1}$ に対し，$\lim_{i,j}(x_i \mid y_j) = \infty$ となるとき，$(x_i)_{i \geq 1} \simeq_{\mathrm{seq}} (y_j)_{j \geq 1}$ と定める．X は (P1; 2δ) を満たすので，関係 $\simeq_{\mathrm{seq}}$ は同値関係である．$(x_i)_{i \geq 1}$ の同値類を $[(x_i)]$ で表す．

演習問題 4.3.1. 2 次元ユークリッド空間 $\mathbb{R}^2$ では $\simeq_{\mathrm{seq}}$ は同値関係にならないことを示せ．

補題 4.3.2. 無限遠に向かう 2 つの点列 $(x_i)_{i \geq 1}$ と $(y_j)_{j > 1}$ に対し，$\limsup_{i,j}(x_i \mid y_j) = \infty$ ならば $\liminf_{i,j}(x_i \mid y_j) = \infty$ である．

証明. 任意の $R > 0$ に対し，ある $I > 0$ が存在して，任意の $i, i', j, j' > I$ に対し，$\min\{(x_i \mid x_{i'}), (y_j \mid y_{j'})\} > R$ となる．

そこで任意に $i, j > I$ を取る．仮定よりある $k, l > I$ が存在して，$(x_k \mid y_l) > R$ となる．X は (P1; 2δ) を満たすので，

$$(x_i \mid y_j) \geq \min\{(x_i \mid x_k), (x_k \mid y_l), (y_l \mid y_j)\} - 4\delta > R - 4\delta.$$

よって $\liminf_{i,j}(x_i \mid y_j) = \infty$ が成り立つ． $\qquad\qquad\square$

系 4.3.3. 無限遠に向かう 2 つの点列 $(x_i)_{i \geq 1}$ と $(y_j)_{j \geq 1}$ に対し，$(x_i)_{i \geq 1} \simeq_{\mathrm{seq}} (y_j)_{j \geq 1}$ と $\sup_{i,j}(x_i \mid y_j) = \infty$ は同値である．

無限遠に向かう点列の集合を同値関係 $\simeq_{\mathrm{seq}}$ で割ったものを $\partial_s X$ と表す．

$$\partial_s X := \{(x_i)_{i \geq 1} : (x_i)_{i \geq 1} \to \infty\}/\simeq_{\mathrm{seq}}.$$

無限遠に向かう点列 $(x_i)_{\geq 1}$ が，元 $a \in \partial_s X$ の代表元であるとき，$x_i \to a$ と表す．

4.3.4 3 つのモデルが等価であること

命題 4.3.4. 3 つの集合 $\partial_q X$, $\partial_{r,w} X$, $\partial_s X$ の間には自然な全単射が存在する．

証明. まず，$\partial_q X$ と $\partial_{r,w} X$ は同じ集合であることを示す．定義より $\partial_{r,w} X \subset \partial_q X$ であるから，逆の包含関係を示す．$f : \mathbb{R}_{\geq 0} \to X$ を (λ, c)-擬測地光線とする．写像 $f' : \mathbb{R}_{\geq 0} \to X$ を $f'(0) := w$ とし，また $t > 0$ に対して $f'(t) := f(t)$ と定義すれば，f' は $(\lambda, \overline{w, f(0)} + c)$-擬測地光線であり，$f' \simeq_{\mathcal{H}} f$ である．定理 4.2.3 により，ある測地光線 $h : \mathbb{R}_{\geq 0} \to X$ で，$h(0) = w$ かつ $h \simeq_{\mathcal{H}} f'$ を満たすものが存在する．従って $[f] = [h] \in \partial_{r,w} X$．よって $\partial_q X \subset \partial_{r,w} X$ で

ある．

　次に写像 $\varphi\colon \partial_{r,w}X \to \partial_s X$ を構成する．測地線 $g\colon \mathbb{R}_{\geq 0} \to X$ に対し，点列 $(x_i)_{i\geq 1}$ を $x_i := g(i)\ (i \in \mathbb{N})$ で定める．以下では，グロモフ積の基点は全て w として計算する．点 x_i は全て同一測地線 g 上の点なので，$(x_i \mid x_j) = \min\{\overline{w, x_i}, \overline{w, x_j}\} = \min\{i, j\}$ である．よって $(x_i)_{i\geq 1}$ は無限遠に向かう点列である．

　測地光線 $g, h\colon \mathbb{R}_{\geq 0} \to X$ が $g(0) = h(0)$ かつ $g \simeq_{\mathcal{H}} h$ を満たすとき，$x_i := g(i),\ y_i := h(i)\ (i \in \mathbb{N})$ とすれば，$(x_i)_{i\geq 1} \simeq_{\mathrm{seq}} (y_i)_{i\geq 1}$ である．実際，命題 4.2.2 より $\sup_{t\geq 0} \overline{g(t), h(t)} \leq \delta$．故に $(x_j \mid y_j) = j - \overline{x_j, y_j}/2 \geq j - \delta/2$．$X$ は (P1; 2δ) を満たすので，$i, j \to \infty$ のとき，

$$(x_i \mid y_j) \geq \min\{(x_i \mid x_j), (x_j \mid y_j)\} - 2\delta \geq \min\{i, j\} - (5/2)\delta \to \infty$$

となる．以上より $\varphi\colon \partial_{r,w}X \to \partial_s X$ を $\varphi([f]) := [(f(i))]$ とすれば，この写像は代表元の選び方に依らずに定義される．

　最後に逆写像 $\psi\colon \partial_s X \to \partial_{r,w}X$ を構成する．無限遠に向かう点列 $(x_i)_{i\geq 1}$ に対し，測地線の列 $([w, x_i])_{i\geq 1}$ を考察する．定理 4.2.3 の証明と同様にしてアルツェラ・アスコリの定理を用いて，ある部分列 $(y_j)_{j\geq 1}$ で，$([w, y_j])_{j\geq 1}$ がある測地光線 $g\colon \mathbb{R}_{\geq 0} \to X$ に広義一様収束するものを構成できる．このとき，g の $\simeq_{\mathcal{H}}$ に関する同値類は部分列の取り方に依らず，また点列 $(x_i)_{i\geq 1}$ と $\simeq_{\mathrm{seq}}$ に関して同値な点列 $(y_j)_{j\geq 1}$ に対しても $\simeq_{\mathcal{H}}$ に関して同値な測地線が得られることが示せる．そこで $\psi([(x_i)]) := [g]$ と定めればよい．ψ が φ の逆写像になっていることは直接確かめられる．　　　　　　　　　　　　$\square$

　命題 4.3.4 より，3 つの境界のモデルは全て等しいことが分かったので，状況に応じて使いやすいモデルを考察すればよい．

定義 4.3.5. 集合 $\partial_q X = \partial_{r,w}X = \partial_s X$ を X のグロモフ境界といい，∂X と表す．

4.4　境界の位相

　$w \in X$ を基点とする．境界上の 2 点 $a, b \in \partial X$ に対して，

$$(a \mid b) := \sup \liminf_{i,j\to\infty} (x_i \mid y_j)$$

と定める．ただし，$\sup$ はそれぞれ a 及び b を代表する点列 $(x_i)_{i\geq 1}$ 及び $(y_j)_{j\geq 1}$ 全体を走らせる．これを a, b の**無限遠に於けるグロモフ積**という．

補題 4.4.1. 境界上の相異なる 2 点 $a, b \in \partial X$ に対し，a 及び b を代表する点列を $(x_i)_{i\geq 1}$ 及び $(y_j)_{j\geq 1}$ とする．次の不等式が成立する．

$$(a \mid b) - 4\delta \leq \liminf_{i,j \to \infty} (x_i \mid y_j) \leq (a \mid b).$$

証明. 定義より右側の不等式は自明. 左側の不等式を示す. グロモフ積 $(a \mid b)$ の定義により, 任意の $\epsilon > 0$ に対して, a 及び b をそれぞれ代表する点列 $(\hat{x}_i)_{i \geq 1}$ 及び $(\hat{y}_j)_{j \geq 1}$ で $\liminf_{i,j \to \infty} (\hat{x}_i \mid \hat{y}_j) \geq (a \mid b) - \epsilon$ を満たすものが存在する. X は (P1; 2δ) を満たすので

$$(x_i \mid y_j) \geq \min\{(x_i \mid \hat{x}_i), (\hat{x}_i \mid \hat{y}_j), (\hat{y}_j \mid y_j)\} - 4\delta$$

となる. ここで $(x_i)_{i \geq 1} \sim_{\mathrm{seq}} (\hat{x}_i)_{i \geq 1}$ より $(x_i \mid \hat{x}_i) \to \infty$. 同様に $(y_j \mid \hat{y}_j) \to \infty$. 一方で $a \neq b$ なので系 4.3.3 より $\sup(\hat{x}_i \mid \hat{y}_j) < \infty$. 従ってある $I > 0$ が存在して, 任意の $i, j > I$ に対し,

$$(x_i \mid y_j) \geq (\hat{x}_i \mid \hat{y}_j) - 4\delta.$$

これより $\liminf_{i,j \to \infty} (x_i \mid y_j) \geq (a \mid b) - 4\delta - \epsilon$ となる. $\epsilon > 0$ は任意だったので, 題意を得る. $\qquad\qquad\square$

無限遠に於けるグロモフ積は以下の性質を満たす. $a, b, c \in \partial X$ とする.

(i) $(a \mid b) = (b \mid a)$.

(ii) $(a \mid b) = \infty$ と $a = b$ は同値.

(iii) $(a \mid c) \geq \min\{(a \mid b), (b \mid c)\} - \delta$.

境界の点 $a \in \partial X$ と正の有理数 $r \in \mathbb{Q}$ に対し, 部分集合 $U(a, r)$ を次で定める.

$$U(a, r) := \{b \in \partial X : (a \mid b) \geq r\}.$$

部分集合族 $\{U(a, r)\}_{r > 0, \, r \in \mathbb{Q}}$ を点 a の基本近傍系とするような位相を ∂X に定める. この位相が距離化可能であることを, 以下で実際に距離を定めることで確認しよう.

正数 $\epsilon > 0$ を固定する. 点 $a, b \in \partial X$ に対し,

$$\rho_\epsilon(a, b) := \exp(-\epsilon(a \mid b))$$

と定める. これは次を満たすことが直ちに分かる. $a, b, c \in \partial X$ とする.

(i) $\rho_\epsilon(a, b) = \rho_\epsilon(b, a)$.

(ii) $\rho_\epsilon(a, b) \geq 0$ であり, $\rho_\epsilon(a, b) = 0$ と $a = b$ は同値.

(iii) $\rho_\epsilon(a, c) \leq K \max\{\rho_\epsilon(a, b), \rho_\epsilon(b, c)\}$. ただし $K = \exp(\epsilon\delta) \geq 1$.

従って ρ_ϵ は付録 A.2 の意味での ∂X 上の概距離である. $\epsilon \leq (\log 2)/\delta$ のとき, $K \leq 2$ となるので, 命題 A.2.1 より, 次を得る.

命題 4.4.2. $\epsilon \leq (\log 2)/\delta$ のとき，∂X 上の距離 d_ϵ で，任意の $a,b \in \partial X$ に対し，次を満たすものが存在する．

$$\frac{1}{2K}\rho_\epsilon(a,b) \leq d_\epsilon(a,b) \leq \rho_\epsilon(a,b).$$

最後に X の距離が固有であれば，∂X はコンパクトになることを確認する．

命題 4.4.3. X を (P1; δ) を満たす固有測地空間とする．このとき，境界 ∂X はコンパクトである．

証明. 境界 ∂X は距離空間なので，点列コンパクトであることを示せばよい．$(a_n)_{n \geq 1}$ を ∂X の点列とする．任意の $n \geq 1$ に対し，ある測地光線 $g_n : \mathbb{R}_{\geq 0} \to X$ で，$g_n(0) = w$ かつ $g_n(\infty) = a_n$ なるものが存在する．

X は固有な距離空間なので，定理 4.2.3 の議論と同様にして，$(g_n)_{n \geq 1}$ を部分列で置き換えることにより，ある測地光線 $g : \mathbb{R}_{\geq 0} \to X$ に広義一様収束すると仮定してよい．ここで $g(0) = w$ である．また，$a := g(\infty)$ とおく．点列 $(a_n)_{n \geq 1}$ は $(g_n)_{n \geq 1}$ に応じて部分列に取り直しておく．

この $(g_n)_{n \geq 1}$ に対し，$x_i^n := g_n(i)$ とおけば，命題 4.3.4 より $x_i^n \to a_n$ となる．同様に g に対し，$x_i := g(i)$ とおけば，$x_i \to a$ である．

点列 $(a_n)_{n \geq 1}$ が a に収束することを示す．N を自然数とする．g_n は閉区間 $[0, N]$ 上 g に一様収束することから，ある正数 $n_0(N)$ が存在して，任意の自然数 $n \geq n_0(N)$ に対して，$\overline{x_N^n, x_N} = \overline{g_n(N), g(N)} < 1$ となる．$i, j \geq N$ に対し，点 w, x_i^n, x_N^n は全て同一測地線上にあるので，$(x_i^n \mid x_N^n) = N$ となる．同様にして $(x_j \mid x_N) = N$ である．従って

$$(x_i^n \mid x_j) \geq \min\{(x_i^n \mid x_N^n), (x_N^n \mid x_N), (x_N \mid x_j)\} - 2\delta$$
$$= (x_N^n \mid x_N) - 2\delta$$
$$\geq N - \frac{1}{2} - 2\delta.$$

よって $(a_n \mid a) \geq \liminf_{i,j \to \infty}(x_i^n \mid x_j) \geq N - 1 - 2\delta$. ここで $n \to \infty$ のとき $N \to \infty$ とできるので，$\lim_{n \to \infty}(a_n \mid a) = \infty$. よって $(a_n)_{n \geq 1}$ は a に収束する． □

例 4.4.4. 第 4.1 節で議論された通り，二分木 T_2 の境界は無限語の空間 $A^{\mathbb{N}}$ であり，従ってカントール集合と同相である．

例 4.4.5. n 次元双曲空間 $\mathbb{H}^n$ の境界は $n-1$ 次元球面 S^{n-1} である．実際，基点 $p \in \mathbb{H}^n$ に対し，カルタン・アダマールの定理（定理 6.3.1）により指数写像 $\exp : T_p\mathbb{H}^n \to \mathbb{H}^n$ は微分同相写像である．特に点 p を出発する測地光線と，単位接ベクトル $v \in \mathbb{S}(1) := \{v \in T_pM : \|v\| = 1\}$ は一対一に対応する．

演習問題 3.4.9 より，次の命題が従う．

命題 **4.4.6.** X と Y を測地的グロモフ双曲空間とし，$F\colon X \to Y$ を擬等長埋め込みとする．写像 $\partial F\colon X \to Y$ を無限遠に向かう点列 $(x_i)_{i \geq 1}$ に対して，$\partial F([(x_i)_{i \geq 1}]) := [(F(x_i))_{i \geq 1}]$ と定めれば，∂F はヘルダー連続な位相埋め込み写像である．F が擬等長同型写像であるならば，∂F は双ヘルダー同相写像である．

G を双曲群とする．定義により，ある固有な距離を持つ測地的グロモフ双曲空間 X が存在し，G は X に幾何学的に作用する．そこで X のグロモフ境界 ∂X を G の境界と定め，∂G と表す．命題 4.4.6 より，∂G はこのような X の選び方に依らずに全て同相となる．G の X への等長作用は ∂G への連続な作用に拡張する．この作用を詳しく解析することにより，G の群論的な様々な性質を導くことができる．詳細は文献 [24] の第 8 章を参照して頂きたい．

4.5 発展

双曲群の境界については，様々な研究がなされている．2000 年ごろまでの研究は論説 [40] にまとめられている．

ボンク・シュラム（Bonk-Schramm）はグロモフ境界を使って有界幾何学を持つ測地的グロモフ双曲空間の，十分大きな次元 n を持つ双曲空間 $\mathbb{H}^n$ への埋め込みを構成している．彼等の主張を述べるために，次の概念を導入する．

定義 4.5.1. X と Y を距離空間とする．ある写像 $f\colon X \to Y$ が存在して，次が成り立つとする：$f(X)$ は Y の中で粗稠密であり，ある定数 $k, \lambda > 0$ が存在して，任意の $x, x' \in X$ に対し，$\left| \lambda \overline{x,y} - \overline{f(x),f(x')} \right| \leq k$ が成り立つ．このとき X と Y は**概相似**（**rough similar**）であるという．

定理 4.5.2（ボンク・シュラム[7]）．X を有界幾何学を持つ測地的グロモフ双曲空間とする．ある自然数 n が存在して，X は n 次元双曲空間 $\mathbb{H}^n$ の凸部分集合と概相似である．

なお論文 [7] では実際には有界幾何学よりも弱い "bounded growth at some scale" という仮定の下で定理が述べられている．

本書では双曲群の群論的な性質については何も記述していない．これについてはグロモフの原論文[25] 及びその解説[24][15] を参照して頂きたい．

最後に第 8 章で解説する粗バウム・コンヌ予想との関係について述べる．ヒグソンとローは測地的グロモフ双曲空間の境界を用いて，第 8 章で解説される粗バウム・コンヌ予想が測地的グロモフ双曲空間に対して成立することを証明した[36]．本書では第 6 章にて，測地的グロモフ双曲空間を含むより広い距離空間のクラスである粗凸空間を導入し，本章で展開した議論と同様の議論により境界を構成し，粗幾何学版のカルタン・アダマールの定理を証明する．その

系として，固有な距離を持つ粗凸空間に対して粗バウム・コンヌ予想が成立することを示す．

第 5 章
様々な非正曲率空間

非正の断面曲率を持つ単連結完備リーマン多様体が持つ距離空間としての性質を抽象化して，CAT(0) 空間やブーゼマン空間という距離空間のクラスが導入された．また，こうした概念の単体複体に於ける対応物として，システーリック複体と呼ばれるものがある．この章ではこれらの概念の定義を簡潔に述べる．

5.1 CAT(0) 空間

ベクトル空間 $\mathbb{R}^2$ 上にノルム $\|\cdot\|$ を，$v = (v_1, v_2) \in \mathbb{R}^2$ に対し $\|v\| := \sqrt{v_1^2 + v_2^2}$ で定める．このノルムから定まる距離空間 $(\mathbb{R}^2, \|\cdot\|)$ を**ユークリッド平面**という．

X を距離空間とする．3 つ組 $(x, y, z) \in X^3$ に対し，3 つ組 $(\hat{x}, \hat{y}, \hat{z}) \in (\mathbb{R}^2)^3$ で，次の条件

$$\overline{x, y} = \|\hat{x} - \hat{y}\|, \quad \overline{y, z} = \|\hat{y} - \hat{z}\|, \quad \overline{z, x} = \|\hat{z} - \hat{x}\|$$

を満たすものを，(x, y, z) に対する**ユークリッド比較三角形**という．

定義 5.1.1. (X, d) を測地空間とする．任意の 3 つ組 $(x, y, z) \in X^3$ が次の条件を満たすとする：

(x, y, z) のユークリッド比較三角形 $(\hat{x}, \hat{y}, \hat{z}) \in (\mathbb{R}^2)^3$ と，2 点 y, z を結ぶ測地線分上にある任意の点 $p \in [y, z]$ に対し，$\mathbb{R}^2$ の点 $\hat{p} \in [\hat{y}, \hat{z}]$ を $\overline{y, p} = \|\hat{y} - \hat{p}\|$ となる点とする．このとき

$$\overline{x, p} \leq \|\hat{x} - \hat{p}\|$$

が成り立つ．図 5.1 を参照．

このとき，(X, d) を **CAT(0) 空間**という．

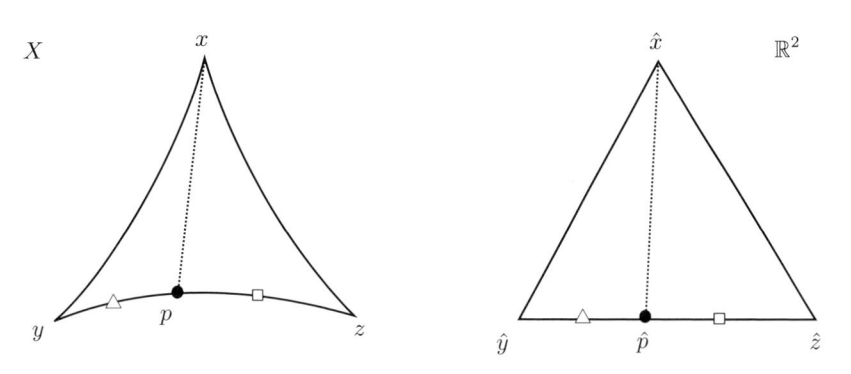

図 5.1　X の測地三角形とそのユークリッド比較三角形.

例 5.1.2. 以下の測地空間は CAT(0) 空間である.

1. ヒルベルト空間, 特にユークリッド空間 $(\mathbb{R}^n, \|\cdot\|)$.
2. 連結かつ単連結な完備リーマン多様体で, 任意の点での断面曲率が非正であるもの.
3. 距離木.

命題 5.1.3. X を CAT(0) 空間とする. 任意の測地線 $\gamma_1\colon [0, a_1] \to X$ と $\gamma_2\colon [0, a_2] \to X$ 及び任意の $t \in [0,1]$ に対し, 次の不等式が成り立つ.

$$\overline{\gamma_1(ta_1), \gamma_2(ta_2)} \leq (1-t)\,\overline{\gamma_1(0), \gamma_2(0)} + t\,\overline{\gamma_1(a_1), \gamma_2(a_2)}.$$

証明. まず $\gamma_1(0) = \gamma_2(0)$ の場合を考察する. 3つ組 $(x, y, z) \in X^3$ を,

$$x := \gamma_1(0) = \gamma_2(0), \quad y := \gamma_1(a_1), \quad z := \gamma_2(a_2)$$

と定める. 対応するユークリッド比較三角形を $(\hat{x}, \hat{y}, \hat{z}) \in (\mathbb{R}^2)^3$ とする. また, 任意の $t \in [0,1]$ に対し,

$$p := \gamma_1(ta_1), \quad q := \gamma_2(ta_2), \quad \hat{p} := (1-t)\hat{x} + t\hat{y}, \quad \hat{q} := (1-t)\hat{x} + t\hat{z}$$

と定める. $\overline{x,q} = ta_2 = \|\hat{x} - \hat{q}\|$ なので CAT(0) 空間の定義より, $\overline{y,q} \leq \|\hat{y} - \hat{q}\|$ である. そこで点 $\hat{r} \in \mathbb{R}^2$ を, $\|\hat{x} - \hat{r}\| = \|\hat{x} - \hat{q}\| = \overline{x,q}$ かつ $\|\hat{y} - \hat{r}\| = \overline{y,q}$ なる点とすると, $(\hat{x}, \hat{y}, \hat{r})$ は (x, y, q) のユークリッド比較三角形である. 従って $\overline{p,q} \leq \|\hat{p} - \hat{r}\|$ である. ここで $(\hat{x}, \hat{y}, \hat{q})$ と $(\hat{x}, \hat{y}, \hat{r})$ はどちらも $\mathbb{R}^2$ 内の三角形なので, $\|\hat{y} - \hat{r}\| \leq \|\hat{y} - \hat{q}\|$ に注意すれば, ユークリッド幾何学の初等的な考察から $\|\hat{p} - \hat{r}\| \leq \|\hat{p} - \hat{q}\|$ を示せる. よって $\overline{p,q} \leq \|\hat{p} - \hat{q}\| = t\,\overline{y,z}$ が成り立つ.

$\gamma_1(0) \neq \gamma_2(0)$ の場合は, 命題 3.5.1 の証明と同様に対角線を考えて, 始点が一致する場合に帰着させることができる. $\qquad\square$

CAT(0) 空間についての詳細は文献 [12] を参照して頂きたい.

5.2　ブーゼマン空間

(X,d) を距離空間とする. 任意の測地線 $\gamma_1\colon [0,a_1] \to X$ と $\gamma_2\colon [0,a_2] \to X$ 及び任意の $t \in [0,1]$ に対し, 不等式

$$d(\gamma_1(ta_1), \gamma_2(ta_2)) \leq (1-t)d(\gamma_1(0), \gamma_2(0)) + td(\gamma_1(a_1), \gamma_2(a_2))$$

$$(5.1)$$

が成立するとき, 距離 d は凸であるという. 図 5.2 を参照.

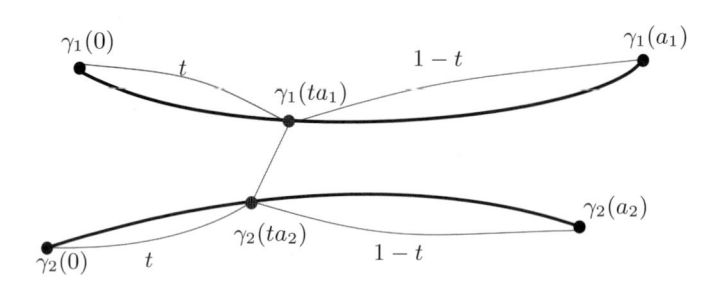

図 5.2　距離関数の凸性.

定義 5.2.1. 測地空間 (X,d) の距離 d が凸であるとき, X をブーゼマン (**Busemann**) 空間という.

例 5.2.2. 以下の空間はブーゼマン空間である.

1. CAT(0) 空間.
2. $1 \leq p < \infty$ とする. 数列 $(x_n)_{n\in\mathbb{N}}$ で,

$$\sum_{n\in\mathbb{N}} x_n^p < \infty$$

を満たすもの全体を $\ell_p(\mathbb{N})$ とする. $x = (x_n) \in \ell_p(\mathbb{N})$ に対し,

$$\|x\|_p := \left(\sum_{n\in\mathbb{N}} x_n^p\right)^{1/p}$$

とおくと, $\|\cdot\|_p$ は $\ell_p(\mathbb{N})$ のノルムになる. $1 < p < \infty$ のとき, ノルム空間 $(\ell_p(\mathbb{N}), \|\cdot\|_p)$ はブーゼマン空間である.

　定義より, 直ちに次の性質が分かる.

系 5.2.3. X をブーゼマン空間とする. 次が成り立つ.

1. 任意の 2 点 $x, x' \in X$ に対し, x と x' を繋ぐ測地線分が唯一つ存在する.
2. X は可縮である.

ブーゼマン空間について詳しくは，文献 [61] を参照して頂きたい．

5.3　システーリック複体

シストーリック複体は初め，Chepoi[14]によって "Bridged complexes" とい
う名前で導入された．後に，Januskiewicz-Świątkowski[38]及び Haglund[33]に
よって独立に再発見され，幾何学的群論の立場からの研究が始められた．

定義 5.3.1. X を単体複体とする．A を X の頂点からなる集合とする．A に
含まれる任意の 2 頂点の組が X の 1 単体となるならば A が X の単体となる
とき，X は**旗的**（**flag**）という．また X が旗的かつ，$k \in \mathbb{N} \cup \{\infty\}$ で $k \geq 4$
なるものに対し，長さ 4 以上 k 未満の埋め込まれたサイクル（定義 1.1.20）を
持たないとき，X は k **ラージ**（**large**）であるという．

3 単体は長さ 3 の埋め込まれたサイクルを持つので，上記の定義において長
さが 3 の埋め込まれたサイクルの存在を許容していることに注意する．

また，旗的な単体複体 X の単体複体としての構造は，その 1 骨格 $X^{(1)}$（定
義 B.1.2）のグラフとしての構造で完全に決定される．

定義 5.3.2. $k \in \mathbb{N} \cup \{\infty\}$ は $k \geq 4$ を満たすとする．単体複体 X は，連結，
単連結，かつ任意の単体のリンク（定義 B.1.4）が k ラージであるとき，**k シ
ストーリック**（**systolic**）であるという．特に 6 シストーリックであるとき，
シストーリック（**systolic**）であるという．

可微分多様体は単体複体の構造を持つ．この単体複体がシストーリックであ
るとき，多様体の次元には著しい制約が科されることが知られている．ここで
n 次元可微分多様体に単体複体の構造が与えられたとき，任意の頂点に対し，
そのリンクは $n-1$ 次元ホモロジー球面と同相になることに注意しよう．

命題 5.3.3. 2 次元球面 S^2 は，旗的かつ 6 ラージを満たす単体分割を許容し
ない．

証明. S^2 の単体分割 K が旗的かつ 6 ラージであると仮定する．頂点集合を
V，辺集合（1 単体の集合）を E，面集合（2 単体の集合）を F とする．オイ
ラー数より次の等式を得る．

$$\#V - \#E + \#F = 2. \tag{5.2}$$

また各面はそれぞれ 3 本の辺を持ち，各辺はそれぞれ 2 つの面で共有される
ので，$2\#E = 3\#F$ が成り立つ．一方で $2\#E = \sum_{v \in V} \deg(v)$ であるから，
式 (5.2) より次を得る．

$$\sum_{v \in V} (6 - \deg(v)) = 12. \tag{5.3}$$

ここで各頂点 $v \in V$ に対し，リンク $\mathrm{Link}(v)$ は $\deg(v)$ 本の辺から成る単純閉曲線である．K は旗的なので，$\deg(v) > 3$ となる．実際，$\deg(v) = 3$ と仮定すると，$\mathrm{Link}(v) = \{p, q, r\}$ とおけば，集合 $\{v, p, q, r\}$ の任意の 2 点部分集合は K の 1 単体になる．故に旗的という条件から，$\{v, p, q, r\}$ は K の 3 単体となるが，K は 3 単体を含まないので矛盾する．

また，もしある頂点 v で $\deg(v) < 6$ となれば，$\mathrm{Link}(v)$ は長さが 6 未満のサイクルとなり，K が 6 ラージであるという仮定に矛盾する．よって任意の頂点 v に対し $\deg(v) \geq 6$ となる．これは式 (5.3) に矛盾する．□

系 5.3.4. 次元が 3 以上の可微分多様体は，システーリック複体の構造を許容しない．

証明. M を n 次元可微分多様体とし，M に単体複体の構造が与えられたとする．任意の頂点 v のリンク $\mathrm{Link}(v)$ は $n - 1$ 次元ホモロジー球面である．また，$n \geq 3$ のとき，$\mathrm{Link}(v)$ のある部分複体 V で S^2 と同相なものが存在する．ここでもし $\mathrm{Link}(v)$ が 6 ラージであれば，その部分複体 V も 6 ラージであるが，これは命題 5.3.3 に矛盾する．従って $\mathrm{Link}(v)$ は 6 ラージにはならない．よって M はシストーリック複体の構造を許容しない．□

定義 5.3.5. 群 G は，ある k システーリック複体 X（$k \in \mathbb{N} \cup \{\infty\}$, $k \geq 4$）に単体写像（定義 B.1.6）として作用し，その作用が固有かつ余コンパクトであるとき，**k システーリック群 (systolic group)** という．特に 6 システーリック群であるとき，**システーリック群 (systolic group)** という．

例 5.3.6. 以下の群はシストーリック群である．

1. ラージタイプのアルチン群（Artin group of large type）[54].
2. グラフ的 $C(6)$ 小相殺（small cancellation）条件を満たす群[55].

シストーリック複体の理論は双曲群の例も豊富に与えてくれる．

定理 5.3.7 (Januskiewicz-Świątkowski[38]). 1. X を 7 システーリック複体とする．X の 1 骨格 $X^{(1)}$ にグラフ距離を入れたものは，グロモフ双曲空間である．
2. 7 システーリック群は双曲群である．

双曲群や，何らかの意味での非正曲率を持つ群を構成する方法として代表的なものに以下がある．

1. 断面曲率が負，もしくは非正の閉リーマン多様体の基本群．

2. グラフ的小相殺理論（文献 [71] 及び論文 [29] を参照）.

3. システーリック群.

　グラフ的小相殺理論から得られる群は，コホロモジー次元が 2 以下である
ことが知られている．従って特に，それらの群の中で閉リーマン多様体の基本
群となり得るのは，無限巡回群 $\mathbb{Z}$ 及び曲面群，即ち閉曲面の基本群のみであ
る．一方で任意のコホモロジー次元を持つ 7 システーリック群が構成されてい
る．従ってこれ等はグラフ的小相殺理論から得られない群である．また，これ
らの群はコホモロジー次元が 3 以上の場合，系 5.3.4 より閉多様体の基本群に
はなり得ない．このことから，システーリック複体の理論はグラフ的小相殺理
論からも閉多様体の基本群からも得られない双曲群の例を与えてくれることが
分かる．

　最後に，システーリック複体と CAT(0) 空間との関係について述べる．任意
の自然数 n に対してある自然数 $k(n)$ が存在して，任意の $k \geq k(n)$ に対する
k システーリック複体 X で $\dim X \leq n$ を満たすものに対し，X 上のある距離
d が存在して (X, d) は CAT(0) 空間になることが知られている[38, Theorem 16.1]．
任意のシステーリック複体が CAT(0) 距離を許容するかは本書執筆時点で未解
決の問題である．ただし，ある有限生成群 G が幾何学的に作用する 3 次元シ
ストーリック複体 X で，G 不変な CAT(0) 距離を許容しないものが存在する
ことが知られている[55, Proposition 8.2.]．

　この章で紹介した距離空間及び，次章で紹介する粗凸空間の関係を図 5.3 に
まとめておく．なお図中の CAT(−1) 空間とは，CAT(0) 空間の定義に於ける
ユークリッド平面 $\mathbb{R}^2$ を双曲平面 $\mathbb{H}^2$ に置き換えて同様に定義されるもので
ある．

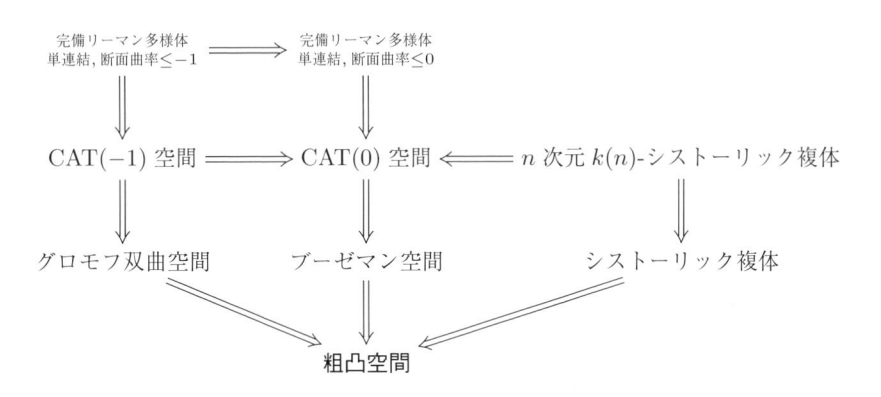

図 5.3　粗凸空間と他の距離空間のクラスの関係.

第 6 章

粗凸空間

　負の断面曲率を持つ単連結完備リーマン多様体の，粗幾何学に於ける対応物がグロモフ双曲空間である．一方で，断面曲率が非正である単連結完備リーマン多様体の距離空間の幾何学に於ける対応物として，CAT(0) 空間やブーゼマン非正曲率空間などが導入され，その性質が研究されてきた．しかしこれらの空間のクラスは距離空間の間の擬等長同型で閉じていない，という意味で，粗幾何学に於ける決定的な対応物とは見なしづらい面があった．前節で紹介したシストーリック複体の幾何学的な性質についての研究[56]に触発され，筆者と尾國により導入された粗凸空間[22]は，擬等長同型の元で不変な性質で特徴付けられ，また非正曲率リーマン多様体の粗幾何学に於ける対応物と見なしてよいと思われるようないくつかの性質を満たしている．特にカルタン・アダマールの定理の粗幾何学に於ける対応物が成立する．

6.1　粗凸空間の定義

　この節では，粗凸空間の定義とその幾何学的な意味について解説する．

定義 6.1.1. X を距離空間とする．$\lambda \geq 1$, $k \geq 0$, $E \geq 1$ 及び $C \geq 0$ を定数とする．また，$\theta: \mathbb{R}_{\geq 0} \to \mathbb{R}_{\geq 0}$ を非減少関数とする．そして $\mathcal{L}$ を (λ, k)-擬測地線分の族とする．以下の条件が成り立つとき，X は $(\lambda, k, E, C, \theta, \mathcal{L})$-粗凸であるという．

(i)^q 2 点 $v, w \in X$ に対し，閉区間 $[0, a]$ 上で定義された擬測地線分 $\gamma \in \mathcal{L}$ で $\gamma(0) = v$ 及び $\gamma(a) = w$ を満たすものが存在する．

(ii)^q 2 つの擬測地線分 $\gamma: [0, a] \to X$ 及び $\eta: [0, b] \to X$ が $\gamma, \eta \in \mathcal{L}$ を満たせば，任意の $t \in [0, a]$, $s \in [0, b]$, 及び $c \in [0, 1]$ に対し，次の不等式が成り立つ．

$$\overline{\gamma(ct),\eta(cs)} \le cE\,\overline{\gamma(t),\eta(s)} + (1-c)E\,\overline{\gamma(0),\eta(0)} + C.$$

$(\mathrm{iii})^q$ 2 つの擬測地線分 $\gamma\colon [0,a] \to X$ 及び $\eta\colon [0,b] \to X$ が $\gamma,\eta \in \mathcal{L}$ を満た せば,任意の $t \in [0,a]$ 及び $s \in [0,b]$ に対し,次の不等式が成り立つ.

$$|t-s| \le \theta(\overline{\gamma(0),\eta(0)} + \overline{\gamma(t),\eta(s)}).$$

条件 $(\mathrm{i})^q$,$(\mathrm{ii})^q$,及び $(\mathrm{iii})^q$ を満たす族 $\mathcal{L}$ を **良い擬測地線分の族** といい,元 $\gamma \in \mathcal{L}$ を **良い擬測地線分** という.

特に,$\mathcal{L}$ が測地線分のみから成り,X が $(1,0,1,C,\mathrm{id}_{\mathbb{R}_{\ge 0}},\mathcal{L})$-粗凸であると き,$X$ は **測地的 $(C,\mathcal{L})$-粗凸** であるという.

距離空間 X に対し,ある定数 λ,k,E,C,非減少関数 $\theta\colon \mathbb{R}_{\ge 0} \to \mathbb{R}_{\ge 0}$ 及び (λ,k)-擬測地線分の族 $\mathcal{L}$ が存在して X が $(\lambda,k,E,C,\theta,\mathcal{L})$-粗凸であるとき,$X$ は **粗凸空間** であるという.

条件 $(\mathrm{ii})^q$ を図示したものが,図 6.1 である.

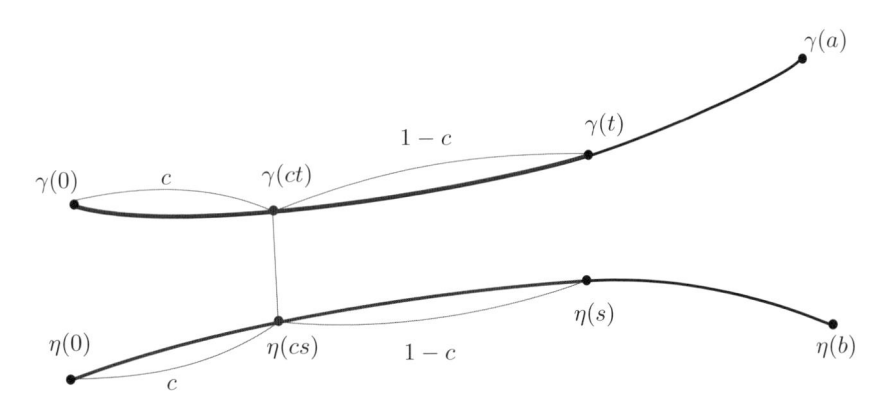

図 6.1 　条件 $(\mathrm{ii})^q$.

また条件 $(\mathrm{iii})^q$ についても説明しておこう.簡単のため,始点が一致する場 合,即ち $\gamma(0) = \eta(0)$ の場合を考察する.図 6.2 を参照せよ.ここでもし γ,η が測地線であるならば,$|t-s| = \left|\overline{\gamma(0),\gamma(t)} - \overline{\eta(0),\eta(s)}\right|$ であるので三角不 等式より次が成り立つ.

$$|t-s| \le \overline{\gamma(t),\eta(s)}.$$

従って族 $\mathcal{L}$ が測地線分のみから成る場合,条件 $(\mathrm{iii})^q$ は自動的に満たされる.

$\mathcal{L}$ が測地線分ではないものを含む場合は,$\mathcal{L}$ に属する 2 つの擬測地線分に対 し,パラメータの差を距離で評価するために条件 $(\mathrm{iii})^q$ が必要である.

命題 6.1.2. X と Y を擬測地空間とし,X と Y は粗同値であるとする.この

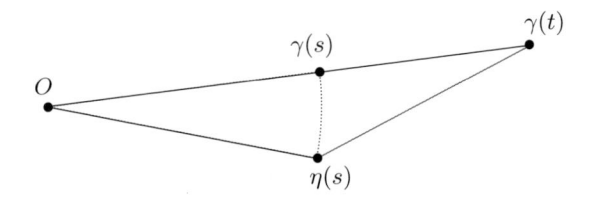

図 6.2　始点が一致している場合の条件 (iii)^q.

とき，X が粗凸空間であるなら，Y も粗凸空間である．

証明．系 1.1.16 より，ある写像 $f\colon X \to Y$ と定数 $A \geq 1$ が存在して，$f(X)$ は Y の中で A-稠密であり，任意の 2 点 $x, x' \in X$ に対し，

$$\frac{1}{A}\,\overline{x, x'} - A \leq \overline{f(x), f(x')} \leq A\,\overline{x, x'} + A$$

が成り立つ．

ここで X は $(\lambda, k, E, C, \theta, \mathcal{L}^X)$-粗凸であるとする．2 点 $p, q \in Y$ と写像 $\gamma\colon [0, a] \to X$ に対し，写像 $\gamma_{p,q}\colon [0, a] \to Y$ を次で定義する．

$$\gamma_{p,q}(0) := p, \qquad \gamma_{p,q}(a) := q, \qquad \gamma_{p,q}(t) := f \circ \gamma(t) \ \ \forall t \in (0, a).$$

もし $\overline{p, f \circ \gamma(0)} \leq A$，$\overline{q, f \circ \gamma(a)} \leq A$ かつ γ が (λ, k)-擬測地線分であるならば，$\gamma_{p,q}$ は Y の $(A\lambda, A(k + 3))$-擬測地線分である．

そこで Y の $(A\lambda, A(k + 3))$-擬測地線分の族 $\mathcal{L}^Y$ を，全ての擬測地線分 $\gamma_{p,q}$ の族として定義する．ただし p, q は Y の全ての点，γ は $\mathcal{L}^X$ に属する擬測地線分で $\overline{p, f \circ \gamma(0)} \leq A$ 及び $\overline{q, f \circ \gamma(a)} \leq A$ を満たすもの全てである．

この $\mathcal{L}^Y$ が定義 6.1.1 の条件を満たすことを示そう．まず構成より条件 (i)^q を満たすことは明らか．次に条件 (ii)^q を考察しよう．2 つの擬測地線分 $\gamma\colon [0, a] \to Y$，$\eta\colon [0, b] \to Y$ は $\gamma, \eta \in \mathcal{L}^Y$ を満たすとする．このときある $\gamma', \eta' \in \mathcal{L}^X$ で，次を満たすものが存在する．

$$\overline{\gamma(0), f \circ \gamma'(0)} \leq A, \quad \overline{\gamma(a), f \circ \gamma'(a)} \leq A, \quad \forall t \in (0, a)[\gamma(t) = f \circ \gamma'(t)],$$

$$\overline{\eta(0), f \circ \eta'(0)} \leq A, \quad \overline{\eta(b), f \circ \eta'(b)} \leq A, \quad \forall s \in (0, b)[\eta(s) = f \circ \eta'(s)].$$

任意の $t \in [0, a]$，$s \in [0, b]$ 及び $c \in [0, 1]$ に対し，次を得る．

$$\begin{aligned}
\overline{\gamma(ct), \eta(cs)} &\leq \overline{\gamma(ct), f \circ \gamma'(ct)} + \overline{f \circ \gamma'(ct), f \circ \eta'(cs)} + \overline{f \circ \eta'(cs), \eta(cs)} \\
&\leq A\,\overline{\gamma'(ct), \eta'(cs)} + 3A \\
&\leq A\left\{cE\,\overline{\gamma'(t), \eta'(s)} + (1 - c)E\,\overline{\gamma'(0), \eta'(0)} + C\right\} + 3A \\
&\leq A\left\{cE(A\,\overline{\gamma(t), \eta(s)} + 3A^2)\right. \\
&\qquad \left. + (1 - c)E(A\,\overline{\gamma(0), \eta(0)} + 3A^2) + C\right\} + 3A
\end{aligned}$$

$$\leq cA^2 E\,\overline{\gamma(t),\eta(s)} + (1-c)A^2 E\,\overline{\gamma(0),\eta(0)}$$
$$+ 3A^3 E + AC + 3A.$$

よって $\mathcal{L}^Y$ は条件 (ii)^q を満たす．最後に条件 (iii)^q について考察する．

$\gamma, \eta \in \mathcal{L}^Y$ と $\gamma', \eta' \in \mathcal{L}^X$ を上の通りとする．任意の $t \in [0,a]$ と $s \in [0,b]$ に対し，次を得る．

$$|t - s| \leq \theta(\overline{\gamma'(0),\eta'(0)} + \overline{\gamma'(t),\eta'(s)})$$
$$\leq \theta(A(\overline{\gamma(0),\eta(0)} + \overline{\gamma(t),\eta(s)}) + 6A^2).$$

よって $\mathcal{L}^Y$ は条件 (iii)^q も満たす． $\qquad\square$

粗凸空間の成す距離空間のクラスは直積でも閉じている．(X, d_X) と (Y, d_Y) を距離空間とする．直積 $X \times Y$ 上の距離 $d_{X \times Y}$ を ℓ_1-直積距離とする．

定義 6.1.3. (X, d_X) と (Y, d_Y) を距離空間とし，$\mathcal{L}^X$ 及び $\mathcal{L}^Y$ を X 及び Y の擬測地線の族とする．閉区間 $[0,a]$ 及び $[0,b]$ 上定義された任意の擬測地線分 $\gamma \in \mathcal{L}^X$ 及び $\eta \in \mathcal{L}^Y$ に対し，写像

$$\frac{a}{a+b}\gamma \oplus \frac{b}{a+b}\eta : [0, a+b] \ni t \mapsto \left(\gamma\left(\frac{a}{a+b}t\right), \eta\left(\frac{b}{a+b}t\right)\right) \in X \times Y$$

は直積 $(X \times Y, d_{X \times Y})$ 上の擬測地線分であり，このような擬測地線分のなす族を $\mathcal{L}^{X \times Y}$ とする．

命題 6.1.4. (X, d_X) と (Y, d_Y) を粗凸空間とする．直積 $(X \times Y, d_{X \times Y})$ も粗凸空間であり，$\mathcal{L}^X$ 及び $\mathcal{L}^Y$ をそれぞれ X 及び Y の良い擬測地線分の族とすると，定義 6.1.3 で定まる $\mathcal{L}^{X \times Y}$ は $X \times Y$ の良い擬測地線の族である．

証明. X は $(\lambda, k, E, C, \theta, \mathcal{L}^X)$-粗凸であり，$Y$ は $(\lambda', k', E', C', \theta', \mathcal{L}^Y)$-粗凸であるとする．粗凸空間の条件 (ii)^q 及び (iii)^q はどちらもアフィン線型な条件であるので，簡単な計算により直積空間 $X \times Y$ が $(\max\{\lambda, \lambda'\}, k + k', \max\{E, E'\}, C + C', \theta + \theta', \mathcal{L}^{X \times Y})$- 粗凸であることが分かる． $\qquad\square$

注意 6.1.5. 上記の証明では，直積 $X \times Y$ 上の距離として ℓ_1-直積距離を用いて計算している．しかし演習問題 1.1.17 より任意の $1 \leq p \leq \infty$ に対して ℓ_p-直積距離は ℓ_1-直積距離と擬等長同型であるので，命題 6.1.2 より $X \times Y$ は ℓ_p- 直積距離に関しても粗凸である．

CAT(0) 空間や，ブーゼマン空間，及び測地的グロモフ双曲空間（命題 3.5.1）は測地的粗凸空間の例である．これらの例では，全ての測地線分の族が，良い擬測地線分の族となっている．しかし一般にこれは成立せず，擬測地線分の成す集合の真部分集合を取らなければならない例がある．

$\Gamma_{\mathbb{Z}^2}$ を階数 2 の自由アーベル群 $\mathbb{Z}^2$ の標準的な生成系 $\{(1,0),(0,1)\}$ に関す

るケイリーグラフとする．測地線 γ_n を $0 \leq t \leq n$ に対し，$\gamma_n(t) := (t,0)$ とし，$t > n$ に対し $\gamma_n(t) := (n, t-n)$ と定義する．任意の $E \geq 1$ を固定する．このとき任意の $n \in \mathbb{N}$ に対し，次を得る．

$$\overline{\gamma_0(n), \gamma_n(n)} - \frac{1}{2E} E \overline{\gamma_0(2En), \gamma_n(2En)} = 2n - n = n \to \infty \quad (n \to \infty).$$

従って $\Gamma_{\mathbb{Z}^2}$ の全ての測地線分の集合は定義 6.1.1 の条件 (ii)^q を満たさない．しかし $\Gamma_{\mathbb{Z}^2}$ は測地的粗凸空間 $\mathbb{R}^2$ に粗同値であるから，命題 6.1.2 より $\Gamma_{\mathbb{Z}^2}$ も粗凸空間の構造を持つ．

例 6.1.6. ノルム線型空間 V は粗凸である．実際，任意のベクトル $p, v \in V$ で $\|v\| = 1$ なるものと $r > 0$ に対し，測地線分 $\gamma(p, v; r) \colon [0, r] \to V$ を $\gamma(p, v; r)(t) := p + tv$ で定義する．このような測地線分 $\gamma(p, v; r)$ 全体の成す集合を $\mathcal{L}_{\mathrm{Aff}}$ とする．明らかに $\mathcal{L}_{\mathrm{Aff}}$ は条件 (i)^q を満たす．$\mathcal{L}_{\mathrm{Aff}}$ は測地線分のみから成る集合なので，条件 (iii)^q も満たす．また $p, q, v, w \in V$ と $r, l > 0$ で $\|v\| = \|w\| = 1$ を満たすものと，$t \in [0, r]$, $s \in [0, l]$, $c \in [0, 1]$ に対し，次が成り立つ．

$$p + ctv - (q + csw) = (1-c)(p-q) + c(p + tv - (q + sw)).$$

これより $\mathcal{L}_{\mathrm{Aff}}$ が (ii)^q を満たすことが分かる．

Osajda-Przytycki は論文 [56] で，システーリック複体の良い測地線の族というものを構成し，それが定義 6.1.1 の条件 (i)^q 及び (ii)^q を満たすことを示した．この結果は筆者と尾國が粗凸空間を導入する動機となった．

定理 6.1.7 (Osajda-Przytycki[56]). 有限次元システーリック複体は粗凸空間である．

粗凸空間と他の距離空間のクラスとの関係については，図 5.3 を参照せよ．

注意 6.1.8. X を距離空間とする．写像 $\gamma \colon [a, b] \to X$ に対し，写像 $\gamma^{-1} \colon [a, b] \to X$ を $t \in [a, b]$ に対して，$\gamma^{-1}(t) := \gamma(b - (t - a))$ で定める．また $c \in [a, b]$ に対して，γ の $[a, c]$ への制限を $\gamma|_{[a,c]}$ で表す．$\mathcal{L}$ を X の擬測地線分の族とする．任意の $\gamma \in \mathcal{L}$ に対し，$\gamma^{-1} \in \mathcal{L}$ となるとき，族 $\mathcal{L}$ は**対称**であるという．また任意の $a \leq c \leq b$ と擬測地線分 $\gamma \colon [a, b] \to X$ に対し，$\gamma \in \mathcal{L}$ ならば $\gamma|_{[a,c]} \in \mathcal{L}$ となるとき，族 $\mathcal{L}$ は**接頭語で閉じている**という．

X を $(\lambda, k, E, C, \theta, \mathcal{L})$-粗凸空間とする．族 $\mathcal{L}$ は対称かつ接頭語で閉じていると仮定すると，次が成り立つ．2 つの擬測地線分 $\gamma \colon [0, a] \to X$ 及び $\eta \colon [0, b] \to X$ が $\gamma, \eta \in \mathcal{L}$ を満たせば，任意の $t_1, t_2 \in [0, a]$, $s_1, s_2 \in [0, b]$ 及び $c \in [0, 1]$ に対し，次の不等式が成り立つ

$$\overline{\gamma(ct_2 + (1-c)t_1), \eta(cs_2 + (1-c)s_1)}$$

$$\leq cE\overline{\gamma(t_2),\eta(s_2)} + (1-c)E\overline{\gamma(t_1),\eta(s_1)} + C.$$

族 $\mathcal{L}$ が対称かつ接頭語で閉じていることを仮定することは自然であるように思えるが，粗カルタン・アダマールの定理（定理 6.3.2）の証明には，そのどちらも必要ない．

6.2 理想境界

この節を通して，X を $(\lambda, k, E, C, \theta, \mathcal{L})$-粗凸空間とする．$X$ の理想境界 ∂X を，良い擬測地線分で近似される擬測地光線の同値類の集合として構成しよう．

この節では様々な定数と関数を導入するので，ここで一覧にしてまとめておく．

$$
\begin{aligned}
&k_1 = \lambda + k, && D_2 = E(D_1 + 2k_1), \\
&D = 2(1+E)k_1 + C, && D_2' = \max\{1, E(\lambda\theta(0) + k)\}, \\
&\tilde{\theta}(t) = \theta(t+1) + 1, && D_3 = 2D_2'(D_2)^2, \\
&D_1 = 2D + 2, && D_4 = 2E(E(1 + \lambda\tilde{\theta}(1) + 2k_1) + D_1).
\end{aligned}
$$

上記において，全ての定数は 1 以上であることに注意しよう．また族 $\mathcal{L}$ にまつわる集合の記号もまとめておく．

$\mathcal{L}^\infty$ を第 6.2.1 節で定義される $\mathcal{L}$-近似可能な写像 $\gamma\colon \mathbb{R}_{\geq 0} \to X$ で，任意の $t \in \mathbb{R}_{\geq 0}$ に対して $\gamma(t) = \gamma(\lfloor t \rfloor)$ を満たすもの全体の成す集合とする．基点 $O \in X$ を選び固定する．以下は族 $\mathcal{L}$ と $\mathcal{L}^\infty$ にまつわる集合の一覧である．

$$
\begin{aligned}
&\bar{\mathcal{L}} = \mathcal{L} \cup \mathcal{L}^\infty, \\
&\mathcal{L}_O^\infty = \{\gamma \in \mathcal{L}^\infty : \gamma(0) = O\}, \\
&\mathcal{L}_O = \{\gamma \in \mathcal{L} : \gamma\colon [0, a_\gamma] \to X,\, a_\gamma \geq 2\theta(0),\, \gamma(0) = O\}, \\
&\bar{\mathcal{L}}_O = \mathcal{L}_O \cup \mathcal{L}_O^\infty.
\end{aligned}
$$

6.2.1 $\mathcal{L}$-近似可能光線

$\gamma\colon \mathbb{R}_{\geq 0} \to X$ を写像とする．また $n \in \mathbb{N}$ に対し，$\gamma_n\colon [0, a_n] \to X$ を X の擬測地線分とし，$a_n \to \infty$ とする．任意の $n \in \mathbb{N}$ に対して

$$\gamma_n \in \mathcal{L}, \quad \gamma_n(0) = \gamma(0)$$

が成立し，列 $(\gamma_n)_{n \in \mathbb{N}}$ が γ に $\mathbb{N}$ 上で各点収束するとき，列 $\{(\gamma_n, a_n)\}_n$ を γ の **$\mathcal{L}$-近似列**という．γ に対する $\mathcal{L}$-近似列が存在するとき，γ は **$\mathcal{L}$-近似可能**であるという．

$\{(\gamma_n, a_n)\}_n$ が γ の $\mathcal{L}$-近似列であるとき，任意の $l \in \mathbb{N}$ に対して，$(\gamma_n)_n$ は

γ に $\{0, 1, \ldots, l\}$ 上一様収束する.

補題 6.2.1. $\gamma\colon \mathbb{R}_{\geq 0} \to X$ を $\mathcal{L}$-近似可能な写像で,任意の $t \in \mathbb{R}_{\geq 0}$ に対し $\gamma(t) = \gamma(\lfloor t \rfloor)$ を満たすものとする.このとき γ は (λ, k_1)-擬測地光線である.ただし $k_1 := \lambda + k$.

証明. γ に対する $\mathcal{L}$-近似列を $\{(\gamma_n, a_n)\}_n$ とする.パラメータ $t, s \in \mathbb{R}_{\geq 0}$ を固定し,$i := \lfloor t \rfloor$ 及び $j := \lfloor s \rfloor$ とおく.任意の $\epsilon > 0$ に対し,ある $n \in \mathbb{N}$ が存在して,次が成り立つ.

$$\overline{\gamma(i), \gamma_n(i)} < \epsilon, \quad \overline{\gamma(j), \gamma_n(j)} < \epsilon.$$

γ_n は (λ, k)-擬測地線分なので,

$$\frac{1}{\lambda} |i - j| - k \leq \overline{\gamma_n(i), \gamma_n(j)} \leq \lambda |i - j| + k.$$

よって次を得る.

$$\frac{1}{\lambda} |t - s| - \frac{1}{\lambda} - k - 2\epsilon \leq \overline{\gamma(t), \gamma(s)} \leq \lambda |t - s| + \lambda + k + 2\epsilon.$$

ここで ϵ は任意の正数であったので,γ は $(\lambda, \lambda + k)$-擬測地線分である. □

擬測地光線の族 $\mathcal{L}^\infty$ を,$\mathcal{L}$-近似可能な写像 $\gamma\colon \mathbb{R}_{\geq 0} \to X$ で,任意の $t \in \mathbb{R}_{\geq 0}$ に対して $\gamma(t) = \gamma(\lfloor t \rfloor)$ を満たすもの全体として定義する.また $\bar{\mathcal{L}} := \mathcal{L} \cup \mathcal{L}^\infty$ とおく.点 $O \in X$ を基点として選ぶ.族 $\mathcal{L}^\infty$ の部分集合 $\mathcal{L}_O^\infty$ を,O を出発する擬測地光線で $\mathcal{L}^\infty$ に含まれるもの全体の成す部分集合として定義する.補題 6.2.1 の証明と同様にして,次を得る.

命題 6.2.2. 閉区間 I 及び J を,$I = [0, a]$ 又は $I = \mathbb{R}_{\geq 0}$ 及び $J = [0, b]$ 又は $J = \mathbb{R}_{\geq 0}$ とする.族 $\bar{\mathcal{L}}$ は次を満たす.

(1) 2 つの擬測地線 $\gamma\colon I \to X$ 及び $\eta\colon J \to X$ が $\gamma, \eta \in \bar{\mathcal{L}}$ を満たせば,任意の $t \in I$, $s \in J$ 及び $c \in [0, 1]$ に対し,次の不等式が成り立つ.

$$\overline{\gamma(ct), \eta(cs)} \leq cE \overline{\gamma(t), \eta(s)} + (1 - c)E \overline{\gamma(0), \eta(0)} + D,$$

ここで $D := 2(1 + E)k_1 + C$ である.

(2) 非減少関数 $\tilde{\theta}\colon \mathbb{R}_{\geq 0} \to \mathbb{R}_{\geq 0}$ を $\tilde{\theta}(t) := \theta(t + 1) + 1$ により定義する.2 つの擬測地線 $\gamma\colon I \to X$ 及び $\eta\colon J \to X$ が $\gamma, \eta \in \bar{\mathcal{L}}$ を満たせば,任意の $t \in I$, $s \in J$ に対し,次が成り立つ.

$$|t - s| \leq \tilde{\theta}(\overline{\gamma(0), \eta(0)} + \overline{\gamma(t), \eta(s)}).$$

次の補題は以後の議論で度々用いられる.

補題 6.2.3. 閉区間 I 及び J を,$I = [0, A]$ 又は $I = \mathbb{R}_{\geq 0}$ 及び $J = [0, B]$ 又

は $J = \mathbb{R}_{\geq 0}$ とする．2つの擬測地線 $\gamma\colon I \to X$ 及び $\eta\colon J \to X$ が $\gamma, \eta \in \bar{\mathcal{L}}$ かつ $\gamma(0) = \eta(0)$ を満たせば，任意の $a \in I$, $b \in J$ 及び $0 \leq t \leq \min\{a, b\}$ に対し，次が成り立つ．

$$\overline{\gamma(t), \eta(t)} \leq E(\overline{\gamma(a), \eta(b)} + \lambda\tilde{\theta}(\overline{\gamma(a), \eta(b)}) + k_1) + D.$$

証明. $a \leq b$ と仮定すれば，次を得る．

$$\begin{aligned}
\overline{\gamma(t), \eta(t)} &\leq E\overline{\gamma(a), \eta(a)} + D \\
&\leq E(\overline{\gamma(a), \eta(b)} + \lambda|b - a| + k_1) + D \\
&\leq E(\overline{\gamma(a), \eta(b)} + \lambda\tilde{\theta}(\overline{\gamma(a), \eta(b)}) + k_1) + D.
\end{aligned}$$

$\square$

定義 6.2.4. $\mathcal{L}^\infty$ に含まれる擬測地光線 γ と η が条件

$$\sup\{\overline{\gamma(t), \eta(t)} : t \in \mathbb{R}_{\geq 0}\} < \infty,$$

を満たすとき，γ と η は**漸近的に等しい**といい，$\gamma \sim \eta$ で表す．これは $\mathcal{L}^\infty$ 上の同値関係である．擬測地光線 $\gamma \in \mathcal{L}^\infty$ に対し，この同値関係に関する γ の同値類を $[\gamma]$ で表す．$\mathcal{L}^\infty$ に含まれる擬測地光線の同値類の成す集合 $\mathcal{L}^\infty / \sim$ を X の**理想境界**といい，∂X で表す．また $\mathcal{L}_O^\infty$ に含まれる擬測地光線の同値類の成す集合 $\mathcal{L}_O^\infty / \sim$ を $\partial_O X$ で表す．

補題 6.2.5. 擬測地光線 $\gamma, \eta \in \mathcal{L}_O^\infty$ が $[\gamma] = [\eta]$ を満たせば，任意の $t \in \mathbb{R}_{\geq 0}$ に対し，$\overline{\gamma(t), \eta(t)} \leq D$ が成り立つ．

証明. 対偶を示す．$\gamma, \eta \in \mathcal{L}_O^\infty$ を擬測地光線とする．ある $s > 0$ が存在して，$\overline{\gamma(s), \eta(s)} > D$ となると仮定する．命題 6.2.2 より任意の $0 < c \leq 1$ に対し，

$$\overline{\gamma(s/c), \eta(s/c)} \geq \frac{1}{cE}(\overline{\gamma(s), \eta(s)} - D) \to \infty \quad (c \to 0)$$

となる．よって $\sup\{\overline{\gamma(t), \eta(t)} : t \in \mathbb{R}_{\geq 0}\} = \infty$．即ち $[\gamma] \neq [\eta]$. $\square$

6.2.2 グロモフ積

擬測地線分の族 $\mathcal{L}$ の部分集合 $\mathcal{L}_O$ を，擬測地線分 $\gamma \in \mathcal{L}$ で，$\gamma\colon [0, a_\gamma] \to X$, $a_\gamma \geq 2\theta(0)$ かつ $\gamma(0) = O$ を満たすもの全体のなす集合として定める．また $\bar{\mathcal{L}}_O := \mathcal{L}_O \cup \mathcal{L}_O^\infty$ とおく．

定義 6.2.6. 積 $(\cdot | \cdot)_O\colon \bar{\mathcal{L}}_O \times \bar{\mathcal{L}}_O \to \mathbb{R}_{\geq 0} \cup \{\infty\}$ を次のように定める．閉区間 I 及び J を $I = [0, a]$ 又は $I = \mathbb{R}_{\geq 0}$ 及び $J = [0, b]$ 又は $J = \mathbb{R}_{\geq 0}$ とする．擬測地線 $\gamma\colon I \to X$ 及び $\eta\colon J \to X$ で，$\gamma, \eta \in \bar{\mathcal{L}}_O$ を満たすものに対して，

$$(\gamma \mid \eta)_O := \sup\{t : t \in I \cap J, \overline{\gamma(t), \eta(t)} \leq D_1\},$$

と定める．ここで $D_1 := 2D + 2$ である．基点の選び方が文脈から明らかな場合は，省略して $(\gamma \mid \eta)$ と表すことにする．

補題 6.2.7. $\gamma, \eta \in \bar{\mathcal{L}}_O$ を擬測地線とする．$a := (\gamma \mid \eta)$ とおく．もし $a < \infty$ であれば，次が成り立つ．

$$\overline{\gamma(a), \eta(a)} \leq D_1 + 2k_1.$$

証明. $a = (\gamma \mid \eta) < \infty$ とする．任意の正数 $0 < \delta \leq a$ に対し，ある δ' で，$0 \leq \delta' \leq \delta$ 及び $\overline{\gamma(a - \delta'), \eta(a - \delta')} \leq D_1$ を満たすものが存在する．ここで

$$\overline{\gamma(a - \delta'), \gamma(a)} \leq \lambda \delta + k_1, \quad \overline{\eta(a - \delta'), \eta(a)} \leq \lambda \delta + k_1$$

であるから $\overline{\gamma(a), \eta(a)} \leq D_1 + 2(\lambda \delta + k_1)$ となる．δ は幾らでも小さくできるので，$\overline{\gamma(a), \eta(a)} \leq D_1 + 2k_1$. $\square$

補題 6.2.8. $D_2 := E(D_1 + 2k_1)$ とする．擬測地線 $\gamma, \eta, \xi \in \bar{\mathcal{L}}_O$ に対し，次が成り立つ．

$$(\gamma \mid \xi) \geq D_2^{-1} \min\{(\gamma \mid \eta), (\eta \mid \xi)\}.$$

証明. $a := (\gamma \mid \eta)$ 及び $b := (\eta \mid \xi)$ とおく．また $a' := D_2^{-1} \min\{a, b\}$ とすれば，次を得る．

$$\overline{\gamma(a'), \eta(a')} \leq \frac{a'}{a} E \overline{\gamma(a), \eta(a)} + D \leq D_2^{-1} E(D_1 + 2k_1) + D = D + 1,$$

$$\overline{\eta(a'), \xi(a')} \leq \frac{a'}{b} E \overline{\eta(b), \xi(b)} + D \leq D_2^{-1} E(D_1 + 2k_1) + D = D + 1,$$

$$\overline{\gamma(a'), \xi(a')} \leq 2D + 2 = D_1.$$

よって $(\gamma \mid \xi) \geq a'$. $\square$

補題 6.2.9. $D_2' := \max\{1, E(\lambda \theta(0) + k)\}$ とおく．次が成り立つ．

(1) 擬測地線 $\gamma \colon [0, a] \to X$ 及び $\eta \colon [0, b] \to X$ は $\gamma, \eta \in \mathcal{L}_O$ を満たすとする．もし $\gamma(a) = \eta(b)$ であれば，

$$(\gamma \mid \eta) \geq D_2'^{-1} \min\{a, b\}.$$

(2) 擬測地光線 γ 及び η は $\gamma, \eta \in \mathcal{L}_O^{\infty}$ を満たすとする．もし $[\gamma] = [\eta]$ であれば，

$$(\gamma \mid \eta) = \infty.$$

証明. 補題 6.2.5 より (2) が従う．よって (1) を示す．擬測地線 $\gamma \colon [0, a] \to X$ 及び $\eta \colon [0, b] \to X$ が，$\gamma, \eta \in \mathcal{L}_O$ かつ $\gamma(a) = \eta(b)$ を満たすと仮定する．$d := \min\{a, b\}$ とおけば，次を得る．

$$\overline{\gamma(d), \eta(d)} \le \lambda |a - b| + k \le \lambda\theta(0) + k.$$

故に $\overline{\gamma(D_2'^{-1}d), \eta(D_2'^{-1}d)} \le 1 + D.$ よって $(\gamma \mid \eta) \ge D_2'^{-1}d.$ $\square$

補題 6.2.10. $D_3 := 2D_2'(D_2)^2$ とおく.

(1) $i = 1, 2$ に対し, $\gamma_i \colon [0, a_i] \to X$, $\eta_i \colon [0, b_i] \to X$ を擬測地線分とし, $\gamma_1, \eta_1, \gamma_2, \eta_2 \in \mathcal{L}_O$ を満たすとする. $i = 1, 2$ に対し $\gamma_i(a_i) = \eta_i(b_i)$ であれば, 次が成り立つ.

$$D_3^{-1}(\gamma_1 \mid \gamma_2) \le (\eta_1 \mid \eta_2) \le D_3(\gamma_1 \mid \gamma_2).$$

(2) 擬測地光線 $\gamma_1, \eta_1, \gamma_2, \eta_2 \in \mathcal{L}_O^\infty$ が $i = 1, 2$ に対して $[\gamma_i] = [\eta_i]$ を満たせば, 次が成り立つ.

$$D_3^{-1}(\gamma_1 \mid \gamma_2) \le (\eta_1 \mid \eta_2) \le D_3(\gamma_1 \mid \gamma_2).$$

(3) 擬測地線分 $\gamma_1 \colon [0, a_1] \to X$, $\eta_1 \colon [0, b_1] \to X$ は $\gamma_1, \eta_1 \in \mathcal{L}_O$ を満たすとする. また, $\gamma_2, \eta_2 \in \mathcal{L}_O^\infty$ とする. このとき $\gamma_1(a_1) = \eta_1(b_1)$ かつ $[\gamma_2] = [\eta_2]$ であれば, 次が成り立つ.

$$D_3^{-1}(\gamma_1 \mid \gamma_2) \le (\eta_1 \mid \eta_2) \le D_3(\gamma_1 \mid \gamma_2).$$

証明. 最初の主張のみ証明を与える. 他も同様の議論で示される. $i = 1, 2$ に対して $b_i \ge 2\theta(0)$ かつ $|a_i - b_i| \le \theta(0)$ であるから, $a_i \ge b_i/2$ となる. 補題 6.2.8 と補題 6.2.9 より, 次を得る.

$$\begin{aligned}
(\gamma_1 \mid \gamma_2) &\ge D_2^{-2} \min\{(\gamma_1 \mid \eta_1), (\eta_1 \mid \eta_2), (\eta_2 \mid \gamma_2)\} \\
&\ge (D_2' D_2^2)^{-1} \min\{a_1, b_1, (\eta_1 \mid \eta_2), a_2, b_2\} \\
&\ge (2D_2' D_2^2)^{-1}(\eta_1 \mid \eta_2).
\end{aligned}$$

$\square$

定義 6.2.11. 積 $(\cdot \mid \cdot) \colon (X \cup \partial_O X) \times (X \cup \partial_O X) \to \mathbb{R}_{\ge 0}$ を次のように定める.

(0) 点 $v, w \in X \cup \partial_O X$ で, $v \in \bar{B}(O; 2\lambda\theta(0)+k)$ または $w \in \bar{B}(O; 2\lambda\theta(0)+k)$ を満たすものに対し,

$$(v \mid w) := 0$$

と定める.

(1) 点 $v, w \in X \setminus \bar{B}(O; 2\lambda\theta(0) + k)$ に対し,

$$(v \mid w) := \sup(\gamma \mid \eta),$$

と定める．ここで上限 sup は擬測地線分 $\gamma, \eta \in \mathcal{L}_O$ で $\gamma\colon [0,a] \to X$, $\eta\colon [0,b] \to X$, $\gamma(a) = v$ 及び $\eta(b) = w$ を満たすもの全てから取る．

(2) 点 $x, y \in \partial_O X$ に対し，

$$(x \mid y) := \sup(\gamma \mid \eta),$$

と定める．ここで上限 sup は擬測地光線 $\gamma, \eta \in \mathcal{L}_O^\infty$ で $x = [\gamma]$ かつ $y = [\eta]$ を満たすもの全てから取る．

(3) 点 $x \in \partial_O X$ と点 $v \in X \setminus \bar{B}(O; 2\lambda\theta(0) + k)$ に対し，

$$(v \mid x) := \sup(\gamma \mid \eta),$$

と定める．ここで上限 sup は擬測地光線 $\eta \in \mathcal{L}_O^\infty$ で $x = [\eta]$ を満たすものと擬測地線分 $\gamma \in \mathcal{L}_O$ で $\gamma\colon [0,a] \to X$ かつ $v = \gamma(a)$ を満たすもの全てから取る．また $(x \mid v) := (v \mid x)$ と定める．

補題 6.2.10 は次を導く．

補題 6.2.12. 次が成り立つ．

(1) 点 $v, w \in X \setminus \bar{B}(O; 2\lambda\theta(0) + k)$ と擬測地線分 $\gamma, \eta \in \mathcal{L}_O$ で

$$\gamma\colon [0,a] \to X, \quad \eta\colon [0,b] \to X$$

かつ $\gamma(a) = v$, $\eta(b) = w$ を満たすものに対し，次が成り立つ．

$$(\gamma \mid \eta) \leq (v \mid w) \leq D_3(\gamma \mid \eta).$$

(2) 点 $x, y \in \partial_O X$ と擬測地光線 $\gamma, \eta \in \mathcal{L}_O^\infty$ で $x = [\gamma]$ かつ $y = [\eta]$ を満たすものに対し，次が成り立つ．

$$(\gamma \mid \eta) \leq (x \mid y) \leq D_3(\gamma \mid \eta).$$

(3) 点 $x \in \partial_O X$ と点 $v \in X \setminus \bar{B}(O; 2\lambda\theta(0) + k)$, 擬測地光線 $\eta \in \mathcal{L}_O^\infty$ と擬測地線分 $\gamma \in \mathcal{L}_O$ で $\gamma\colon [0,a] \to X$, $x = [\eta]$ かつ $v = \gamma(a)$ を満たすものに対し，次が成り立つ．

$$(\gamma \mid \eta) \leq (v \mid x) \leq D_3(\gamma \mid \eta).$$

系 6.2.13. 3 点 $x, y, z \in (X \setminus \bar{B}(O; 2\lambda\theta(0) + k)) \cup \partial_O X$ に対し，次が成り立つ．

$$(x \mid z) \geq (D_2 D_3)^{-1} \min\{(x \mid y), (y \mid z)\}.$$

補題 6.2.14. 擬測地光線 $\gamma \in \mathcal{L}_O^\infty$ と γ に対する $\mathcal{L}$-近似列 $\{(\gamma_n, a_n)\}_n$ に対し，$\liminf_{n \to \infty}(\gamma \mid \gamma_n) = \infty$ が成り立つ．

証明. $\gamma \in \mathcal{L}_O^\infty$ を擬測地光線とし，$\{(\gamma_n, a_n)\}_n$ を γ に対する $\mathcal{L}$-近似列とす

る．自然数 R に対し，ある $N > 0$ が存在して，任意の $n > N$ に対し，$\overline{\gamma(R),\gamma_n(R)} < 1 \leq D_1$ が成り立つ．よって $(\gamma \mid \gamma_n) \geq R$. $\qquad\square$

補題 6.2.15. $\eta \in \mathcal{L}_O^\infty$ を擬測地光線とし，2 点 v, w を $v, w \in X \setminus \bar{B}(O; 2\lambda\theta(0) + k)$ なるものとする．また $\gamma_v, \gamma_w \in \mathcal{L}_O$ を擬測地線分で，$\gamma_v : [0, a_v] \to X$，$\gamma_w : [0, a_w] \to X$，$\gamma_v(a_v) = v$ 及び $\gamma_w(a_w) = w$ を満たすものとする．次が成り立つ．

$$(\gamma_w \mid \eta) \geq \frac{(\gamma_v \mid \eta) - \theta(\overline{v,w})}{E(E(\overline{v,w} + \lambda\tilde{\theta}(\overline{v,w}) + k_1) + D_1 + D + 2k_1)}. \tag{6.1}$$

証明. 式 (6.1) の右辺を S で表す．また $a := (\gamma_v \mid \eta)$ 及び $b := \min\{a_v, a_w\}$ とおく．すると $b \geq a_v - |a_v - a_w| \geq (\gamma_v \mid \eta) - \theta(\overline{v,w})$ であるから，$\min\{a, b\} \geq S$ となる．故に次が成り立つ．

$$\begin{aligned}
\overline{\eta(S), \gamma_w(S)} &\leq \overline{\eta(S), \gamma_v(S)} + \overline{\gamma_v(S), \gamma_w(S)} \\
&\leq \frac{S}{a}E\,\overline{\eta(a), \gamma_v(a)} + \frac{S}{b}E\,\overline{\gamma_v(b), \gamma_w(b)} + 2D \\
&\leq \frac{S}{a}E(D_1 + 2k_1) + \frac{S}{b}E(E(\overline{v,w} + \lambda\tilde{\theta}(\overline{v,w}) + k_1) + D) \\
&\quad + 2D \\
&\leq 2 + 2D = D_1.
\end{aligned}$$

これから式 (6.1) を得る． $\qquad\square$

系 6.2.16. $D_4 := 2E(E(1 + \lambda\tilde{\theta}(1) + k_1) + D_1 + D + 2k_1)$ とおく．点 $x \in \partial_O X$ と 2 点 $v, w \in X \setminus \bar{B}(O; 2\lambda\theta(0) + k)$ に対し，$(v \mid x) \geq 2D_3\theta(1)$ かつ $\overline{v,w} \leq 1$ であれば，$(w \mid x) \geq (D_3 D_4)^{-1}(v \mid x)$ が成り立つ．

6.2.3 理想境界の位相

　自然数 n に対し，$(X \cup \partial_O X) \times (X \cup \partial_O X)$ の部分集合 V_n を次のように定める．

$$\begin{aligned}
V_n := &\{(x, y) \in (X \cup \partial_O X) \times (X \cup \partial_O X) : (x \mid y) > n\} \\
&\cup \{(v, w) \in X \times X : \overline{v,w} < n^{-1}\}.
\end{aligned}$$

各 $n \in \mathbb{N}$ に対し，$m \in \mathbb{N}$ で，$m > D_2 D_3 D_4(\theta(1) + 1)n$ を満たすものを取る．系 6.2.13 と系 6.2.16 より，任意の $(p, q) \in V_m$ と $(q, r) \in V_m$ に対し，$(p, r) \in V_n$ となる．従って族 $\{V_n\}_{n \in \mathbb{N}}$ は $X \cup \partial_O X$ 上の一様構造を定める[8, Chapter II, §1.1]．またこれは距離化可能である[9, Chapter IX, §2.4]．

　各 $x \in X \cup \partial_O X$ に対し，集合 $V_n[x]$ を

$$V_n[x] := \{y \in X \cup \partial_O X : (x, y) \in V_n\}$$

と定めるとき，族 $\{V_n[x]\}_{n\in\mathbb{N}}$ は x の基本近傍系であることに注意する．

点 $v \in X$ に対し，$n > \lambda(\overline{O,v} + k_1)$ であれば，

$$\{(v,y) \in X \times (X \cup \partial_O X) : (v \mid y) > n\}$$

は空集合である．故に $V_n[v] = \{w \in X : \overline{v,w} < n^{-1}\}$ となる．よって包含写像 $X \hookrightarrow X \cup \partial_O X$ は位相埋め込みである．

6.2.4　擬測地光線の構成

以下では，常に粗凸空間 X の距離は固有であると仮定する．

X の点列 $(v_n)_n$ が無限遠に発散するとき，自然数の列 $(N_n)_n$ 及び，点 O と点 v_{N_n} を結ぶ擬測地線分 $\gamma_{N_n} \in \mathcal{L}_O$ の列で，ある擬測地光線に $\mathbb{N}$ の各点で収束するものを構成する．

命題 6.2.17. X の点列 $(v_n)_n$ が $\lim_{n\to\infty} \overline{O,v_n} = \infty$ を満たすとする．点 O を出発する (λ, k_1)-擬測地光線 $\gamma \in \mathcal{L}_O^\infty$ と，自然数の列 $(N_n)_n$ で，$\liminf_{n\to\infty}(v_{N_n} \mid [\gamma]) = \infty$ を満たすものが存在する．

証明. $\mathcal{L}_O$ に含まれる (λ, k)-擬測地線分 $\gamma_n : [0, a_n] \to X$ で，$\gamma_n(a_n) = v_n$ を満たすものを取る．

帰納的に任意の $l \geq 0$ に対して，$(\gamma_n)_n$ の部分列 $(\gamma[l; n])_n$ と，X の点列 $(v_i^\infty)_i$ で $v_0^\infty = O$ であり，以下を満たすものを構成する．

(1) 任意の $n \geq 0$ に対し，$\gamma[0; n] = \gamma_n$．

(2) 任意の $l \geq 0$ に対し，列 $(\gamma[l+1; n])_n$ は $(\gamma[l; n])_n$ の部分列．

(3) 任意の $l \geq 0$ に対し，列 $(\gamma[l; n])_n$ は $\{0, 1, \ldots, l\}$ 上で一様に写像 $\{0, 1, \ldots, l\} \ni i \mapsto v_i^\infty \in X$ へ収束する．

まず任意の $n \geq 0$ に対し，$\gamma[0; n] = \gamma_n$ と定める．点列 $v_0^\infty, v_1^\infty, \ldots, v_l^\infty$ と部分列 $(\gamma[0; n])_n, \ldots, (\gamma[l; n])_n$ で，上の条件を満たすものが構成できたとする．$\gamma[l; n]$ は (λ, k)-擬測地線分なので，任意の $n \geq 0$ に対し，

$$\overline{O, \gamma[l, n](l+1)} \leq \lambda(l+1) + k.$$

X が固有距離空間であることから，自然数の列 $(N_n^l)_n$ で，点列

$$\{\gamma[l, N_n^l](l+1)\}_n$$

が収束するものが存在する．そこで $v_{l+1}^\infty := \lim_{n\to\infty} \gamma[l, N_n^l](l+1)$ 及び $\gamma[l+1, n] := \gamma[l, N_n^l]$ と定める．すると写像の列 $(\gamma[l+1; n])_n$ は $\{0, 1, \ldots, l+1\}$ 上で写像 $i \mapsto v_i^\infty$ に一様収束する．よって条件を満たすものを構成できた．

ここで写像 $\gamma : \mathbb{R}_{\geq 0} \to X$ を $\gamma(t) := v_{\lfloor t \rfloor}^\infty$ と定める．任意の $l \in \mathbb{N}$ に対し，

写像の列 $(\gamma[n;n])_n$ は $\{0,1,\ldots,l\}$ 上で写像 γ に一様収束することを示す.

自然数 $l \in \mathbb{N}$ を固定する. m を $m > l$ なる任意の整数とする. $(\gamma[m;n])_n$ は $(\gamma[l;n])_n$ の部分列であるから, 任意の $a \in \mathbb{N}$ に対しある $k(l,m,a) \in \mathbb{N}$ で, $\gamma[m;a] = \gamma[l;k(l,m,a)]$ なるものが存在する. ここで関数 $a \mapsto k(l,m,a)$ は単調増大であることに注意しておく. (3) より任意の $\epsilon > 0$ に対してある $n(l) \in \mathbb{N}$ が存在して, 任意の $n > n(l)$ と $i \in \{0,1,\ldots,l\}$ に対して $\overline{v_i^\infty, \gamma[l;n](i)} < \epsilon$ が成り立つ.

従って $n \in \mathbb{N}$ が $n > \max\{l,n(l)\}$ を満たせば, $k(l,n,n) > n(l)$ であることから, 任意の $i \in \{0,1,\ldots,l\}$ に対し

$$\overline{v_i^\infty, \gamma[n;n](i)} = \overline{v_i^\infty, \gamma[l;k(l,n,n)](i)} < \epsilon$$

が成り立つ.

最後に任意の $n \in \mathbb{N}$ に対し, $N_n \in \mathbb{N}$ を $\gamma_{N_n} = \gamma[n;n]$ を満たすものとして定める. そうすると列 $\{(\gamma_{N_n}, a_{N_n})\}_n$ は γ に対する $\mathcal{L}$-近似列となる. 従って $\gamma \in \mathcal{L}_O^\infty$ であり, 補題 6.2.1 より γ は (λ, k_1)-擬測地光線である. 構成より $\gamma_{N_n}(a_{N_n}) = v_{N_n}$ を得る. $(v_{N_n} \mid [\gamma]) \geq (\gamma_{N_n} \mid \gamma)$ であるから, 補題 6.2.14 より $\liminf_{n\to\infty}(v_{N_n} \mid [\gamma]) = \infty$ となる. $\qquad\square$

命題 6.2.18. 一様空間 $X \cup \partial_O X$ はコンパクト.

証明. 一様空間 $X \cup \partial_O X$ は距離化可能であるので, 任意の点列が収束部分列を持つことを示せばよい. $(p_n)_n$ を $X \cup \partial_O X$ の点列とする. 部分列を取ることにより, 次のいずれかが成り立つと仮定してよい.

(a) 任意の n に対して $p_n \in X$.

(b) 任意の n に対して $p_n \in \partial_O X$.

まず (a) の場合を考察する. もし $\lim_n \overline{O, p_n} < \infty$ であれば点列 (p_n) は X のコンパクト部分集合に含まれるので, 収束部分列が存在する. 従って $\lim_n \overline{O, p_n} = \infty$ と仮定してよい. 命題 6.2.17 より擬測地光線 $\gamma \in \mathcal{L}_O^\infty$ と数列 $(N_n)_n$ で, $\liminf(p_{N_n} \mid [\gamma]) = \infty$ を満たすものが存在する. これは部分列 (p_{N_n}) が点 $[\gamma] \in \partial_O X$ に収束することを意味する.

次に (b) の場合を考察する. 擬測地光線 $\eta_n \in \mathcal{L}_O^\infty$ で, $p_n = [\eta_n]$ なるものを選ぶ. 各 $n \in \mathbb{N}$ に対し, $v_n := \eta_n(n)$ とおく.

$\eta_n' \in \mathcal{L}_O$ を擬測地線分で $\eta_n' : [0, a_n] \to X$ かつ $\eta_n'(a_n) = v_n$ なるものとする. $\overline{\eta_n'(a_n), \eta_n(a_n)} = \overline{\eta_n(n), \eta_n(a_n)} \leq \lambda(\tilde{\theta}(0)) + k_1$ であるから次を得る.

$$\begin{aligned}
(v_n \mid p_n) &\geq (\eta_n' \mid \eta_n) \\
&\geq \frac{a_n}{E(\lambda(\tilde{\theta}(0)) + k_1)}
\end{aligned}$$

$$\geq \frac{\overline{O, v_n} - k}{\lambda E(\lambda(\tilde{\theta}(0)) + k_1)} \to \infty.$$

命題 6.2.17 よりある擬測地光線 $\gamma \in \mathcal{L}_O^\infty$ と数列 $(N_n)_n$ で

$$\liminf(v_{N_n} \mid [\gamma]) = \infty$$

を満たすものが存在する. 系 6.2.13 より次を得る.

$$(p_{N_n} \mid [\gamma]) \geq (D_2 D_3)^{-1} \min\{(v_{N_n} \mid p_{N_n}), (v_{N_n} \mid [\gamma])\} \to \infty.$$

これは部分列 (p_{N_n}) が点 $[\gamma] \in \partial_O X$ に収束することを意味する. □

6.2.5 理想境界上の距離

正数 $\epsilon > 0$ を固定する. 2 点 $x, y \in \partial_O X$ に対し, $\rho_\epsilon(x, y) := (x \mid y)^{-\epsilon}$ と定義すると, 次が直ちに従う. $x, y, z \in \partial_O X$ とする.

(i) $\rho_\epsilon(x, y) = \rho_\epsilon(y, x)$.

(ii) $\rho_\epsilon(x, y) \geq 0$ であり, $\rho_\epsilon(x, y) = 0$ と $x = y$ は同値.

(iii) $\rho_\epsilon(x, z) \leq (D_2 D_3)^\epsilon \max\{\rho_\epsilon(x, y), \rho_\epsilon(y, z)\}$.

従って ρ_ϵ は付録 A.2 の意味での $\partial_O X$ 上の概距離である. よって命題 A.2.1 より次を得る.

命題 6.2.19. 正数 ϵ は $(D_2 D_3)^\epsilon \leq 2$ を満たすとする. このとき $\partial_O X$ 上の距離 d_ϵ で, 任意の $x, y \in \partial_O X$ に対して

$$\frac{1}{2K} \rho_\epsilon(x, y) \leq d_\epsilon(x, y) \leq \rho_\epsilon(x, y)$$

を満たすものが存在する. ここで $K := (D_2 D_3)^\epsilon$ である.

6.2.6 基点の取り替え

この小節では ∂X と $\partial_O X$ の間の全単射を構成する. $\gamma \in \mathcal{L}^\infty$ を擬測地光線とする. 各 $n \in \mathbb{N}$ に対し $v_n := \gamma(n)$ とおく. 命題 6.2.17 により, 擬測地光線 $\gamma_O \in \mathcal{L}_O^\infty$ と数列 $(N_n)_n$ で $\liminf(v_{N_n} \mid [\gamma_O]) = \infty$ を満たすものが存在する.

写像 $\Phi_O \colon \partial X \to \partial_O X$ を, $\gamma \in \mathcal{L}^\infty$ に対し $\Phi_O([\gamma]) := [\gamma_O]$ で定義する. 以下の補題により, 写像 Φ_O は擬測地光線 $\gamma_O \in \mathcal{L}_O^\infty$ の取り方に依らずに定まる.

補題 6.2.20. 点 $O' \in X$ を出発する擬測地光線 $\gamma \in \mathcal{L}_{O'}^\infty$ に対し,

$$\sup\{\overline{\gamma(t), \gamma_O(t)} : t \in \mathbb{R}_{\geq 0}\} \leq C_{OO'}$$

が成立する. ここで $C_{OO'} := E(\lambda(\tilde{\theta}(\overline{O, O'}))) + \overline{O, O'} + D_1 + 3k_1) + 2D$ である.

証明. $\gamma \in \mathcal{L}_{O'}^{\infty}$ を擬測地光線とする. $n \in \mathbb{N}$ に対し $v_n := \gamma(n)$ とおく. 命題 6.2.17 より任意の $R > 0$ に対し, ある N で $(v_N \mid [\gamma_O]) \geq RD_3$ なるものが存在する. $\gamma_N \in \mathcal{L}_O$ を擬測地線分で $\gamma_N \colon [0, a_N] \to X$ かつ $\gamma_N(a_N) = v_N$ を満たすものとする. $a := (\gamma_N \mid \gamma_O)$ とおく. 補題 6.2.12 より $a \geq R$ である. また補題 6.2.7 より $\overline{\gamma_N(a), \gamma_O(a)} \leq D_1 + 2k_1$ である. よって任意の $t \in [0, R]$ に対し, 次が成り立つ.

$$\overline{\gamma_N(t), \gamma_O(t)} \leq E\,\overline{\gamma_N(a), \gamma_O(a)} + D$$
$$\leq E(D_1 + 2k_1) + D. \tag{6.2}$$

また $\gamma_N(a_N) = v_N = \gamma(N)$ であるから, 任意の $t \in [0, a_N]$ に対し,

$$\overline{\gamma(t), \gamma_N(t)} \leq E(\overline{\gamma(a_N), \gamma_N(a_N)} + \overline{O, O'}) + D$$
$$\leq E(\overline{\gamma(N), \gamma_N(a_N)} + \lambda |N - a_N| + k_1 + \overline{O, O'}) + D$$
$$\leq E(\lambda \tilde{\theta}(\overline{O, O'}) + k_1 + \overline{O, O'}) + D.$$

(6.2) と合わせて, 任意の $t \in [0, R]$ に対し $\overline{\gamma(t), \gamma_O(t)} \leq C_{OO'}$ を得る. R は任意だったので, 題意は成立する. $\qquad\square$

系 **6.2.21.** 写像 $\Phi_O \colon \partial X \to \partial_O X$ は全単射である.

集合 ∂X に写像 Φ_O が同相写像となるような位相を定める. この位相は基点 O の取り方に依存しない. 実際次の補題により合成 $\Phi_{OO'} := \Phi_O \circ \Phi_{O'}^{-1}$ は連続である.

補題 **6.2.22.** $D_{OO'} := E(E(D_1 + 2k_1) + D + 2C_{OO'})$ とおく. 任意の $\gamma, \eta \in \mathcal{L}_{O'}^{\infty}$ に対し, 次が成り立つ.

$$(\gamma_O \mid \eta_O)_O \geq D_{OO'}^{-1}(\gamma \mid \eta)_{O'}.$$

証明. $t \geq 0$ を $(\gamma \mid \eta)_{O'} \geq t$ を満たす実数とすると, 次が成り立つ.

$$\overline{\gamma(t), \eta(t)} \leq E(D_1 + 2k_1) + D.$$

補題 6.2.20 より,

$$\overline{\gamma_O(t), \eta_O(t)} \leq \overline{\gamma_O(t), \gamma(t)} + \overline{\gamma(t), \eta(t)} + \overline{\eta(t), \eta_O(t)}$$
$$\leq E(D_1 + 2k_1) + D + 2C_{OO'}.$$

従って $\overline{\gamma_O(D_{OO'}^{-1} t), \eta_O(D_{OO'}^{-1} t)} \leq D + 1 \leq D_1$. 故に $(\gamma_O \mid \eta_O)_O \geq D_{OO'}^{-1} t$. ここで t は $(\gamma \mid \eta)_{O'} \geq t$ を満たす任意の正数だったので, $(\gamma_O \mid \eta_O)_O \geq D_{OO'}^{-1}(\gamma \mid \eta)_{O'}$ を得る. $\qquad\square$

同様の議論により次も得られる.

補題 **6.2.23.** 擬測地光線 $\gamma \in \mathcal{L}_{O'}^{\infty}$ と点 $v \in X$ に対し，次が成り立つ．

$$(\gamma_O \mid v)_O \geq D_3^{-1} D_{OO'}^{-1} (\gamma \mid v)_{O'}.$$

系 **6.2.24.** X 上で恒等写像であるように写像 $\Phi_{OO'} \colon \partial_{O'} X \to \partial_O X$ を拡張して得られる写像 $\Phi_{OO'} \colon X \cup \partial_{O'} X \to X \cup \partial_O X$ は同相写像である．

証明． 系 6.2.21 より $\Phi_{OO'}$ はコンパクト距離化可能空間の間の全単射である．また補題 6.2.22 と補題 6.2.23 より $\Phi_{OO'}$ は連続である．よって $\Phi_{OO'}$ は同相写像である． $\square$

系 **6.2.25.** G を群とし，X を $(\lambda, k, E, C, \theta, \mathcal{L})$-粗凸空間とする．$G$ は X に等長変換として固有かつ余コンパクトに作用し，$\mathcal{L}$ は G の作用で不変であると仮定する．このとき G の作用は理想境界 ∂X への連続な作用に拡張する．

6.2.7 例

X を固有測地的グロモフ双曲空間とする．X は $(\mathrm{P2};\delta)$ を満たすとする．また $\mathcal{L}$ を全ての測地線分のなす集合とする．命題 3.5.1 より X は測地的 $(2\delta, \mathcal{L})$-粗凸空間である．また理想境界 ∂X は，第 4 章で導入されたグロモフ境界と一致する．実際グロモフ境界は集合として ∂X と一致する．第 4.4 節で導入されたグロモフ境界の位相が，理想境界の位相と一致することも容易に確かめられる．

次にユークリッド平面 $\mathbb{R}^2$ の理想境界について考察しよう．$\mathcal{L}_{\mathbb{R}^2}$ を $\mathbb{R}^2$ の全ての線分の集合とすると，$\mathbb{R}^2$ は測地的 $(0, \mathcal{L}_{\mathbb{R}^2})$-粗凸空間である（例 6.1.6）．

ここで $\mathbb{R}^2$ の円盤によるコンパクト化を考察する．即ち埋め込み $\varphi \colon \mathbb{R}^2 \to D^2 = \{v \in \mathbb{R}^2 : \|v\| \leq 1\}$ を，$v \in \mathbb{R}^2$ に対し $\varphi(v) = v/(1 + \|v\|)$ と定める．点 $x \in S^1 = \{v \in D^2 : \|v\| = 1\} \subset D^2$ に対し，測地光線 $\eta_x \colon \mathbb{R}_{\geq 0} \to \mathbb{R}^2$ を $\eta_x(t) = tx$ で定める．この対応により理想境界 $\partial \mathbb{R}^2$ は部分集合 $S^1 = D^2 \setminus \overline{\varphi(\mathbb{R}^2)}$ と集合として自然に同一視される．

図 6.3 のように 2 点 $x, y \in S^1$ に対し，θ を 2 直線 η_x と η_y の成す角度とすれば，次が成り立つ．

$$\sin \frac{\theta}{2} = \frac{D_1}{2(x \mid y)}.$$

ここで D_1 は定義 6.2.6 で定義される定数である．これは S^1 の位相が，理想境界 $\partial \mathbb{R}^2$ の位相と一致することを示す．

6.2.8 粗凸空間の直積の理想境界

命題 6.1.4 で述べられた通り，粗凸空間の直積は粗凸である．その理想境界が，それぞれの理想境界の位相結と同相であることを確かめよう．

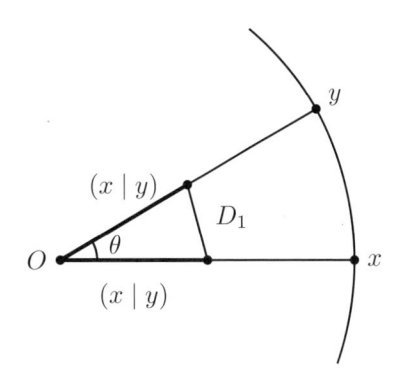

図 6.3　$\mathbb{R}^2$ の理想境界.

　まず位相結の定義を確認しておく．W_1 と W_2 を集合とする．集合 $W_1 \times [0,1] \times W_2$ 上の同値関係 $\sim$ を次のように定める．2 点 (w_1, s, w_2) と (w_1', s', w_2') が以下の 3 条件のいずれかを満たすとする．

(i)　$w_1 = w_1', s = s', w_2 = w_2'$.

(ii)　$w_1 = w_1', s = s' = 0$.

(iii)　$s = s' = 1, w_2 = w_2'$.

このとき 2 点は同値であると定め，$(w_1, s, w_2) \sim (w_1', s', w_2')$ と表す．この同値関係による商集合 $W_1 \star W_2 := W_1 \times [0,1] \times W_2 / \sim$ を W_1 と W_2 の結という．また点 (w_1, s, w_2) が属する同値類を $(1-s)w_1 \oplus sw_2$ で表す．W_1 と W_2 が位相空間の場合は，$W_1 \star W_2$ に商位相を入れた空間を W_1 と W_2 の位相結という．

命題 6.2.26. 2 つの固有距離空間 (X, d_X) と (Y, d_Y) はそれぞれ粗凸空間であり，$\mathcal{L}^X$ 及び $\mathcal{L}^Y$ をそれぞれ X 及び Y の良い擬測地線分の集合とする．それぞれの基点を $O_X \in X$ 及び $O_Y \in Y$ とする．命題 6.1.4 により，直積空間 $(X \times Y, d_{X \times Y})$ は定義 6.1.3 で与えられた良い擬測地線分の族 $\mathcal{L}^{X \times Y}$ を持つ粗凸空間であり，理想境界 $\partial_{(O_X, O_Y)}(X \times Y)$ は $\partial_{O_X} X$ と $\partial_{O_Y} Y$ の位相結に同相である．

証明. $Z := X \times Y$ 及び $O_Z := (O_X, O_Y)$ とおく．また $(\mathcal{L}^X_{O_X})^\infty$, $(\mathcal{L}^Y_{O_Y})^\infty$ 及び $(\mathcal{L}^Z_{O_Z})^\infty$ を，それぞれ対応する基点から出発する $\mathcal{L}^X$, $\mathcal{L}^Y$ 及び $\mathcal{L}^Z$ による近似可能光線の族とする．ここで $\mathcal{L}^X$, $\mathcal{L}^Y$ 及び $\mathcal{L}^Z$ は全て接頭語で閉じていると仮定しても一般性を失わない．以下の商写像

$$\pi_X \colon (\mathcal{L}^X_{O_X})^\infty \to \partial_{O_X} X,$$
$$\pi_Y \colon (\mathcal{L}^Y_{O_Y})^\infty \to \partial_{O_Y} Y,$$
$$\pi_Z \colon (\mathcal{L}^Z_{O_Z})^\infty \to \partial_{O_Z} Z,$$

から，結の間の自然な写像を得る．

$$\pi_X \star \pi_Y \colon (\mathcal{L}_{O_X}^X)^\infty \star (\mathcal{L}_{O_Y}^Y)^\infty \to \partial_{O_X} X \star \partial_{O_Y} Y.$$

$$\pi_X \star \pi_Y ((1-s)\gamma \oplus s\eta) := (1-s)[\gamma] \oplus s[\eta].$$

ここで写像

$$\iota \colon (\mathcal{L}_{O_X}^X)^\infty \star (\mathcal{L}_{O_Y}^Y)^\infty \to (\mathcal{L}_{O_Z}^Z)^\infty$$

を $t \in \mathbb{R}_{\geq 0}$ に対し $\iota((1-s)\gamma \oplus s\eta)(t) = (\gamma((1-s)t), \eta(st))$ で定める．これは確かに $(\mathcal{L}_{O_Z}^Z)^\infty$ の元を定める．実際 $(1-s)\gamma \oplus s\eta$ に対し，$[0, a_n]$ を定義域とする擬測地線分 $\gamma_n \in \mathcal{L}^X$ 及び，$[0, b_n]$ を定義域とする擬測地線分 $\eta_n \in \mathcal{L}^Y$ で，それぞれ γ 及び，η を近似し，かつ $s = b_n/(a_n + b_n)$ を満たすものが存在する．ここで $\mathcal{L}^X$ 及び $\mathcal{L}^Y$ が接頭語で閉じていることを利用した．すると $\iota((1-s)\gamma \oplus s\eta)$ は $(1-s)\gamma_n \oplus s\eta_n \in \mathcal{L}^Z$ により近似される．

以上より ι は次の写像を誘導する．

$$\bar{\iota} \colon \partial_{O_X} X \star \partial_{O_Y} Y \to \partial_{O_Z} Z.$$

$$\bar{\iota}((1-s)[\gamma] \oplus s[\eta]) := [\iota((1-s)\gamma \oplus s\eta)].$$

これは $\pi_Z \circ \iota = \bar{\iota} \circ (\pi_X \star \pi_Y)$ を満たし，同相写像である． $\square$

6.3 粗カルタン・アダマールの定理

完備リーマン多様体が非負の断面曲率を持つとき，その大域的な位相構造は制限される．

定理 6.3.1 (カルタン・アダマール (**Cartan-Hadamard**) の定理)．M を単連結な完備リーマン多様体とする．M の任意の点に於ける全ての接平面に関する断面曲率は非正であるとする．このとき任意の点 $p \in M$ に於ける指数写像 $\exp_p \colon T_p M \to M$ は微分同相写像である．

証明はリーマン幾何学の教科書（例えば文献 [79][62][17]）を参照して頂きたい．この定理の粗幾何学に於ける対応物が，以下の定理 6.3.2 である．

定理 6.3.2 (粗カルタン・アダマールの定理)．X を粗凸空間とする．X の距離は固有であるとする．このとき X は開錐 $\mathcal{O}\partial X$ と粗ホモトピー同値である．

例 1.3.4 は定理 6.3.2 の特別な場合である．本章の残りで，定理 6.3.2 の証明を行う．

6.3.1 設定

X を固有距離空間で，$(\lambda, k, E, C, \theta, \mathcal{L})$-粗凸であるものとする．正数 $\epsilon > 0$

を $(D_2 D_3)^\epsilon \leq 2$ を満たすものとして固定する．ここで D_2 及び D_3 は第 6.2 節で定義された定数である．また $K := (D_2 D_3)^\epsilon$ とおき，d_ϵ を命題 6.2.19 で与えられた理想境界 ∂X 上の距離とする．任意の $\gamma, \eta \in \mathcal{L}_O^\infty$ に対して $(\gamma \mid \eta) \geq 1$ であるので，距離空間 $(\partial_O X, d_\epsilon)$ の直径は 1 以下であることに注意する．従って命題 1.4.1 より開錘 $\mathcal{O}\partial_O X$ 上の距離 $d_{\mathcal{O}\partial_O X}$ が定義される．

6.3.2 指数写像

指数写像 $\exp_\epsilon \colon \mathcal{O}\partial_O X \to X$ を次のように定める．各 $x \in \partial_O X$ に対し，擬測地光線 $\eta_x \in \mathcal{L}_O^\infty$ で $x = [\eta_x]$ なるものを選ぶ．そこで $t \in \mathbb{R}_{\geq 0}$ に対し $\exp_\epsilon(tx) := \eta_x(t^{\frac{1}{\epsilon}})$ と定義する．写像 $\exp_\epsilon$ は距離的固有であるが，例 1.3.4 で述べたとおり，ボルノロガスとはならない．従って第 1.4 節で述べられた手法を用いて，$\exp_\epsilon$ を変形する必要がある．そのために次の補題を準備する．

補題 6.3.3. 写像 $\exp_\epsilon \colon \mathcal{O}\partial_O X \to X$ は擬連続．

証明. 写像 $\exp_\epsilon$ は連続写像 $tx \mapsto t^{\frac{1}{\epsilon}}x$ と写像 $\exp_1$ の合成であるから，$\exp_1$ が擬連続であることを示せばよい．

点 $tx \in \mathcal{O}\partial_O X$ で $0 \leq t \leq 1$ を満たすものに対しては，tx の近傍 $\{sy \in \mathcal{O}\partial_O X : 0 \leq s < 2,\, y \in \partial_O X\}$ が $\exp_1^{-1}(B(\exp_1(tx); 3\lambda + 2k_1))$ に含まれる．故に点 $x, y \in \partial_O X$ と $t, s \in [1, \infty)$ に対し，

$$d_{\mathcal{O}\partial_O X}(tx, sy) < (2KD_3^\epsilon)^{-1}$$

であれば，

$$\overline{\exp_1(tx), \exp_1(sy)} \leq E(D_1 + 2k_1) + D + \lambda + k_1$$

となることを示す．

擬測地光線 η_x, η_y を指数写像の定義の通りに取る．また $s \geq t$ と仮定する．距離 $d_{\mathcal{O}\partial_O X}$ の定義より，

$$d_{\mathcal{O}\partial_O X}(tx, sy) = |s - t| + t d_\epsilon(x, y) < (2KD_3^\epsilon)^{-1}$$

であるから，$|s - t| < 1$ 及び $t d_\epsilon(x, y) < (2KD_3^\epsilon)^{-1}$ となる．そこで $a := (\eta_x \mid \eta_y)$ とおく．補題 6.2.12 及び命題 6.2.19 より

$$a = (\eta_x \mid \eta_y) \geq D_3^{-1}(x \mid y) \geq D_3^{-1}(2K d_\epsilon(x, y))^{-\frac{1}{\epsilon}} > t^{\frac{1}{\epsilon}} \geq t.$$

従って

$$
\begin{aligned}
\overline{\exp_1(tx), \exp_1(sy)} &\leq \overline{\eta_x(t), \eta_y(t)} + \overline{\eta_y(t), \eta_y(s)} \\
&\leq E\overline{\eta_x(a), \eta_y(a)} + D + \lambda|s - t| + k_1 \\
&\leq E(D_1 + 2k_1) + D + \lambda + k_1.
\end{aligned}
$$

補題 1.4.6 よりある放射状縮小写像 $\phi\colon \mathcal{O}\partial_O X \to \mathcal{O}\partial_O X$ が存在して，合成 $\exp_\epsilon \circ \phi\colon \mathcal{O}\partial_O X \to X$ は粗写像となる．以下ではこのような ϕ を固定する．補題 1.4.4 より ϕ は恒等写像と粗ホモトピックである．

6.3.3 対数写像

指数写像による像は，値域と粗同値になるとは限らない．実際次のような例がある．

例 6.3.4. $n \in \mathbb{N}$ に対し，

$$T_n := \left\{ (x,y) : n^2 \le x \le (n+1)^2, 0 \le y \le (n+1)^2 - x \right\}$$
$$\cup \left\{ (n^2, y) : y \ge 0 \right\}$$

と定め，$X = \bigcup_n T_n$ とおく．図 6.4 に X の概形を図示する．X に $\mathbb{R}^2$ のユークリッド距離を制限して距離を定めると，X は測地的粗凸空間になるが，指数写像の像は

$$\left\{ (x,0) : x \in \mathbb{R} \right\} \cup \left\{ (n^2, y) : n \in \mathbb{N}, y \ge 0 \right\}$$

であり，これは X と粗同値にはならない．

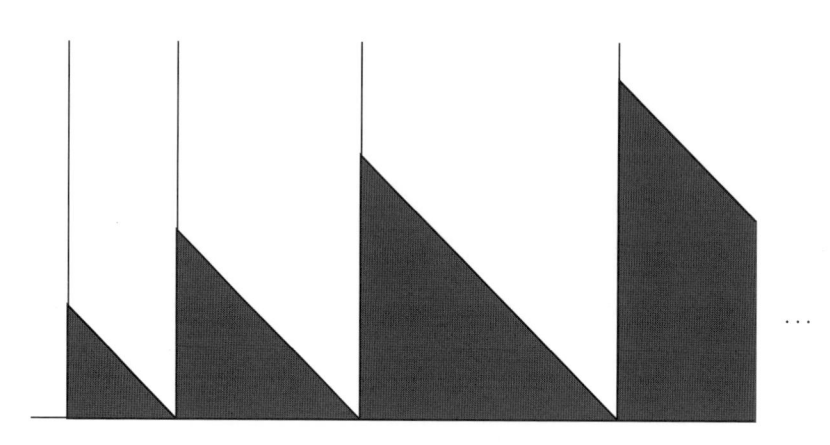

図 6.4　指数写像の像が値域と粗同値にならない例.

そこで指数写像による像を定義域とする対数写像

$$\log^\epsilon \colon \exp_\epsilon(\mathcal{O}\partial_O X) \to \mathcal{O}\partial_O X$$

を以下のように定める．点 $v \in \exp_\epsilon(\mathcal{O}\partial_O X)$ に対し，擬測地光線 $\gamma_v \in \mathcal{L}_O^\infty$ とパラメータ $t_v \in \mathbb{R}_{\ge 0}$ で $\gamma_v(t_v) = v$ を満たすものを選び，$\log^\epsilon(v) := t_v^\epsilon[\gamma_v]$ と

定義する.

命題 6.3.5. 対数写像 $\log^\epsilon\colon \exp_\epsilon(\mathcal{O}\partial_O X) \to \mathcal{O}\partial_O X$ は粗写像.

証明. 対数写像 $\log^\epsilon$ が距離的固有であることは自明. ボルノロガスであることを示す. $v, w \in \exp_\epsilon(\mathcal{O}\partial_O X)$ とする. 擬測地光線 $\gamma_v, \gamma_w \in \mathcal{L}_O^\infty$ とパラメータ $t_v, t_w \in \mathbb{R}_{\geq 0}$ を対数写像の定義の通りに取る. $T := \min\{t_v, t_w\}$ とおく. まず $T < 1$ と仮定すると, 次が成り立つ.

$$d_{\mathcal{O}\partial_O X}(\log^\epsilon(v), \log^\epsilon(w)) \leq t_v^\epsilon + t_w^\epsilon < 1 + (1 + \tilde{\theta}(\overline{v, w}))^\epsilon.$$

次に $T \geq 1$ と仮定する. 関数 $f(t) := t^\epsilon$ は $t \geq 1$ で $|f'(t)| \leq \epsilon$ を満たすので, 微分積分学の基本定理より次が成り立つ.

$$|t_v^\epsilon - t_w^\epsilon| = \left| \int_{t_w}^{t_v} f'(t)\,dt \right| \leq \epsilon |t_v - t_w| \leq \epsilon \tilde{\theta}(\overline{v, w}). \tag{6.3}$$

以下の不等式が成り立つことを示す.

$$(\gamma_v \mid \gamma_w) \geq \frac{T}{E\tau(\overline{v, w})}. \tag{6.4}$$

ただし, $\tau\colon \mathbb{R}_{\geq 0} \to \mathbb{R}_{\geq 0}$ は $\tau(t) := E(t + \lambda\tilde{\theta}(t) + k_1) + D$ で与えられる単調増大関数である.

$T \leq (\gamma_v \mid \gamma_w)$ であれば (6.4) は直ちに成立する. そこで $T > (\gamma_v \mid \gamma_w)$ と仮定する. 補題 6.2.3 により $\overline{\gamma_v(T), \gamma_w(T)} \leq \tau(\overline{v, w})$ である. そこで $c := (E\tau(\overline{v, w}))^{-1}$ とおけば, 次が成り立つ.

$$\overline{\gamma_v(cT), \gamma_w(cT)} \leq D + 1.$$

従って $(\gamma_v \mid \gamma_w) \geq cT = T(E\tau(\overline{v, w}))^{-1}$ となる. (6.3) 及び (6.4) と合わせて, 次を得る.

$$\begin{aligned} d_{\mathcal{O}\partial_O X}(\log^\epsilon(v), \log^\epsilon(w)) &= |t_v^\epsilon - t_w^\epsilon| + T^\epsilon d_\epsilon([\gamma_v], [\gamma_w]) \\ &\leq \epsilon\tilde{\theta}(\overline{v, w}) + T^\epsilon (\gamma_v \mid \gamma_w)^{-\epsilon} \\ &\leq \epsilon\tilde{\theta}(\overline{v, w}) + (E\tau(\overline{v, w}))^\epsilon. \end{aligned}$$

$\square$

6.3.4 $\mathcal{O}\partial_O X$ と $\exp_\epsilon(\mathcal{O}\partial_O X)$ の間の粗ホモトピー

補題 6.3.6. 合成 $\log^\epsilon \circ \exp_\epsilon \circ \phi$ は恒等写像 $\mathrm{id}_{\mathcal{O}\partial_O X}$ に粗ホモトピック.

証明. 放射状縮小写像 ϕ は恒等写像に粗ホモトピックであることから, 合成写像 $\log^\epsilon \circ \exp_\epsilon$ が恒等写像に近いことを示せばよい.

点 $x \in \partial_O X$ に対し, $\eta_x \in \mathcal{L}_O^\infty$ を指数写像の定義で選ばれた x の代表元とす

る．従って $x = [\eta_x]$. パラメータ $t \in \mathbb{R}_{\geq 0}$ に対し $v := \exp_\epsilon(tx) = \eta_x(t^{\frac{1}{\epsilon}})$ とおく．次に擬測地光線 $\gamma_v \in \mathcal{L}_O^\infty$ とパラメータ $t_v \in \mathbb{R}_{\geq 0}$ を，対数写像の定義において v に対して選ばれたものとする．従って $\gamma_v(t_v) = \eta_x(t^{\frac{1}{\epsilon}})$ かつ

$$\log^\epsilon \circ \exp_\epsilon(tx) = \log^\epsilon(v) = t_v^\epsilon[\gamma_v]$$

が成り立つ．ここで $a := \min\{t^{\frac{1}{\epsilon}}, t_v\}$ とおく．補題 6.2.3 より，

$$\overline{\eta_x(a), \gamma_v(a)} \leq E(\lambda\tilde{\theta}(0) + k_1) + D.$$

また $c := (E^2(\lambda\tilde{\theta}(0) + k_1) + DE)^{-1}$ とおけば $\overline{\eta_x(ca), \gamma_v(ca)} \leq D + 1$ となる．よって次が成り立つ．

$$(\eta_x \mid \gamma_v) \geq ca \geq c(t^{\frac{1}{\epsilon}} - \tilde{\theta}(0)).$$

まず $a \geq \tilde{\theta}(0) + 1$ と仮定する．微分積分学の基本定理より

$$|t - t_v^\epsilon| \leq \epsilon \left| t^{\frac{1}{\epsilon}} - t_v \right| \leq \epsilon\tilde{\theta}(0).$$

ここで $t^{\frac{1}{\epsilon}} \geq a$ より $t^{\frac{1}{\epsilon}} - \tilde{\theta}(0) \geq 1$ であることに注意しておく．次を得る．

$$\begin{aligned} d_{\mathcal{O}\partial_O X}(t_v^\epsilon[\gamma_v], t[\eta_x]) &\leq |t - t_v^\epsilon| + \min\{t_v^\epsilon, t\} d_\epsilon([\gamma_v], [\eta_x]) \\ &\leq \epsilon\tilde{\theta}(0) + t\rho_\epsilon([\gamma_v], [\eta_x]) \\ &\leq \epsilon\tilde{\theta}(0) + t\left(t^{\frac{1}{\epsilon}} - \tilde{\theta}(0)\right)^{-\epsilon} c^{-\epsilon}. \end{aligned} \tag{6.5}$$

式 (6.5) の第 2 項は t に依らない定数で上から押えられる．

次に $a < \tilde{\theta}(0) + 1$ と仮定する．このときは直ちに次が成り立つ．

$$d_{\mathcal{O}\partial_O X}(t_v^\epsilon[\gamma_v], t[\eta_x]) \leq t_v^\epsilon + t < 2(2\tilde{\theta}(0) + 1)^\epsilon.$$

以上により $\log^\epsilon \circ \exp_\epsilon$ は恒等写像に近い． $\square$

補題 6.3.7. 合成 $\exp_\epsilon \circ \phi \circ \log^\epsilon$ は $\exp_\epsilon(\mathcal{O}\partial_O X)$ 上で，恒等写像と粗ホモトピック．

証明. まず写像 $\exp_\epsilon \circ \log^\epsilon$ が恒等写像に近いことを示す．点 $v \in \exp_\epsilon(\mathcal{O}\partial_O X)$ に対し，擬測地光線 $\gamma_v \in \mathcal{L}_O^\infty$ と $t_v \in \mathbb{R}_{\geq 0}$ を，対数写像の定義において v に対して選ばれたものとする．従って $\gamma_v(t_v) = v$ である．また $x = [\gamma_v]$ とおく．擬測地光線 $\eta_x \in \mathcal{L}_O^\infty$ を指数写像の定義において選ばれた x の代表元とすると，$\exp_\epsilon \circ \log^\epsilon(v) = \exp_\epsilon(t_v^\epsilon[\eta_x]) = \eta_x(t_v)$ となる．構成より $[\gamma_v] = x = [\eta_x]$ であるから，補題 6.2.5 より $\overline{\gamma_v(t_v), \eta_x(t_v)} \leq D$ となる．従って $\overline{v, \eta_x(t_v)} \leq D$. 以上より，$\exp \circ \log^\epsilon$ は恒等写像に近い．

次に $\exp_\epsilon \circ \log^\epsilon$ と $\exp_\epsilon \circ \phi \circ \log^\epsilon$ が粗ホモトピックであることを示す．$Z := \{(v, s) \in \exp_\epsilon(\mathcal{O}\partial_O X) \times \mathbb{R}_{\geq 0} : s \leq t_v\}$ とおき，$H : Z \to X$ を

$$H(v,s) := \eta_x(t_v - s + r(s^\epsilon)^{1/\epsilon})$$

とおく．ここで $v \in X$ に対し，$t_v \in \mathbb{R}_{\geq 0}$, $\gamma_v \in \mathcal{L}_O^\infty$, $x = [\gamma_v] \in \mathcal{O}\partial_O X$, $\eta_x \in \mathcal{L}_O^\infty$ は上と同様に定める．また $r\colon \mathbb{R}_{\geq 0} \to \mathbb{R}_{\geq 0}$ は放射状縮小写像の定義に現れる 1-リプシッツ同相写像である．

H が距離的固有であることは容易に示せるので，ボルノロガスであることを示す．2 点 $(v,s),(w,s') \in Z$ をとり，w に対し，$t_w \in \mathbb{R}_{\geq 0}$, $\gamma_w \in \mathcal{L}_O^\infty$, $y = [\gamma_w] \in \mathcal{O}\partial_O X$, $\eta_y \in \mathcal{L}_O^\infty$ を上と同様にとる．

まず $t_v' := t_v - s + r(s^\epsilon)^{1/\epsilon}$, $t_w' := t_w - s' + r(s'^\epsilon)^{1/\epsilon}$ とおく．ここで，必要なら r をさらに別の縮小写像と合成することにより，関数 $s \mapsto r(s^\epsilon)^{1/\epsilon}$ が縮小写像であると仮定してよい．すると次を得る．

$$|t_v' - t_w'| \leq |t_v - t_w| + 2|s - s'| \leq \tilde{\theta}(\overline{v,w}) + 2|s - s'|.$$

以下では $t_v \geq t_w$ と仮定する．距離 $\overline{H(v,s), H(w,s')}$ は次のように評価される．

$$\begin{aligned}
\overline{H(v,s), H(w,s')} &= \overline{\eta_x(t_v'), \eta_y(t_w')} \\
&\leq \overline{\eta_x(t_w'), \eta_y(t_w')} + \overline{\eta_x(t_v'), \eta_x(t_w')} \\
&\leq E(\overline{v,w} + \lambda\tilde{\theta}(\overline{v,w}) + k_1) + D + \lambda|t_v' - t_w'| + k_1 \\
&\leq E(\overline{v,w} + \lambda\tilde{\theta}(\overline{v,w}) + k_1) + D \\
&\quad + \lambda(\tilde{\theta}(\overline{v,w}) + 2|s - s'|) + k_1.
\end{aligned}$$

よって H はボルノロガスである． $\qquad\square$

以上の議論をまとめて，次を得る．

命題 6.3.8. 写像 $\exp_\epsilon \circ \phi\colon \mathcal{O}\partial_O X \to \exp_\epsilon(\mathcal{O}\partial_O X)$ は粗ホモトピー同値写像である．

6.3.5 $\exp_\epsilon(\mathcal{O}\partial_O X)$ と X の間の粗ホモトピー

第 6.3.4 節の冒頭で注意した通り，一般に指数写像の像は定義域と粗同値であるとは限らない．グロモフ双曲空間の場合は指数写像の像への粗幾何学の意味での変位レトラクトを構成することができた[36, (8.6) Lemma]が，例 6.3.4 の場合はレトラクトが粗写像にならない．従って粗凸空間の場合はもう少し工夫が必要である．

$D_5 := 2D_1 + 2k_1$, $D_6 := ED_5 + D$, また $Y := N(\exp_\epsilon(\mathcal{O}\partial_O X); D_6)$ とおく．X の一様に離散な 2-稠密部分集合 $X^{(0)} \subset X$ を選ぶ．ここで $X^{(0)} \cap Y$ は Y の中で 2-稠密であると仮定してよい．写像 $\iota\colon X \to X$ で，任意の $v \in X$ に対して $\iota(v) \in X^{(0)}$ かつ $\overline{\iota(v), v} \leq 2$ であり，任意の $v \in Y$ に対して $\iota(v) \in$

$X^{(0)} \cap Y$ となるものを選ぶ．この節の目的は，次の命題を示すことである．

命題 6.3.9. 包含写像 $Y \hookrightarrow X$ は粗ホモトピー同値写像である．

点 $v \in X^{(0)}$ に対し，擬測地線分 $\gamma_v \in \mathcal{L}_O$ とパラメータ $T_v \in \mathbb{R}_{\geq 0}$ で，$\gamma_v(0) = O$ かつ $\gamma_v(T_v) = v$ となるものを選ぶ．また v に対し，

$$s_v := \sup\{t : \overline{\gamma_v(t), \exp_\epsilon(\mathcal{O}\partial_O X)} \leq D_5\}$$

とおく．$O = \gamma_v(0) \in \exp_\epsilon(\mathcal{O}\partial_O X)$ であるから $s_v \geq 0$ となることに注意しておく．

補題 6.3.10. $N \geq 0$ に対して $\{v \in X^{(0)} : s_v \leq N\}$ は有限集合である．

証明. 背理法で示す．従って $\{v \in X^{(0)} : s_v \leq N\}$ は無限集合であると仮定する．$\bar{X} = X \cup \partial_O X$ はコンパクトであり $X^{(0)}$ は一様に離散なので，点列 $v_i \in \{v \in X^{(0)} : s_v \leq N\}$ で，ある点 $x \in \partial_O X$ に収束するものが存在する．測地光線 $\eta \in \mathcal{L}_O^\infty$ で，$x = [\eta]$ となるものを選ぶ．

十分大きな n に対して，$(v_n, x) \in V_{D_3 N}$ となる．ここで $V_{D_3 N}$ は第 6.2.3 節で定義された一様構造にまつわる集合である．また $\gamma_{v_n} \in \mathcal{L}_O$ を，命題 6.3.9 の直後で選ばれた点 v_n に対応する擬測地線分とする．$a := (\gamma_{v_n} \mid \eta)$ とおくと，$\overline{\gamma_{v_n}(a), \eta(a)} \leq D_1 + 2k_1 \leq D_5$ となる．従って次を得る．

$$s_{v_n} \geq a = (\gamma_{v_n} \mid \eta) \geq D_3^{-1}(v_n \mid x) > N.$$

これは $v_n \in \{v \in X^{(0)} : s_v \leq N\}$ に矛盾する． $\square$

自然数 n に対して $l(n) \in \mathbb{R}$ を次で定める．

$$l(n) := \max\{T_v : v \in X^{(0)}, n \leq s_v < n + 1\}.$$

補題 6.3.10 より $l(n)$ の値は有限である．部分列 n_i で次を満たすものを取る．

$l(n_1) > 1$.

$l(n_{i+1}) - l(n_i) > 1, \quad (\forall i \geq 1)$.

$l(n_i) > l(n), \quad (\forall i \geq 1, 1 \leq \forall n < n_i)$.

補題 6.3.11. 点 $v \in X^{(0)}$ と自然数 i に対し，$l(n_i) \leq T_v$ であれば，$n_i \leq s_v$ となる．

証明. 点 $v \in X^{(0)}$ に対し，i を $l(n_i) \leq T_v$ を満たす自然数とする．また，自然数 n を $n \leq s_v < n + 1$ を満たすものとする．$l(n)$ の定義より，$T_v \leq l(n)$ が成り立つ．ここで $n < n_i$ と仮定すると，$l(n) < l(n_i) \leq T_v$ となり，矛盾する．よって $n_i \leq s_v$ である． $\square$

写像 $\chi \colon \mathbb{R}_{\geq 0} \to \mathbb{R}_{\geq 0}$ を次で定める．

$$\chi(t) =: \begin{cases} 0 & (0 \le t < l(n_1)), \\ i & (l(n_i) \le t < l(n_{i+1})). \end{cases}$$

任意の $t, s \in \mathbb{R}_{\ge 0}$ に対し, $\chi(t) \le t$ かつ $|\chi(t) - \chi(s)| \le |t - s| + 1$ が成り立つ. そこで写像 $\varphi \colon X^{(0)} \to Y$ を次で定める.

$$\varphi(v) := \gamma_v(\chi(T_v)) \quad (v \in X^{(0)}).$$

$\chi(T_v) = i$ のとき $l(n_i) \le T_v$ かつ $i < n_i$ であるから, 補題 6.3.11 より $\chi(T_v) < s_v$ となる. 従って $\varphi(v) \in Y$ が成り立つ.

補題 6.3.12. 写像 φ は粗写像である.

証明. まず, φ が距離的固有であることを示す. $R > 0$ とする. 点 $v \in X^{(0)}$ が $\overline{\varphi(v), O} \le R$ を満たすとする. γ_v が擬測地線分であることから,

$$(1/\lambda)\chi(T_v) - k \le \overline{\gamma_v(\chi(T_v)), O} \le R.$$

従って $\chi(T_v) \le \lambda(R + k)$ を得る. 自然数 j で $j > \lambda(R + k)$ を満たすものを取れば, $T_v < l(n_j)$ であるから $\overline{v, O} < \lambda l(n_j) + k$. よって φ は距離的固有である.

次に φ がボルノロガスであることを示そう. 2 点 $v, w \in X^{(0)}$ に対し, $i := \chi(T_v)$ 及び $j := \chi(T_w)$ とおく. すると

$$|i - j| = |\chi(T_w) - \chi(T_v)| \le |T_w - T_v| + 1 \le \theta(\overline{v, w}) + 1.$$

補題 6.2.3 より

$$\overline{\gamma_v(i), \gamma_w(i)} \le E(\overline{v, w} + \lambda\tilde{\theta}(\overline{v, w}) + k_1) + D.$$

γ_w は (λ, k)-擬測地線分であるから,

$$\overline{\gamma_w(i), \gamma_w(j)} \le \lambda|i - j| + k \le \lambda(\theta(\overline{v, w}) + 1) + k.$$

よって次が成り立つ.

$$\overline{\varphi(v), \varphi(w)} = \overline{\gamma_v(i), \gamma_w(j)}$$
$$\le E(\overline{v, w} + \lambda\tilde{\theta}(\overline{v, w}) + k_1) + D + \lambda(\theta(\overline{v, w}) + 1) + k.$$

以上より φ はボルノロガスである. $\square$

最後に $\tilde{\varphi} := \varphi \circ \iota \colon X \to Y$ とおく. また $i \colon Y \hookrightarrow X$ を包含写像とする. 合成 $i \circ \tilde{\varphi}$ 及び $\tilde{\varphi} \circ i$ はそれぞれ恒等写像 id_X 及び id_Y と粗ホモトピックであることを示す.

実際 ι は恒等写像と近いので, $i \circ \tilde{\varphi}$ 及び $\tilde{\varphi} \circ i$ がそれぞれ ι 及び ι の Y への

制限 $\iota|_Y$ に粗ホモトピックであることを示せば十分である．まず，$i \circ \tilde{\varphi}$ と ι の間の粗ホモトピーを構成する．

$Z := \{(v,t) \in X \times \mathbb{R} : 0 \le t \le T_{\iota(v)}\}$ とおく．写像 $X \ni v \mapsto T_{\iota(v)} \in \mathbb{R}_{\ge 0}$ はボルノロガスである．写像 $H : Z \to X$ を次で定義する．

$$H(v,t) := \gamma_{\iota(v)}(T_{\iota(v)} - t + \chi(t)).$$

定義より直ちに $H(v,0) = \iota(v)$ 及び $H(v, T_{\iota(v)}) = i \circ \tilde{\varphi}(v)$ であることが分かる．

補題 6.3.13. 写像 H は粗写像である．

証明．写像 II が距離的固有であることは容易に確かめられるので，ボルノロガスであることを確認しよう．2 点 $(v,t),(w,s) \in Z$ を固定する．ここで $t \ge \chi(t)$ かつ $s \ge \chi(s)$ である．また $v' := \iota(v)$ 及び $w' := \iota(w)$ とおく．そこで $T_{w'} \ge T_{v'}$ と仮定すると，次を得る．

$$
\begin{aligned}
\overline{H(v,t), H(w,s)} &= \overline{\gamma_{v'}(T_{v'} - t + \chi(t)), \gamma_{w'}(T_{w'} - s + \chi(s))} \\
&\le \overline{\gamma_{v'}(T_{v'} - t + \chi(t)), \gamma_{w'}(T_{v'} - t + \chi(t))} \\
&\quad + \overline{\gamma_{w'}(T_{v'} - t + \chi(t)), \gamma_{w'}(T_{w'} - s + \chi(s))} \\
&\le E\overline{\gamma_{v'}(T_{v'}), \gamma_{w'}(T_{v'})} + C \\
&\quad + \lambda |T_{v'} - t + \chi(t) - (T_{w'} - s + \chi(s))| + k \\
&\le E(E(\overline{v',w'} + \lambda\tilde{\theta}(\overline{v',w'}) + k_1) + D) + C \\
&\quad + \lambda(\theta(\overline{v',w'}) + 2|t - s| + 1) + k.
\end{aligned}
$$

ここで $\overline{v',w'} \le \overline{v,w} + 4$ であるから，H はボルノロガスである． $\square$

系 6.3.14. 写像 $i \circ \tilde{\varphi}$ と id_X は粗ホモトピックである．

次に $\tilde{\varphi} \circ i$ と $\iota|_Y$ の間の粗ホモトピーを構成しよう．$Z' := Z \cap (Y \times \mathbb{R}_{\ge 0})$ とおく．H の Z' への制限を H' とする．H' は粗写像であり，その値域は Y である．また，$H'(v,0) = \iota(v)$ 及び $H'(v, T_{\iota(v)}) = \tilde{\varphi} \circ i(v)$ が成り立つ．

系 6.3.15. 写像 $\tilde{\varphi} \circ i$ と id_Y は粗ホモトピック．

以上により命題 6.3.9 の証明が完結する．これに命題 6.3.8 を合わせることにより，定理 6.3.2 の証明が完結する．

第 7 章
粗代数的位相幾何学

　位相空間に対してある代数的な対象を対応させ，その性質を通してその空間の幾何学を調べることが代数的位相幾何学であり，その基本的な道具の一つがホモロジー論である．ロー（Roe）はこの代数的位相幾何学の道具を距離空間の粗同値の下で不変に振る舞うように改変し，粗代数的位相幾何学を構築した．本章ではその基本的な道具である粗ホモロジー論について解説する．

7.1　一般粗ホモロジー論

　この節では粗ホモロジー論が満たすべき公理を導入する．

7.1.1　粗空間の圏

　固有距離空間を対象とし，固有距離空間の間の粗写像の近いという同値関係による同値類を射とする圏を，**粗空間の圏**（**category of coarse spaces**）という．粗ホモロジー論とは，粗空間の圏から次数付きアーベル群の圏への共変関手で，いくつかの条件を満たすものである．ここで圏論の用語に不慣れな読者のために，上述の設定に於ける共変関手の意味について説明しておこう．

　固有距離空間 Y に対して次数付きアーベル群 $\{hX_p(Y)\}_{p \in \mathbb{Z}}$ を与える対応 $hX_\bullet = \{hX_p\}_{p \in \mathbb{Z}}$ は，次の条件を満たすとき粗空間の圏から次数付きアーベル群の圏への**共変関手**と呼ばれる．

(a) 整数 p と固有距離空間 Y に対し，$hX_p(Y)$ はアーベル群である．

(b) 整数 p と固有距離空間の間の粗写像 $f\colon Y \to Z$ に対し，準同型写像 $f_p\colon hX_p(Y) \to hX_p(Z)$ を与える対応がある．

(c) 2 つの粗写像 $f, g\colon Y \to Z$ が近いとき，任意の整数 p に対し，準同型写像 f_p と g_p は等しい．

(d) Y の恒等写像 id_Y に対し，$(\mathrm{id}_Y)_p\colon hX_p(Y) \to hX_p(Y)$ は恒等写像．

(e) 粗写像 $f\colon Y \to Z$ と $h\colon Z \to W$ の合成に関し, $(h \circ f)_p = h_p \circ f_p$ となる.

7.1.2 粗ホモロジーの公理

定義 7.1.1. X を固有距離空間とし, A と B は $X = A \cup B$ を満たす閉集合とする. 任意の $R > 0$ に対してある $S > 0$ が存在して,

$$N(A;R) \cap N(B;R) \subset N(A \cap B;S)$$

となるとき, $X = A \cup B$ を**粗切除対** (**coarse excision pair**) という.

定義 7.1.2. **一般粗ホモロジー論** (**generalized coarse homology theory**) とは, 粗空間の圏から $\mathbb{Z}$-次数付きアーベル群の圏への共変関手 $hX_\bullet = \{hX_p\}_{p \in \mathbb{Z}}$ であり, 以下の公理を満たすものである.

(i) 固有距離空間 Y に対して, $hX_\bullet(Y \times \mathbb{N}) = \{0\}$.

(ii) 粗切除対 $Y = A \cup B$ に対し, 以下のような長完全列が成立する.

$$\cdots \to hX_{p+1}(Y) \to hX_p(A \cap B) \to hX_p(A) \oplus hX_p(B) \to hX_p(Y) \to \cdots$$

この完全列は固有距離空間の間の粗写像に関して自然に振る舞う. これを**粗マイヤー・ビートリス完全列** (**coarse Mayer-Vietoris exact sequence**) という.

公理 (ii) に於ける完全列が自然に振る舞う, とは次のような意味である. $f\colon Y \to Z$ を粗写像とし, $Y = A \cup B$ と $Z = C \cup D$ を粗切除対とし, $f(A) \subset C$ かつ $f(B) \subset D$ を満たすとする. このとき以下の図式は可換である.

$$
\begin{array}{ccc}
\longrightarrow hX_{p+1}(Y) & \longrightarrow & hX_p(A \cap B) \longrightarrow \\
\ \ \ \ \ \downarrow f_{p+1} & & \ \ \ \ \downarrow f_p \\
\longrightarrow hX_{p+1}(Z) & \longrightarrow & hX_p(C \cap D) \longrightarrow
\end{array}
$$

$$
\begin{array}{ccc}
hX_p(A) \oplus hX_p(B) & \longrightarrow & hX_p(Y) \longrightarrow \\
\ \ \ \downarrow f_p & & \ \ \ \downarrow f_p \\
hX_p(C) \oplus hX_p(D) & \longrightarrow & hX_p(Z) \longrightarrow
\end{array}
$$

補題 7.1.3. $hX_\bullet$ を一般粗ホモロジー論とし, Y を固有距離空間とする. 次を満たす写像 $\phi\colon Y \to Y$ が存在すると仮定する.

1. ϕ は恒等写像に近い.
2. 任意の有界集合 $K \subset Y$ に対してある自然数 $N_K \in \mathbb{N}$ が存在して, 任意の $n \geq N_K$ に対して $\phi^n(Y) \cap K = \varnothing$ となる.

3. 任意の実数 $R > 0$ に対してある $S > 0$ が存在して，任意の $n \in \mathbb{N}$ と $x, y \in Y$ で $\overline{x, y} < R$ を満たすものに対して $\overline{\phi^n(x), \phi^n(y)} < S$ となる.

このとき $hX_\bullet(Y) = \{0\}$ となる.

距離空間 Y が補題 7.1.3 の条件を満たすとき Y は**粗脆弱** (coarsely flasque) であるという.

証明. 粗写像 $\Phi \colon Y \times \mathbb{N} \to Y$ を $\Phi(x, n) = \phi^n(x)$ で定める. すると次の可換図式を得る.

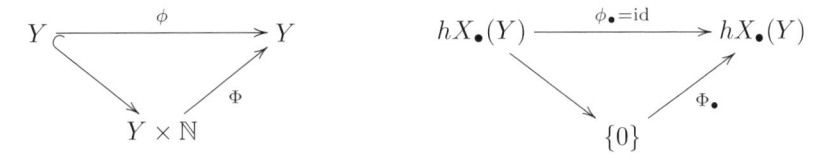

ここで $Y \hookrightarrow Y \times \mathbb{N}$ は $Y \times \{1\}$ への包含写像である. 公理 (i) より，誘導される写像 $\phi_\bullet \colon hX_\bullet(Y) \to hX_\bullet(Y)$ はゼロ加群 $hX_\bullet(Y \times \mathbb{N}) = \{0\}$ を経由するので，ゼロ写像である. 写像 ϕ は恒等写像に近いので，誘導された写像 $\phi_\bullet$ は恒等写像である. よって $hX_\bullet(Y) = \{0\}$. $\qquad\square$

例 7.1.4. Y を固有距離空間とする. このとき直積距離空間 $Y \times \mathbb{N}$ は粗脆弱である. 実際，写像 $\phi \colon Y \times \mathbb{N} \to Y \times \mathbb{N}$ を $(y, n) \in Y \times \mathbb{N}$ に対し，$\phi(y, n) := (y, n+1)$ と定めればよい.

7.1.3　粗ホモトピー

第 1.3 節で導入された粗ホモトピーの概念が，粗ホモロジー論において重要な役割を果たす.

命題 7.1.5. 2 つの粗写像 $f, g \colon X \to Y$ が粗ホモトピックであるならば，誘導される写像 $f_\bullet, g_\bullet \colon hX_\bullet(X) \to hX_\bullet(Y)$ は等しい.

証明. 2 つの粗写像 $f, g \colon X \to Y$ が粗ホモトピックであるとし，部分空間 $Z = \{(x, t) : 0 \le t \le T_x\} \subset X \times \mathbb{R}_{\ge 0}$ と粗写像 $h \colon Z \to Y$ を粗ホモトピーの定義に現れるものとする.

X から Z への 2 つの写像を以下のように定める.

$$i_0 \colon X \to Z; \quad x \mapsto (x, 0),$$
$$i_\infty \colon X \to Z; \quad x \mapsto (x, T_x).$$

写像 $x \mapsto T_x$ がボルノロガスであるから，i_∞ は粗写像になる. また $p \colon Z \to X$ を Z の第 1 成分への射影とする. 明らかに次が成り立つ.

$$p \circ i_0 = p \circ i_\infty. \tag{7.1}$$

題意を示すには，誘導される準同型 $p_\bullet\colon hX_\bullet(Z) \to hX_\bullet(X)$ が同型であることを示せばよい．実際 (7.1) より $p_\bullet \circ (i_0)_\bullet = p_\bullet \circ (i_\infty)_\bullet$ であるから，$p_\bullet$ が同型であれば，

$$(i_0)_\bullet = (i_\infty)_\bullet \colon hX_\bullet(X) \to hX_\bullet(Z)$$

となる．そこで $h\colon Z \to Y$ との合成を考えれば，以下の結論を得る．

$$f_\bullet = h_\bullet \circ (i_0)_\bullet = h_\bullet \circ (i_\infty)_\bullet = g_\bullet \colon hX_\bullet(X) \to hX_\bullet(Y).$$

さて $p \circ i_0 = \mathrm{id}_X$ なので，準同型 $(i_0)_\bullet$ が同型であることを示せば，$p_\bullet$ が同型であることも従う．そのために，$X \times \mathbb{R}$ の部分集合

$$A := \{(x,t) : t \le 0\}, \qquad\qquad B := \{(x,t) : t \ge 0\},$$
$$A' := \{(x,t) : t \le T_x\}, \qquad\qquad B' := B,$$

を考察する．2 つの分割 $A \cup B$ と $A' \cup B'$ はそれぞれ粗切除対であり，$A \cap B = X \times \{0\}$，$A' \cap B' = Z$ である．写像 $j_0\colon A \cap B \hookrightarrow A' \cap B'$ を包含写像とする．粗マイヤー・ビートリス完全列から成る以下の可換図式が成立する．

$$
\begin{array}{ccccc}
\longrightarrow & hX_{p+1}(X \times \mathbb{R}) & \longrightarrow & hX_p(A \cap B) & \longrightarrow \\
& \parallel & & \downarrow {\scriptstyle (j_0)_\bullet} & \\
\longrightarrow & hX_{p+1}(X \times \mathbb{R}) & \longrightarrow & hX_p(A' \cap B') & \longrightarrow
\end{array}
$$

$$
\begin{array}{ccccc}
hX_p(A) \oplus hX_p(B) & \longrightarrow & hX_p(X \times \mathbb{R}) & \longrightarrow \\
\downarrow & & \parallel & \\
hX_p(A') \oplus hX_p(B') & \longrightarrow & hX_p(X \times \mathbb{R}) & \longrightarrow
\end{array}
$$

ここで空間 A, B, A', B' は粗脆弱なので，これらの粗ホモロジーは消滅している．従って五項補題より $(j_0)_\bullet$ は同型写像である．写像 i_0 は写像 $X \ni x \mapsto (x,0) \in X \times \{0\}$ と j_0 の合成であるから $(i_0)_\bullet$ も同型写像である． $\square$

7.2 位相空間のホモロジー論を用いた粗ホモロジー論の構成

この節では位相空間に対するホモロジー論から粗ホモロジー論を構成する．

7.2.1 LCSH 空間の圏の一般ホモロジー論

局所コンパクト・ハウスドルフ空間 X, Y に対し，X から Y への射とは，開

部分集合 $U \subset X$ と，固有連続写像 $f\colon U \to Y$ の組 (f, U) のことである．

　局所コンパクト・ハウスドルフ空間を対象とし，上で定義した射から成る圏を**局所コンパクト・ハウスドルフ空間の圏**という．また，基点付きコンパクト・ハウスドルフ空間を対象とし，基点を保つ連続写像を射とする圏を，**基点付きコンパクト・ハウスドルフ空間の圏**という．

　これら 2 つの圏は圏同値である．実際，局所コンパクト・ハウスドルフ空間 X に対し，X の一点コンパクト化 $X^\wedge := X \cup \{\infty_X\}$ を構成すれば，組 $(X^\wedge, \infty_X)$ は基点付きコンパクト・ハウスドルフ空間である．ここで ∞_X は一点コンパクト化で X に付け加えられた点を表す．また，2 つの局所コンパクト・ハウスドルフ空間 X, Y の間の射 (f, U) に対し，射 $f^\wedge\colon X^\wedge \to Y^\wedge$ を，

$$
f^\wedge(x) := \begin{cases} f(x) & (x \in U) \\ \infty_Y & (x \in X^\wedge \setminus U) \end{cases}
$$

と定めれば，$f^\wedge$ は基点を保つ連続写像となる．この対応により，局所コンパクト・ハウスドルフ空間の圏から基点付きコンパクト・ハウスドルフ空間の圏への共変関手が与えられる．逆向きの関手は，基点付きコンパクト・ハウスドルフ空間 (X, x) に対して $X \setminus \{x\}$ を対応させ，基点を保つ写像 $f\colon (X, x) \to (Y, y)$ に対しては，制限 $f\colon X \setminus f^{-1}(y) \to Y \setminus \{y\}$ を対応させることにより与えられる．

例 7.2.1. 円周 $S^1 = \{(x, y) \in \mathbb{R}^2 : x^2 + y^2 = 1\}$ に対し，$U := \{(x, y) \in S^1 : y \neq 1\}$ とし，$f\colon U \to \mathbb{R}$ を $f(x, y) := x/(1 - y)$ と定めれば，(f, U) は S^1 から $\mathbb{R}$ への射である．U と $\mathbb{R}$ をそれぞれ一点コンパクト化すれば共に S^1 となり，f は恒等写像 $f^\wedge\colon S^1 \to S^1$ に拡張する．

　本書だけの用語であるが，局所コンパクトで第二可算公理及びハウスドルフの分離公理を満たす位相空間を **LCSH**（locally compact second countable Hausdorff）**空間**と呼ぶことにしよう．局所コンパクト・ハウスドルフ空間の圏の対象を LCSH 空間に制限して得られる部分圏を，**LCSH 空間の圏**または **LCSH 圏**という．

　LCSH 圏上の一般ホモロジー論とは，LCSH 圏から次数付きアーベル群のなす圏への共変関手 $M_\bullet = \{M_p\}_{p \in \mathbb{Z}}$ で次の性質を満たすものである．

(a) LCSH 空間 X と $p \in \mathbb{Z}$ に対し，$M_p(X \times (0, 1]) = \{0\}$ となる．
(b) X を LCSH 空間とする．閉集合 $W \subset X$ に対して次の長完全列が存在し，連続写像に関して自然に振る舞う．

$$
\cdots \to M_p(W) \to M_p(X) \to M_p(X \setminus W) \xrightarrow{\partial} M_{p-1}(W) \to \cdots.
$$

ここで (b) の完全列に於ける準同型 $M_p(X) \to M_p(X \setminus W)$ は，X から $X \setminus W$ への射 $i\colon X \setminus W \to X \setminus W; \ x \mapsto x$ が誘導する準同型である．

補題 7.2.2. X と Y を LCSH 空間とし，$f, g \colon X \to Y$ を固有連続写像とする．f と g が**固有ホモトピック**であるとき，即ち固有連続写像 $H \colon X \times [0,1] \to Y$ で，任意の $x \in X$ に対して $H(x,0) = f(x)$ かつ $H(x,1) = g(x)$ を満たすものが存在するとき，

$$f_\bullet = g_\bullet \colon M_\bullet(X) \to M_\bullet(Y)$$

となる．

証明. X から $X \times [0,1]$ への 2 つの写像を次のように定める．

$$i_0 \colon X \to X \times [0,1]; \quad x \mapsto (x,0),$$
$$i_1 \colon X \to X \times [0,1]; \quad x \mapsto (x,1).$$

また $p \colon X \times [0,1] \to X$ を第 1 成分への射影とする．一般ホモロジー論の公理 (b) を閉集合 $X \times \{0\}$ に適用すれば，次の完全列を得る．

$$\cdots \to M_p(X \times \{0\}) \to M_p(X \times [0,1]) \to M_p(X \times (0,1]) \xrightarrow{\partial} \cdots .$$

ここで公理 (a) より $M_p(X \times (0,1]) = \{0\}$ であるから

$$(i_0)_\bullet \colon M_p(X) \to M_p(X \times [0,1])$$

は同型写像である．ところで $p \circ i_0 = p \circ i_1 = \mathrm{id}_X$ であるから $p_\bullet$ も同型写像となり，従って $(i_0)_\bullet = (i_1)_\bullet$ となる．最後に，$f = H \circ i_0$ かつ $g = H \circ i_1$ であるから $f_\bullet = g_\bullet$ を得る． $\square$

補題 7.2.3. $M_\bullet = \{M_p\}_{p \in \mathbb{Z}}$ を LCSH 圏の一般ホモロジー論とし，X を LCSH 空間とする．X は 2 つの閉集合 X_1 と X_2 の和集合であるとする．このとき，以下の長完全列が存在する．

$$\cdots \to M_p(X_1 \cap X_2) \to M_p(X_1) \oplus M_p(X_2) \to$$
$$M_p(X) \to M_{p-1}(X_1 \cap X_2) \to \cdots .$$

証明. 一般ホモロジー論の公理に於ける完全列 (b) を，閉集合 $X_1 \subset X$ 及び $X_1 \cap X_2 \subset X_2$ に適用して，ダイアグラムチェイスの議論を実行すればよい． $\square$

　このようなホモロジー論の例は，局所有限 (locally finite) ホモロジー $H_\bullet^{\mathrm{lf}}(\cdot)$ と，K ホモロジー $K_\bullet(\cdot)$ である．前者については文献 [77, §6.3][23] を，後者については論文 [41] もしくは文献 [5][37] を参照せよ．

7.2.2　反チェック系列
　LCSH 圏上の一般ホモロジー論 $M_\bullet = \{M_p\}_{p \in \mathbb{Z}}$ が与えられたとき，対応す

る一般粗ホモロジー論 $MX_\bullet$ を構成することができる．構成には単体複体と，加群の帰納系を用いる．これらの扱いに不慣れな読者は，一般ホモロジー論 $M_\bullet = \{M_p\}_{p\in\mathbb{Z}}$ から一般粗ホモロジー論 $MX_\bullet = \{MX_p\}_{p\in\mathbb{Z}}$ を構成する方法があるのだと認めて先に進んでもよい．なお単体複体に関しては付録 B に簡潔にまとめてある．

構成のヒントとなるのは，チェック・コホモロジーである．チェック・コホモロジーでは，空間を近似する単体複体の細分を細かくする極限を考えるが，粗ホモロジーの構成では逆に単体複体による近似の精度を粗くする方向への極限を考える．そのために以下で述べる反チェック系列という被覆族を導入する．

位相空間 Y 上の被覆 $\mathcal{U}$ は，任意の点 $y \in Y$ に対し，y のある近傍 V が存在して，集合 $\{U \in \mathcal{U} : V \cap U \neq \varnothing\}$ が有限集合となるとき，**局所有限**であるという．Y を距離空間とし，$\mathcal{U}$ を Y の被覆とする．$\delta > 0$ とする．直径が δ 以下の任意の部分集合 $A \subset X$ に対してある $U \in \mathcal{U}$ で $A \subset U$ を満たすものが存在するとき，$\mathcal{U}$ の**ルベーグ数**は δ 以上である，という．

被覆 $\mathcal{U}$ に対し，それが定める脈複体を $\mathcal{N}(\mathcal{U})$ で表す．またその粗幾何学的実現 $|\mathcal{N}(\mathcal{U})|$ を $|\mathcal{U}|$ と略記する．ここで $|\mathcal{U}|$ に粗幾何学的実現（定義 B.2.3）となる固有距離を備えておく．これ等の用語については付録 B を参照せよ．

定義 7.2.4. Y を距離空間とする．Y の局所有限な被覆の族

$$\mathcal{U} = \{\mathcal{U}(1), \mathcal{U}(2), \dots\}$$

が次の条件を満たすとする．ある単調増加列 $R_1 < R_2 < \cdots$ で $R_n \to \infty (n \to \infty)$ なるものが存在して，任意の n に対して以下が成り立つ．

(i) 任意の $U \in \mathcal{U}(n)$ の直径は高々 R_n 以下である．

(ii) $\mathcal{U}(n+1)$ のルベーグ数は R_n 以上である．

このとき $\mathcal{U} = \{\mathcal{U}(1), \mathcal{U}(2), \dots\}$ を**反チェック族**（**anti-Čech family**）という．

$\mathcal{U} = \{\mathcal{U}(1), \mathcal{U}(2), \dots\}$ を反チェック族とする．各 $n \in \mathbb{N}$ に対し写像 $\varphi_n : \mathcal{U}(n) \to \mathcal{U}(n+1)$ で，任意の $U \in \mathcal{U}(n)$ に対して $U \subset \varphi_n(U)$ となるものが存在する．この写像 φ_n を**粗化写像**（**coarsening map**）という．

定義 7.2.5. 反チェック族 $\mathcal{U} = \{\mathcal{U}(n)\}_{n\in\mathbb{N}}$ と粗化写像の列 $\{\varphi_n\}_{n\in\mathbb{N}}$ の組 $(\mathcal{U}, \{\varphi_n\}_{n\in\mathbb{N}})$ を**反チェック系列**（**anti-Čech system**）という．

粗化写像 φ_n は脈複体の間の単体写像 $\mathcal{N}(\mathcal{U}(n)) \to \mathcal{N}(\mathcal{U}(n+1))$ を誘導する．誘導された写像も粗化写像といい，同じ記号 φ_n で表す．また自然数 $n < m$ に対し，写像 $\varphi_{n,m} : \mathcal{U}(n) \to \mathcal{U}(m)$ を $\varphi_{n,m} := \varphi_{m-1} \circ \cdots \circ \varphi_n$ で定

める.

$M_\bullet = \{M_p\}_{p\in\mathbb{Z}}$ を LCSH 圏上の一般ホモロジー論とする. $n < m$ に対し,準同型 $\varphi_{n,m_\bullet}\colon M_\bullet(|\mathcal{U}(n)|) \to M_\bullet(|\mathcal{U}(m)|)$ が誘導される. 従って次数付きアーベル群の帰納系 $\{M_\bullet(|\mathcal{U}(n)|), \varphi_{n,m_\bullet}\}_{n,m\in\mathbb{N}}$ が定まる.

命題 7.2.6. Y を固有距離空間とする. また, $(\{\mathcal{U}(n)\}_{n\in\mathbb{N}}, \{\varphi_n^{\mathcal{U}}\}_{n\in\mathbb{N}})$ と $(\{\mathcal{V}(n)\}_{n\in\mathbb{N}}, \{\varphi_n^{\mathcal{V}}\}_{n\in\mathbb{N}})$ を Y の反チェック系列とする. このとき次が成り立つ.

$$\lim_{n\to\infty} M_\bullet(|\mathcal{U}(n)|) \cong \lim_{n\to\infty} M_\bullet(|\mathcal{V}(n)|).$$

証明のために補題を 2 つ用意する. なお, 隣接については定義 B.1.7 を参照せよ.

補題 7.2.7. Y を固有距離空間とし, $\mathcal{U}$ と $\mathcal{V}$ を Y の被覆とする. $i = 1,2$ に対し, 写像 $\psi_i\colon \mathcal{U} \to \mathcal{V}$ は, 任意の $U \in \mathcal{U}$ に対し, $U \subset \psi_i(U)$ を満たすとする. このとき脈複体に誘導される 2 つの写像 $\hat{\psi}_1, \hat{\psi}_2\colon \mathcal{N}(\mathcal{U}) \to \mathcal{N}(\mathcal{V})$ は隣接する.

証明. $\{U_1, \ldots, U_k\} \subset \mathcal{U}$ を $\mathcal{N}(\mathcal{U})$ の k-単体とする. 脈複体の定義より, ある $y \in U_1 \cap \cdots \cap U_k$ が存在する. $i = 1,2$ に対し, $y \in \psi_i(U_1) \cap \cdots \cap \psi_i(U_k)$ であるから

$$y \in \psi_1(U_1) \cap \cdots \cap \psi_1(U_k) \cap \psi_2(U_1) \cap \cdots \cap \psi_2(U_k) \neq \varnothing$$

となり, $\{\psi_1(U_1), \ldots, \psi_1(U_k), \psi_2(U_1), \ldots, \psi_2(U_k)\}$ は $\mathcal{N}(\mathcal{V})$ の単体である. よって $\hat{\psi}_1$ と $\hat{\psi}_2$ は隣接する. $\qquad\square$

補題 7.2.8. $(A_n, f_{n,m})_{n,m\in\mathbb{N}}$ と $(B_n, g_{n,m})_{n,m\in\mathbb{N}}$ をアーベル群の帰納系とする. 任意の $n \in \mathbb{N}$ に対し, 準同型 $h_n\colon A_n \to B_n$ と $k_n\colon B_n \to A_{n+1}$ で次の図式を可換にするものが存在すると仮定する.

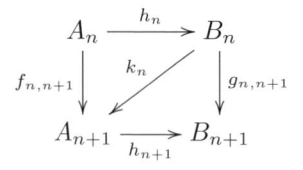

このとき $\lim_{n\to\infty} h_n\colon \lim_{n\to\infty} A_n \cong \lim_{n\to\infty} B_n$ が成り立つ.

証明. 写像 $h_\infty := \lim_{n\to\infty} h_n$ が全単射であることを示す. $a \in \mathrm{Ker}\, h_\infty$ とする. ある $n \in \mathbb{N}$ と $a_n \in A_n$ で $a = \lim_{m\to\infty} f_{n,m}(a_n)$ を満たすものが存在する. $h_\infty(a) = 0$ よりある $m \in \mathbb{N}$ で $g_{n,m}(h_n(a_n)) = 0$ となる. すると $f_{n,m+1}(a_n) = k_m(g_{n,m}(h_n(a_n))) = 0$ である. 従って $a = 0$. よって h_∞ は単射である. 次に任意の $b \in \lim_{n\to\infty} B_n$ に対し, ある $m \in \mathbb{N}$ とある $b_m \in B_m$ で $b = \lim_{l\to\infty} g_{m,l}(b_m)$ を満たすものが存在する. そこで $a := \lim_{l\to\infty} f_{m+1,l}(k_m(b_m))$ とおくと, $h_\infty(a) = b$ である. よって h_∞ は全

射である. □

命題 7.2.6 の証明. ある単調増大列 $(n_j)_{j\in\mathbb{N}}$ と $(m_j)_{j\in\mathbb{N}}$ が存在して, 任意の j に対し, 写像

$$h_j : \mathcal{U}(n_j) \to \mathcal{V}(m_j), \qquad k_j : \mathcal{V}(m_j) \to \mathcal{U}(n_{j+1})$$

で任意の $U \in \mathcal{U}(n_j)$ と $V \in \mathcal{V}(m_j)$ に対し, $U \subset h_j(U)$ かつ $V \subset k_j(V)$ を満たすものが存在する. そこで $\psi_{1,j} := \varphi^{\mathcal{U}}_{n_j, n_{j+1}}$, $\psi_{2,j} := k_j \circ h_j$ とおくと, $\psi_{1,j}$ と $\psi_{2,j}$ は補題 7.2.7 の条件を満たす. 故に次の図式の左上の三角形は可換になる.

$$\begin{array}{ccc}
M_\bullet(|\mathcal{U}(n_j)|) & \xrightarrow{\ h_n\ } & M_\bullet(|\mathcal{V}(m_j)|) \\
{\scriptstyle \varphi^{\mathcal{U}}_{n_j, n_{j+1}}}\downarrow & {\scriptstyle k_n} \swarrow & \downarrow {\scriptstyle \varphi^{\mathcal{V}}_{m_j, m_{j+1}}} \\
M_\bullet(|\mathcal{U}(n_{j+1})|) & \xrightarrow[\ h_{n+1}\ ]{} & M_\bullet(|\mathcal{V}(m_j)|)
\end{array} \qquad .$$

同様の議論で, 図式の右下の三角形も可換になる. よって補題 7.2.8 より題意を得る. □

定義 7.2.9. $M_\bullet = \{M_p\}_{p\in\mathbb{Z}}$ を LCSH 圏上の一般ホモロジー論とする. Y を固有距離空間とし, $(\{\mathcal{U}(n)\}_{n\in\mathbb{N}}, \{\varphi_n\}_{n\in\mathbb{N}})$ を Y の反チェック系列とする. このとき, Y の粗ホモロジー $MX_\bullet(Y)$ を次のように定める.

$$MX_p(Y) := \lim_{n\to\infty} M_p(|\mathcal{U}(n)|) \quad (p \in \mathbb{Z}).$$

命題 7.2.6 より, 粗ホモロジー $MX_\bullet(Y)$ は Y の反チェック系列の取り方に依らずに定まる.

定義 7.2.10. Y を固有距離空間とし, $(\{\mathcal{U}(n)\}_{n\in\mathbb{N}}, \{\varphi_n\}_{n\in\mathbb{N}})$ を Y の反チェック系列とする. 任意の $n \in \mathbb{N}$ と $U \in \mathcal{U}(n)$ に対し, $N(U;1) \subset \varphi_n(U)$ が成り立つとき, $(\{\mathcal{U}(n)\}_{n\in\mathbb{N}}, \{\varphi_n\}_{n\in\mathbb{N}})$ を Y の**良い反チェック系列**という.

演習問題 7.2.11. $(\{\mathcal{U}(n)\}_{n\in\mathbb{N}}, \{\varphi_n\}_{n\in\mathbb{N}})$ が Y の良い反チェック系列であるとき, 任意の自然数 $m \geq n$ と $U \in \mathcal{U}(n)$ に対し, $N(U; m-n) \subset \varphi_{n,m}(U)$ が成り立つことを示せ.

演習問題 7.2.12. $(\{\mathcal{U}(n)\}_{n\in\mathbb{N}}, \{\varphi_n\}_{n\in\mathbb{N}})$ を Y の反チェック系列とする. 各 $n \in \mathbb{N}$ に対し, 被覆 $\mathcal{U}'(n)$ を $\mathcal{U}'(n) := \{N(U;n) : U \in \mathcal{U}(n)\}$ と定め, 写像 $\varphi'_n : \mathcal{U}'(n) \to \mathcal{U}'(n+1)$ を $U \in \mathcal{U}(n)$ に対して $\varphi'_n(N(U;n)) := N(\varphi_n(U); n+1)$ と定めれば, $(\{\mathcal{U}'(n)\}_{n\in\mathbb{N}}, \{\varphi'_n\}_{n\in\mathbb{N}})$ が Y の良い反チェック系列となることを示せ.

Y と Z を固有距離空間とし,

$$(\{\mathcal{U}(n)\}_{n\in\mathbb{N}}, \{\varphi^{\mathcal{U}}_n\}_{n\in\mathbb{N}}) \text{ と } (\{\mathcal{V}(n)\}_{n\in\mathbb{N}}, \{\varphi^{\mathcal{V}}_n\}_{n\in\mathbb{N}})$$

をそれぞれ Y 及び Z の良い反チェック系列とする．$f\colon Y \to Z$ を粗写像とする．f がボルノロガスであることから，任意の $n \in \mathbb{N}$ に対し，十分大きな $n' \in \mathbb{N}$ が存在して，次が成立する：任意の $U \in \mathcal{U}(n)$ に対し，ある $V_U \in \mathcal{V}(n')$ で $f(U) \subset V_U$ なるものが存在する．

そこで被覆の間の写像 $f_{\mathcal{U}(n),\mathcal{V}(n')}\colon \mathcal{U}(n) \to \mathcal{V}(n')$ を $f_{\mathcal{U}(n),\mathcal{V}(n')}(U) := V_U$ で定める．

命題 7.2.13. Y と Z を固有距離空間とし，$(\{\mathcal{U}(n)\}_{n\in\mathbb{N}}, \{\varphi_n^{\mathcal{U}}\}_{n\in\mathbb{N}})$ と $(\{\mathcal{V}(n)\}_{n\in\mathbb{N}}, \{\varphi_n^{\mathcal{V}}\}_{n\in\mathbb{N}})$ を Y 及び Z の良い反チェック系列とする．$f, g\colon Y \to Z$ を粗写像とし，f と g は近いと仮定する．このとき任意の $n, m, m' \in \mathbb{N}$ で，$f_{\mathcal{U}(n),\mathcal{V}(m')}$ と $g_{\mathcal{U}(n),\mathcal{V}(m')}$ が定義されるものに対し，ある正数 L が存在して，任意の自然数 $l \geq L$ に対し，$\varphi_{m,l}^{\mathcal{V}} \circ f_{\mathcal{U}(n),\mathcal{V}(m)}$ と $\varphi_{m',l}^{\mathcal{V}} \circ g_{\mathcal{U}(n),\mathcal{V}(m')}$ は隣接している．特に LCSH 圏上の一般ホモロジー論 $M_\bullet$ に対して，

$$(\varphi_{m,l}^{\mathcal{V}} \circ f_{\mathcal{U}(n),\mathcal{V}(m)})_\bullet = (\varphi_{m',l}^{\mathcal{V}} \circ g_{\mathcal{U}(n),\mathcal{V}(m')})_\bullet \colon M_\bullet(|\mathcal{U}(n)|) \to M_\bullet(|\mathcal{V}(l)|).$$

証明. f と g が近いので，ある自然数 $C \geq 0$ が存在して，任意の $y \in Y$ に対し，$\overline{f(y), g(y)} \leq C$ となる．

$\{U_1, \ldots, U_k\} \subset \mathcal{U}(n)$ を脈複体 $\mathcal{N}(\mathcal{U}(n))$ の k 単体とする．脈複体の定義によりある $y \in U_1 \cap \cdots \cap U_k$ が存在する．このとき

$$f(y) \in f(U_1) \cap \cdots \cap f(U_k), \quad g(y) \in g(U_1) \cap \cdots \cap g(U_k)$$

である．$m, m' \in \mathbb{N}$ を写像 $f_{\mathcal{U}(n),\mathcal{V}(m)}$ と $g_{\mathcal{U}(n),\mathcal{V}(m')}$ が定義されるものとする．構成より

$$f(y) \in f_{\mathcal{U}(n),\mathcal{V}(m)}(U_1) \cap \cdots \cap f_{\mathcal{U}(n),\mathcal{V}(m)}(U_k)$$

であるから，

$$g(y) \in N(f_{\mathcal{U}(n),\mathcal{V}(m)}(U_1); C) \cap \cdots \cap N(f_{\mathcal{U}(n),\mathcal{V}(m)}(U_k); C)$$

となる．ここで任意の $l \geq \max\{m, m'\} + C$ と $i = 1, \ldots, k$ に対し，

$$N(f_{\mathcal{U}(n),\mathcal{V}(m)}(U_i); C) \subset \varphi_{m,l}^{\mathcal{V}}(f_{\mathcal{U}(n),\mathcal{V}(m)}(U_i))$$

であるから次が成り立つ．

$$\varphi_{m,l}^{\mathcal{V}}(f_{\mathcal{U}(n),\mathcal{V}(m)}(U_1)) \cap \cdots \cap \varphi_{m,l}^{\mathcal{V}}(f_{\mathcal{U}(n),\mathcal{V}(m)}(U_k))$$
$$\cap \varphi_{m',l}^{\mathcal{V}}(g_{\mathcal{U}(n),\mathcal{V}(m')}(U_1)) \cap \cdots \cap \varphi_{m',l}^{\mathcal{V}}(g_{\mathcal{U}(n),\mathcal{V}(m')}(U_k)) \neq \varnothing.$$

よって $\varphi_{m,l}^{\mathcal{V}} \circ f_{\mathcal{U}(n),\mathcal{V}(m)}$ と $\varphi_{m',l}^{\mathcal{V}} \circ g_{\mathcal{U}(n),\mathcal{V}(m')}$ は隣接している． $\square$

Y と Z を固有距離空間とし，$\mathcal{U}$ 及び $\mathcal{V}$ をそれぞれ Y 及び Z の反チェック系列とする．粗写像 $f\colon Y \to Z$ と自然数 n, m, n', m' で $n' \geq n$ を満たすもの

に対し，写像 $f_{\mathcal{U}(n),\mathcal{V}(m)}$ と $f_{\mathcal{U}(n'),\mathcal{V}(m')}$ が定義されているとする．$g = f$ とおき，写像 $g_{\mathcal{U}(n),\mathcal{V}(m')}$ を $g_{\mathcal{U}(n),\mathcal{V}(m')} := f_{\mathcal{U}(n'),\mathcal{V}(m')} \circ \varphi^{\mathcal{U}}_{n,n'}$ で定める．これ等に対して命題 7.2.13 を適用すれば，ある正数 $L \geq 0$ が存在して，任意の $l \geq L$ に対し，写像 $\varphi^{\mathcal{V}}_{m,l} \circ f_{\mathcal{U}(n),\mathcal{V}(m)}$ と $\varphi^{\mathcal{V}}_{m',l} \circ g_{\mathcal{U}(n),\mathcal{V}(m')}$ は隣接している．従って命題 B.2.2 よりホモロジーに誘導される写像

$$(\varphi^{\mathcal{V}}_{m,l} \circ f_{\mathcal{U}(n),\mathcal{V}(m)})_\bullet \colon M_\bullet(|\mathcal{U}(n)|) \to M_\bullet(|\mathcal{V}(l)|),$$

$$(\varphi^{\mathcal{V}}_{m',l} \circ f_{\mathcal{U}(n'),\mathcal{V}(m')} \circ \varphi^{\mathcal{U}}_{n,n'})_\bullet \colon M_\bullet(|\mathcal{U}(n)|) \to M_\bullet(|\mathcal{V}(l)|)$$

は等しくなる．従って帰納極限での準同型

$$f_\bullet := \lim_{n,n' \to \infty} (f_{\mathcal{U}(n),\mathcal{V}(n')})_\bullet \colon MX_\bullet(Y) \to MX_\bullet(Z)$$

が一意に定まる．また命題 7.2.13 より，次が得られる．

系 7.2.14. 2 つの粗写像 $f, g \colon Y \to Z$ は近いとする．このとき，粗ホモロジーに誘導される 2 つの写像 $f_\bullet, g_\bullet \colon MX_\bullet(Y) \to MX_\bullet(Z)$ は等しい．

　以上により，LCSH 圏上の一般ホモロジー論 $M_\bullet$ に対し，粗空間の圏から次数付きアーベル群の圏への共変関手 $MX_\bullet$ が構成された．以下ではこれが粗ホモロジー論の公理を満たすことを確かめる．

命題 7.2.15. 共変関手 $MX_\bullet$ は粗ホモロジー論の公理 (i) を満たす．

証明. Y を固有距離空間とし，$(\{\mathcal{U}(n)\}_{n \in \mathbb{N}}, \{\varphi_n\}_{n \in \mathbb{N}})$ を Y の反チェック系列とする．直積空間 $Y \times \mathbb{N}$ の被覆を $n \in \mathbb{N}$ に対し，

$$\mathcal{V}(n) := \{U \times [k, k+n] : U \in \mathcal{U}(n), k \in \mathbb{N}\}$$

とおく．すると $\{\mathcal{V}(n)\}$ は $Y \times \mathbb{N}$ の反チェック族となる．各 $k \in \mathbb{N}$ と $s \in \mathbb{N} \cup \{0\}$ に対し，写像 $\phi_{n,s} \colon \mathcal{V}(n) \to \mathcal{V}(n+1)$ を次で定める．

$$\phi_{n,s}(U \times [k, k+n]) := \begin{cases} \varphi_n(U) \times [k, k+n+1] & (k > s), \\ \varphi_n(U) \times [s, s+n+1] & (k \leq s). \end{cases}$$

特に $(\{\mathcal{V}(n)\}_{n \in \mathbb{N}}, \{\phi_{n,0}\}_{n \in \mathbb{N}})$ は $Y \times \mathbb{N}$ の反チェック系列である．写像 $\phi_{n,s}$ は $\phi_{n,s+1}$ と隣接しているので，命題 B.2.2 より写像 $\phi_{n,s}$ と $\phi_{n,s+1}$ の幾何学的実現の間の固有ホモトピー

$$h_{n,s} \colon |\mathcal{V}(n)| \times [s, s+1] \to |\mathcal{V}(n+1)|$$

を得る．これを用いて固有連続写像 $H_n \colon |\mathcal{V}(n)| \times \mathbb{R}_{\geq 0} \to |\mathcal{V}(n+1)|$ を $H_n(y, t) := h_{n,s}(y, t)$ で定める．ただし s は $t \in [s, s+1]$ を満たす整数である．ここで $H_n(-, 0) = \phi_{n,0}(-)$ である．従って次の可換図式が成立する．

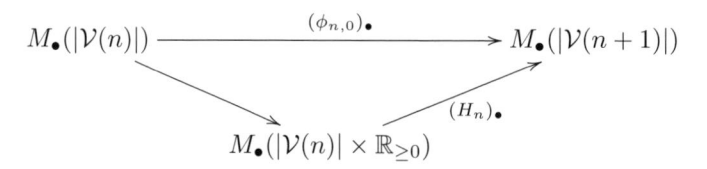

ただし，図式の左上から中央下への写像は $|\mathcal{V}(n)|$ の $|\mathcal{V}(n)| \times \{0\}$ への自然な埋め込みから誘導されるものである．一般ホモロジー論の公理 (a) より $M_\bullet(|\mathcal{V}(n)| \times \mathbb{R}_{\geq 0}) = \{0\}$ であるから，$(\phi_{n,0})_\bullet$ はゼロ写像である．よって

$$MX_\bullet(Y \times \mathbb{R}_{\geq 0}) = \lim_{n \to \infty} MX_\bullet(|\mathcal{V}(n)|) = \{0\}.$$

$\square$

以下では $MX_\bullet(\cdot)$ が粗ホモロジーの公理 (ii) を満たすことを示す．

補題 7.2.16. Y を固有距離空間とし，$L \subset Y$ を閉部分集合とする．$(\{\mathcal{U}(n)\}_{n \in \mathbb{N}}, \{\varphi_n\}_{n \in \mathbb{N}})$ を Y の良い反チェック系列とする．

各 $n \in \mathbb{N}$ に対し，$L \cap \mathcal{U}(n) := \{L \cap U : U \in \mathcal{U}(n)\}$ とおき，L の反チェック系列を $\{L \cap \mathcal{U}(n)\}_{n \in \mathbb{N}}$ で定める．また，$n \in \mathbb{N}$ に対し，脈複体 $\mathcal{N}(\mathcal{U}(n))$ の部分複体 $\mathcal{N}(\mathcal{U}(n)^L)$ を，頂点集合

$$\mathcal{U}(n)^L := \{U \in \mathcal{U}(n) : L \cap U \neq \varnothing\}$$

によって張られる完全部分複体とする．

このとき，$L \cap \mathcal{U}(n) \ni L \cap U \mapsto U \in \mathcal{U}(n)^L$ によって誘導される写像 $|L \cap \mathcal{U}(n)| \hookrightarrow |\mathcal{U}(n)^L|$ が誘導する準同型写像

$$MX_\bullet(L) = \lim_{n \to \infty} M_\bullet(|L \cap \mathcal{U}(n)|) \to \lim_{n \to \infty} M_\bullet(|\mathcal{U}(n)^L|)$$

は同型である．

証明. $D_n := \sup\{\mathrm{diam}(U) : U \in \mathcal{U}(n)\}$ とおく．$\{U_1, \ldots, U_k\} \subset \mathcal{U}(n)^L$ を脈複体 $\mathcal{N}(\mathcal{U}(n)^L)$ の単体とする．定義よりある $x \in U_1 \cap \cdots \cap U_k \neq \varnothing$ が存在する．また $L \cap U_1 \neq \varnothing$ なので，ある $y \in L$ が存在して $\overline{x,y} \leq D_n$ となる．$N := \lfloor D_n \rfloor + 1$ とおくと，$y \in N(U_1; N) \cap \cdots \cap N(U_k; N)$ であるから，

$$y \in (\varphi_{n,n+N}(U_1) \cap L) \cap \cdots \cap (\varphi_{n,n+N}(U_k) \cap L) \neq \varnothing.$$

従って $\{\varphi_{n,n+N}(U_1) \cap L, \ldots, \varphi_{n,n+N}(U_k) \cap L\}$ は $\mathcal{N}(L \cap \mathcal{U}(n))$ の単体である．よって写像 $\mathcal{U}(n)^L \ni U \mapsto \varphi_{n,n+N}(U) \cap L \in L \cap \mathcal{U}(n+N)$ は脈複体の間の写像を誘導する．

以上より，ある部分列 $\{n_j\}_{j \in \mathbb{N}}$ が存在して，次の図式は可換になる．

$$M_\bullet(|L \cap \mathcal{U}(n_j)|) \longrightarrow M_\bullet(|\mathcal{U}(n_j)^L|)$$
$$\downarrow \qquad\qquad \swarrow \qquad\qquad \downarrow$$
$$M_\bullet(|L \cap \mathcal{U}(n_{j+1})|) \longrightarrow M_\bullet(|\mathcal{U}(n_{j+1})^L|)$$

ここで縦の写像はそれぞれ粗化写像から誘導される準同型である．従って補題 7.2.8 より結論を得る． $\qquad\qquad\square$

命題 7.2.17. 共変関手 $MX_\bullet$ は粗ホモロジー論の公理 (ii) を満たす．

証明. Y を固有距離空間とし，$Y = A \cup B$ を粗切除対とする．また，$(\{\mathcal{U}(n)\}_{n\in\mathbb{N}}, \{\varphi_n\}_{n\in\mathbb{N}})$ を Y の良い反チェック系列とする．

$|\mathcal{U}(n)| = |\mathcal{U}(n)^A| \cup |\mathcal{U}(n)^B|$ であるから次の 2 本の完全列から成る可換図式を得る．

$$\longrightarrow M_{p+1}(|\mathcal{U}(n)|) \longrightarrow M_p(|\mathcal{U}(n)^A| \cap |\mathcal{U}(n)^B|) \longrightarrow$$
$$\downarrow \qquad\qquad\qquad \downarrow$$
$$\longrightarrow M_{p+1}(|\mathcal{U}(n+1)|) \longrightarrow M_p(|\mathcal{U}(n+1)^A| \cap |\mathcal{U}(n+1)^B|) \longrightarrow$$
$$M_p(|\mathcal{U}(n)^A|) \oplus M_p(|\mathcal{U}(n)^B|) \longrightarrow M_p(|\mathcal{U}(n)|) \longrightarrow$$
$$\downarrow \qquad\qquad\qquad \downarrow$$
$$M_p(|\mathcal{U}(n+1)^A|) \oplus M_p(|\mathcal{U}(n+1)^B|) \longrightarrow M_p(|\mathcal{U}(n+1)|) \longrightarrow$$

ここで $n \to \infty$ とすると，帰納極限が完全列を保つことと補題 7.2.16 から，次の完全列を得る．

$$\longrightarrow MX_{p+1}(Y) \longrightarrow \lim_{n\to\infty} M_p(|\mathcal{U}(n)^A| \cap |\mathcal{U}(n)^B|) \longrightarrow$$

$$MX_p(A) \oplus MX_p(B) \longrightarrow MX_p(Y) \longrightarrow$$

最後に，$MX_\bullet(A \cap B) \cong \lim_{n\to\infty} M_\bullet(|\mathcal{U}(n)^A| \cap |\mathcal{U}(n)^B|)$ を示せばよい．$D_n := \sup\{\mathrm{diam}(U) : U \in \mathcal{U}(n)\}$ とおく．以下の 2 つの自然な包含写像を考察する．

$$|\mathcal{U}(n)^{A\cap B}| \hookrightarrow |\mathcal{U}(n)^A| \cap |\mathcal{U}(n)^B|,$$
$$|\mathcal{U}(n)^A| \cap |\mathcal{U}(n)^B| \hookrightarrow \left|\mathcal{U}(n)^{N(A;D_n)\cap N(B;D_n)}\right|.$$

$X = A \cup B$ は粗切除対なので，ある $n' \in \mathbb{N}$ が存在して，

$$N(A; D_n) \cap N(B; D_n) \subset N(A \cap B; n')$$

となる．従って包含写像の列

$$\left|\mathcal{U}(n)^{N(A;D_n)\cap N(B;D_n)}\right| \hookrightarrow \left|\mathcal{U}(n)^{N(A\cap B;n')}\right|$$

$$\hookrightarrow \left|\mathcal{U}(n+n')^{A\cap B}\right|$$

を得る. 故に適切な増大列 $(n_j)_{j\in\mathbb{N}}$ を取れば, 次の可換図式を得る.

$$
\begin{CD}
\left|\mathcal{U}(n_j)^{A\cap B}\right| @>>> \left|\mathcal{U}(n_j)^A\right| \cap \left|\mathcal{U}(n_j)^B\right| \\
@VVV @VVV \\
\left|\mathcal{U}(n_{j+1})^{A\cap B}\right| @>>> \left|\mathcal{U}(n_{j+1})^A\right| \cap \left|\mathcal{U}(n_2)^B\right|
\end{CD}
$$

よって同型 $MX_\bullet(A\cap B) \cong \lim_{n\to\infty} M_\bullet(\left|\mathcal{U}(n)^A\right| \cap \left|\mathcal{U}(n)^B\right|)$ が成立する. □

7.2.3 1 の分割と粗化写像

定義 7.2.18. 固有距離空間 X とその局所有限被覆 $\mathcal{U} = \{U_\lambda\}_{\lambda\in\Lambda}$ に対し, 連続写像の族 $\{\varphi_\lambda \colon X \to \mathbb{R}\}_{\lambda\in\Lambda}$ で次の条件を満たすものを, $\mathcal{U}$ に付随する **1 の分割**という.

(i) 任意の $\lambda \in \Lambda$ と $x \in X$ に対し, $0 \le \varphi_\lambda(x) \le 1$.

(ii) 任意の $\lambda \in \Lambda$ と $x \in X \setminus U_\lambda$ に対し, $\varphi_\lambda(x) = 0$.

(iii) 任意の $x \in X$ に対し, $\sum_{\lambda\in\Lambda} \varphi_\lambda(x) = 1$.

被覆 $\mathcal{U}$ が局所有限であることと条件 (ii) より, 各 $x \in X$ ごとに $\varphi_\lambda(x) \ne 0$ となる $\lambda \in \Lambda$ は有限個である. 従って条件 (iii) に現れる式は見かけ上は無限和であるが実際は有限和である.

Y を固有距離空間とし, $(\{\mathcal{U}(n)\}_{n\in\mathbb{N}}, \{\varphi_n\}_{n\in\mathbb{N}})$ を反チェック系列とする. $\mathcal{U}(1) = \{U_\lambda\}_{\lambda\in\Lambda}$ とし, $\{\varphi_\lambda\}_{\lambda\in\Lambda}$ を $\mathcal{U}(1)$ に付随する 1 の分割とする. このとき写像 $\varphi \colon Y \to |\mathcal{U}(1)|$ を, 各 $\lambda \in \Lambda$ に対して

$$\varphi(y)(U_\lambda) := \varphi_\lambda(y) \tag{7.2}$$

で定める.

$M_\bullet = \{M_p\}_{p\in\mathbb{Z}}$ を LCSH 圏の上の一般ホモロジー論とする. 自然数 $n \in \mathbb{N}$ に対し, 準同型 $c_n \colon M_\bullet(Y) \to M_\bullet(|\mathcal{U}(n)|)$ を

$$c_1 := \varphi_\bullet, \quad c_n := (\varphi_{1,n})_\bullet \circ \varphi_\bullet \ (n \ge 2)$$

で定める. 帰納極限を取って, 準同型

$$c := \lim_{n\to\infty} c_n \colon M_\bullet(Y) \to \lim_{n\to\infty} M_\bullet(|\mathcal{U}(n)|) = MX_\bullet(Y)$$

を定める. この写像 c は反チェック系列と 1 の分割の選び方に依らずに定まる. この写像のことも**粗化写像** (**coarsening map**) という.

定義 7.2.19. X を距離空間とする. 任意の $R > 0$ に対してある $S > 0$ が存

在して，任意の $x \in X$ に対し，閉球 $\bar{B}(x; R)$ が閉球 $\bar{B}(x; S)$ の中で可縮であるとき，X は**一様可縮**（**uniformly contractible**）であるという．

例 7.2.20. ユークリッド空間は一様可縮である．より一般に，任意の単連結な完備リーマン多様体で，断面曲率がいたるところ非正であるものは一様可縮である．実際，任意の閉球は指数写像による接空間上の閉球の像と一致するからである．

命題 7.2.21. X を固有距離空間とする．X は可縮で，ある群 G による X への等長作用が余コンパクトであるならば，X は一様可縮である．

証明. まず基点 $w \in X$ を固定する．X は可縮なので，任意の $R > 0$ に対してある $S(R) > 1$ が存在して，$\bar{B}(w; R)$ は $\bar{R}(w, S(R))$ の中で可縮である．ここで $S(R)$ は w に依存しているように見えるが，実は本質的に X 全体で一様に取れている．

実際，群 G の X への作用が余コンパクトなので，ある $r > 0$ が存在して，任意の $x \in X$ に対し，ある $g \in G$ で $\overline{gx, w} < r$ を満たすものが存在する．すると $g\bar{B}(x; R) = \bar{B}(gx; R) \subset \bar{B}(w; R+r)$ であり，これは $\bar{B}(w; S(R+r))$ の中で可縮である．これを g^{-1} で戻してやれば，$g^{-1}\bar{B}(w; S(R+r)) \subset \bar{B}(x; S(R+2r))$ であるから，$\bar{B}(x; R)$ は $\bar{B}(x; S(R+2r))$ の中で可縮である． $\square$

例 7.2.22. 位相空間 X は，連結かつ任意の $n \geq 2$ に対し $\pi_n(X) = \{0\}$ を満たすとき，**非球面的**（**aspherical**）という．M を非球面的な閉リーマン多様体とする．普遍被覆 $\widetilde{M}$ は可縮であり，基本群 $\pi_1(M)$ の $\widetilde{M}$ への作用は等長かつ余コンパクトなので，$\widetilde{M}$ は一様可縮である．

次の命題は，有界幾何学を持つ一様可縮な固有距離空間の位相幾何学と粗幾何学を結び付けるものである．

命題 7.2.23. $M_\bullet$ を LCSH 圏の一般ホモロジー論とする．Y を固有距離空間とする．Y が一様可縮であり有界幾何学を持つならば，粗化写像

$$c \colon M_\bullet(Y) \to MX_\bullet(Y)$$

は同型写像である．

証明はホモトピー論に於ける障害理論を応用することで与えられる．詳しくは論文 [36, Section 3] の議論及び論文 [18, Theorem 4.8.] の証明を参照して頂きたい．

例 7.2.24. n 次元ユークリッド空間 $\mathbb{R}^n$ 及び n 次元双曲空間 $\mathbb{H}^n$ は一様可縮であり有界幾何学を持つので，命題 7.2.23 より $HX_\bullet(\mathbb{R}^n) \cong H_\bullet^{\mathrm{lf}}(\mathbb{R}^n)$ 及び $H_\bullet^{\mathrm{lf}}(\mathbb{H}^n) \cong HX_\bullet(\mathbb{H}^n)$ を得る．$\mathbb{R}^n$ と $\mathbb{H}^n$ は同相なので，$H_\bullet^{\mathrm{lf}}(\mathbb{R}^n) \cong H_\bullet^{\mathrm{lf}}(\mathbb{H}^n)$.

また，$\mathbb{Z}^n$ は $\mathbb{R}^n$ と粗同値なので $HX_\bullet(\mathbb{Z}^n) \cong HX_\bullet(\mathbb{R}^n)$．従って文献 [77, 例 6.8] より次を得る．

$$HX_p(\mathbb{Z}^n) \cong HX_p(\mathbb{R}^n) \cong HX_p(\mathbb{H}^n) \cong \begin{cases} \mathbb{Z} & (p = n) \\ \{0\} & (p \neq n) \end{cases}.$$

また Γ_g を種数 $g \geq 2$ の閉リーマン面の基本群としたとき，Γ_g は $\mathbb{H}^2$ と粗同値なので次を得る．

$$HX_p(\Gamma_g) \cong \begin{cases} \mathbb{Z} & (p = 2) \\ \{0\} & (p \neq 2) \end{cases}.$$

ただしこの場合は命題 7.2.23 を用いなくとも，$\mathbb{R}^n$ 及び $\mathbb{H}^n$ が粗凸空間であるので，粗カルタン・アダマールの定理（定理 6.3.2）より，

$$HX_\bullet(\mathbb{R}^n) \cong HX_\bullet(\mathcal{O}S^{n-1}) \cong HX_\bullet(\mathbb{H}^n)$$

となり，一方で，開錘 $\mathcal{O}S^{n-1}$ は $\mathbb{R}^n$ と固有ホモトピー同値であることと，次節の命題 7.3.1 より

$$HX_\bullet(\mathcal{O}S^{n-1}) \cong H_\bullet^{\mathrm{lf}}(\mathcal{O}S^{n-1}) \cong H_\bullet^{\mathrm{lf}}(\mathbb{R}^n)$$

となるので，$HX_\bullet(\mathbb{R}^n) \cong HX_\bullet(\mathbb{H}^n) \cong H_\bullet^{\mathrm{lf}}(\mathbb{R}^n)$ を得る．

7.3 開錘の粗ホモロジー

$M_\bullet$ を LCSH 圏の一般ホモロジー論とする．命題 7.2.23 において，一様可縮な固有距離空間 Y に対して同型 $M_\bullet(Y) \cong MX_\bullet(Y)$ が成り立つことを見た．しかし例えばグロモフ双曲空間 X の境界 ∂X は一般に非常に複雑な位相を持ち，開錘 $\mathcal{O}\partial X$ が一様可縮になることは期待できない．

命題 7.3.1. $M_\bullet$ を LCSH 圏の一般ホモロジー論とする．W をコンパクト距離化可能空間とする．粗化写像 $c\colon M_\bullet(\mathcal{O}W) \to MX_\bullet(\mathcal{O}W)$ は同型である．

証明. W をコンパクト距離化可能空間とする．W をヒルベルト空間 $\mathcal{H}$ の単位球 $\mathbb{S}(1)$ へ埋め込むことにより，$W \subset \mathbb{S}(1)$ と見なす．この埋め込みを拡張して，$\mathcal{O}W = \{tw : t \in \mathbb{R}_{\geq 0}, w \in W\} \subset \mathcal{H}$ とする．$\mathcal{O}W$ には $\mathcal{H}$ のノルムの制限で距離を定める．また部分集合 $I \subset (0, \infty)$ に対し，

$$W \times_\mathcal{O} I := \{tw \in \mathcal{H} : w \in W, t \in I\}$$

とおく．W はコンパクトなので，任意の $n \in \mathbb{N}$ に対してある点列 $p_1^n, \ldots, p_{a_n}^n \in W \times_\mathcal{O} \{n\}$ が存在して，次が成り立つ．

$$\bigcup_{m=1}^{a_n} \bar{B}(p_m^n; 1) \supset W \times_\mathcal{O} \{n\}.$$

すると次を得る.

$$\bigcup_{m=1}^{a_n} \bar{B}(p_m^n; 2) \supset W \times_\mathcal{O} [n-1, n+1].$$

$\mathcal{O}W$ の離散部分集合を $L := \bigcup_{n \geq 1} \{p_1^n, \dots, p_{a_n}^n\}$ とおく. 各 $i \in \mathbb{N}$ と $p \in L$ に対し, $U_p(i) := \bar{B}(p; 8^i) \cap \mathcal{O}W$ とおき, $\mathcal{O}W$ の被覆 $\mathcal{U}_i$ を次で定める.

$$\mathcal{U}_i := \{U_p(i) : p \in L\}.$$

明らかに $\mathcal{U}_i$ は局所有限な被覆である. 粗化写像 $\varphi_i \colon \mathcal{U}_i \to \mathcal{U}_{i+1}$ を $\varphi_i(U_p(i)) := U_p(i+1)$ で定めれば, $\{(\mathcal{U}_i)_{i \in \mathbb{N}}, (\varphi_i)_{i \in \mathbb{N}}\}$ は反チェック系列である. 構成より次が成り立つ.

$$\bigcup_{p \in L} \bar{B}(p; 8^i) \subset N(\mathcal{O}W; 8^i).$$

ここで $X_0 = \mathcal{O}W$ とし, $i \geq 1$ に対して $\mathcal{U}_i$ の幾何学的実現を $X_i := |\mathcal{U}_i|$ とおくと, 粗化写像の列

$$\mathcal{O}W \to X_1 \to X_2 \to \cdots$$

を得る. これに対し, 次の 3 つの主張を考察する.

主張 1 X_i の無限遠に W を付け加えることにより, 粗コンパクト化 $\overline{X_i} := X_i \cup W$ を得る.

主張 2 粗化写像 φ_i は, 無限遠境界 W 上で恒等写像であるような連続写像 $\overline{\varphi_i} \colon \overline{X_i} \to \overline{X_{i+1}}$ へ拡張できる.

主張 3 拡張された写像 $\overline{\varphi_i} \colon \overline{X_i} \to \overline{X_{i+1}}$ は定値写像にホモトピック.

以上 3 つの主張を仮定して, 結論を示そう. 次の可換図式を考える.

$$\begin{array}{ccccccc}
\tilde{M}_p(W) & \xrightarrow{(k_i)_\bullet} & \tilde{M}_p(\overline{X_i}) & \xrightarrow{(h_i)_\bullet} & M_p(X_i) & \xrightarrow{\partial_i} & \tilde{M}_{p-1}(W) \\
\Big\| {\scriptstyle (\mathrm{id}_W)_\bullet} & & \Big\downarrow {\scriptstyle (\overline{\varphi_i})_\bullet} & & \Big\downarrow {\scriptstyle (\varphi_i)_\bullet} & & \Big\| {\scriptstyle (\mathrm{id}_W)_\bullet} \\
\tilde{M}_p(W) & \xrightarrow{(k_{i+1})_\bullet} & \tilde{M}_p(\overline{X_{i+1}}) & \xrightarrow{(h_{i+1})_\bullet} & M_p(X_{i+1}) & \xrightarrow{\partial_{i+1}} & \tilde{M}_{p-1}(W)
\end{array}$$

横の列は組 $(\overline{X_i}, W)$ に関するホモロジー論 $M_\bullet$ の完全列であり, $\tilde{M}_\bullet$ は $M_\bullet$ の被約ホモロジーを表す. 即ち $\overline{X_i}$ から 1 点空間への写像を ϵ とするとき, $\tilde{M}_\bullet(\overline{X_i}) := \ker \epsilon_\bullet$ である. また $k_i \colon W \hookrightarrow \overline{X_i}$ は包含写像, $h_i \colon X_i \to X_i$ は恒等写像であり, 組 (h_i, X_i) は $\overline{X_i}$ から X_i への LCSH 圏での射である.

まず主張 3 より $(\overline{\varphi_i})_\bullet = 0$ であるから

$$(k_{i+1})_\bullet = (\overline{\varphi_i})_\bullet \circ (k_i)_\bullet \circ (\mathrm{id}_W)_\bullet^{-1} = 0.$$

従って任意の i に対し，∂_i は全射である．

次に $\operatorname{Ker}\partial_{i\bullet} = \operatorname{Ker}(\varphi_i)_\bullet$ を示す．実際 $\partial_{i\bullet} = (\operatorname{id}_W)_\bullet^{-1} \circ \partial_{i+1\bullet} \circ (\varphi_i)_\bullet$ より $\operatorname{Ker}(\varphi_i)_\bullet \subset \operatorname{Ker}\partial_{i\bullet}$．一方で

$$(\varphi_i)_\bullet \circ (h_i)_\bullet = (h_{i+1})_\bullet \circ (\overline{\varphi_i})_\bullet = 0$$

より $\operatorname{Ker}\partial_{i\bullet} = \operatorname{Im}(h_i)_\bullet \subset \operatorname{Ker}(\varphi_i)_\bullet$．よって $\operatorname{Ker}\partial_{i\bullet} = \operatorname{Ker}(\varphi_i)_\bullet$ である．

帰納極限を取ることにより，次の可換図式を得る．

$$
\begin{array}{ccc}
M_p(\mathcal{O}W) & \xrightarrow{\ \partial_{0\bullet}\ } & \tilde{M}_{p-1}(W) \\
\downarrow{\scriptstyle c} & & \| \\
MX_p(\mathcal{O}W) & \xrightarrow{\ \partial_{\infty\bullet}\ } & \tilde{M}_{p-1}(W)
\end{array}
$$

ここで $\overline{\mathcal{O}W}$ が可縮であるから，上段の $\partial_{0\bullet}$ は同型．また $\partial_{i\bullet}$ が全射であり，$\operatorname{Ker}\partial_{i\bullet} = \operatorname{Ker}(\varphi_i)_\bullet$ なので下段の $\partial_{\infty\bullet}$ も同型．よって粗化写像 c も同型である．

最後に 3 つの主張の証明を行う．まず主張 1 を示す．$\mathcal{H}$ の部分集合

$$\mathcal{C}W := \{tw : t \in [0,1],\, w \in W\}$$

は $\mathcal{O}W$ の粗コンパクト化である．また X_i と $\mathcal{O}W$ は粗同値であるから，それぞれのヒグソンコロナ νX_i と $\nu \mathcal{O}W$ は同相である．よって命題 1.5.11 より X_i の粗コンパクト化 $\overline{X_i} = X_i \cup W$ を得る．

次に主張 2 を示す．粗化写像 $X_i \to X_{i+1}$ は連続かつ粗同値写像なので，ヒグソン・コンパクト化の上の写像 $hX_i = X_i \cup \nu X_i \to hX_{i+1} = X_{i+1} \cup \nu X_{i+1}$ へ連続に拡張する．従って注意 1.5.13 より主張 2 が従う．

最後に主張 3 を示す．2 つの連続写像

$$\Phi_i : X_i \to N(\mathcal{O}W; 2 \cdot 8^i), \qquad \Psi_i : N(\mathcal{O}W; 2 \cdot 8^i) \to X_{i+1}$$

を次のように定める．

$$\Phi_i(\xi) := \sum_{p \in L} \xi(U_p(i))p \quad (\xi \in X_i),$$

$$\Psi_i(x)(U_p(i+1)) := \frac{\psi_i(\|x - p\|)}{\sum_{p' \in L} \psi_i(\|x - p'\|)} \quad (x \in \bar{B}(\mathcal{O}W; 2 \cdot 8^i),\, p \in L).$$

ただし ψ_i は連続関数 $\psi_i : \mathbb{R}_{\geq 0} \to [0,1]$ で，$0 \leq r \leq 3 \cdot 8^i$ のとき $\psi_i(r) = 1$ かつ $4 \cdot 8^i \leq r$ のとき $\psi_i(r) = 0$ を満たすものとする．

写像 Φ_i と Ψ_i が正しく定義されていることを確認しよう．まず $\xi \in X_i$ に対し，$\operatorname{supp}\xi = \{U_{p_1}(i), \dots, U_{p_k}(i)\}$ とおく．$\operatorname{supp}\xi$ が $\mathcal{N}(\mathcal{U}_i)$ の単体であるから，$U_{p_1}(i) \cap \cdots \cap U_{p_k}(i) \neq 0$．従って任意の $1 \leq a \leq k$ に対し，$\|p_a - p_1\| \leq 2 \cdot 8^i$ となる．これより

$$\|\Phi_i(\xi) - p_1\| = \left\| \sum_{1 \le a \le k} \xi(U_{p_a}(i))(p_a - p_1) \right\| \le \sum_{1 \le a \le k} \xi(U_{p_a}(i)) \|p_a - p_1\|$$
$$\le 2 \cdot 8^i.$$

よって $\Phi_i(\xi) \in N(\mathcal{O}W; 2 \cdot 8^i)$ である.

次に点 $x \in N(\mathcal{O}W; 2 \cdot 8^i)$ を取る. ある点 $x' \in \mathcal{O}W$ が存在して, $\|x - x'\| \le 2 \cdot 8^i$ が成り立つ. 任意の $p \in L$ で $\Psi_i(x)(U_p(i+1)) \ne 0$ なるものに対し, $\|x - p\| < 4 \cdot 8^i$ より $\|x' - p\| < 6 \cdot 8^i < 8^{i+1}$. そこで $\Psi_i(x)(U_p(i+1)) \ne 0$ なる $p \in L$ の集合を $\{p_1, \ldots, p_n\}$ とすると,

$$x' \in U_{p_1}(i+1) \cap \cdots \cap U_{p_n}(i+1) \ne \varnothing.$$

よって $\{U_{p_1}(i+1), \ldots, U_{p_n}(i+1)\}$ は $\mathcal{N}(\mathcal{U}_{i+1})$ の単体である.

写像 $H \colon X_i \times [0,1] \to X_{i+1}$ を $\xi \in X_i$, $t \in [0,1]$, $p \in L$ に対して

$$H(\xi, t)(U_p(i+1)) := (1-t)\Psi_i \circ \Phi_i(\xi)(U_p(i+1)) + t\xi(U_p(i+1)$$

と定めれば, これは $\Psi_i \circ \Phi_i$ と粗化写像 $X_i \to X_{i+1}$ との間の固有ホモトピーである.

最後に写像 $\Lambda \colon \mathcal{H} \to \mathcal{H}$ を $v \in \mathcal{H}$ に対し, $\Lambda(v) := (1 + \|v\|)^{-1} v$ で定める. 次の部分集合を導入する.

$$\overline{N(\mathcal{O}W; 2 \cdot 8^i)} := \Lambda(N(\mathcal{O}W; 2 \cdot 8^i)) \cup Y.$$

これは可縮だがコンパクトではないことに注意しておく. 写像 Φ_i 及び Ψ_i はそれぞれ $\overline{X_i}$ 及び $\overline{N(\mathcal{O}W; 2 \cdot 8^i)}$ からの写像 $\overline{\Phi_i}$ 及び $\overline{\Psi_i}$ に拡張する. ホモトピーのずれを除いて可換な図式

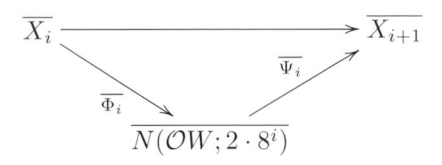

を得る. 即ち, 写像 $\overline{X_i} \to \overline{X_{i+1}}$ は合成 $\overline{\Psi_i} \circ \overline{\Phi_i}$ とホモトピックである. ここで $\overline{N(\mathcal{O}W; 2 \cdot 8^i)}$ は可縮なので, $\overline{\Psi_i} \circ \overline{\Phi_i}$ は定値写像にホモトピックである. よって写像 $\overline{X_i} \to \overline{X_{i+1}}$ も定値写像にホモトピック. $\qquad\square$

第8章

粗バウム・コンヌ予想

第7章で導入した固有距離空間 Y に対する粗ホモロジーの重要な例として，粗 K ホモロジー $KX_\bullet(Y)$，及びロー代数の K 群 $K_\bullet(C^*(Y))$ がある．前者が Y の位相幾何学的な性質を反映するのに対し，後者は Y から定まる解析的な対象の性質を反映する．

「良い」性質を持つ固有距離空間に対してはこの両者が一致する，ということを主張するのが，粗バウム・コンヌ予想である．この章ではロー代数 $C^*(Y)$ の定義及び，粗バウム・コンヌ予想の定式化について述べる．また第7章で導入された粗代数的位相幾何学の道具がどのように粗バウム・コンヌ予想の研究に使われるのか，具体例を通して解説する．

8.1　距離空間が表現されたヒルベルト空間とロー代数

まずヒルベルト空間とそれに関する記号をまとめておく．$\mathcal{H}$ で可分なヒルベルト空間を表す．$B(\mathcal{H})$ により $\mathcal{H}$ 上の有界線型作用素の成す C^* 環を表し，$K(\mathcal{H})$ でコンパクト作用素の成す C^* 環を表す．$K(\mathcal{H})$ は $B(\mathcal{H})$ の両側イデアルである．

(X,d) を固有距離空間とする．$*$ 準同型 $\rho\colon C_0(X) \to B(\mathcal{H})$ に対し，組 $(\rho,\mathcal{H})$ を (X,d) の**表現**という．どの表現を考えているのか文脈から明らかな場合は，関数 $f \in C_0(X)$ とベクトル $v \in \mathcal{H}$ に対し，$\rho(f)v$ を fv と省略して表すこともある．

部分空間 $\rho(C_0(X))\mathcal{H}$ が $\mathcal{H}$ の中で稠密であるとき，表現 $(\rho,\mathcal{H})$ は**非退化**であるという．また準同型 ρ が単射であるとき，$(\rho,\mathcal{H})$ は**忠実**であるという．

関数 $f \in C_0(X)$ に対し，集合 $\{x \in X : f(x) \neq 0\}$ の閉包を $\mathrm{supp}(f)$ と表し，f の台（**support**）という．また $C_c(X) := \{f \in C_0(X) : \mathrm{supp}(f)$ はコンパクト $\}$ と定める．$C_c(X)$ は $C_0(X)$ の中で稠密なので，表現 $(\rho,\mathcal{H})$ が非退化であれば $\rho(C_c(X))\mathcal{H}$ は $\mathcal{H}$ の中で稠密である．

以下では $(\rho, \mathcal{H})$ を固有距離空間 (X, d) の表現とする.

定義 8.1.1. ベクトル $v \in \mathcal{H}$ に対し, v の台 (**support**) と呼ばれる部分集合 $\mathrm{supp}(v)$ を, 次の条件を満たす開集合 $U \subset X$ 全ての和集合の補集合として定める.

$$\rho(f)v = 0 \quad (\forall f \in C_0(U)).$$

上述の定義により, 点 $x \in X$ がベクトル $v \in \mathcal{H}$ の台に属さないための必要十分条件は, ある開集合 $x \in U \subset X$ が存在して, 任意の $f \in C_0(U)$ に対し, $\rho(f)v = 0$ となることである.

例 8.1.2. X を可算個の点からなる, 一様に離散的な固有距離空間とする. ヒルベルト空間として $\ell_2(X)$ を用い, $\rho_m : C_0(X) \to B(\ell_2(X))$ を $f \in C_0(X)$, $\xi \in \ell_2(X)$, $x \in X$ に対し, $\rho_m(f)\xi(x) := f(x)\xi(x)$ で定める. 即ち各点ごとの掛け算で作用させる. このとき $(\rho_m, \ell_2(X))$ は X の非退化で忠実な表現である. さらにこの場合 $\xi \in \ell_2(X)$ に対して $\mathrm{supp}(\xi) = \overline{\{x \in X : \xi(x) \neq 0\}}$ が成り立つ.

例 8.1.3. X を固有距離空間とし, $X' \subset X$ を可算稠密部分集合とする. 表現 $\rho_m^{X'} : C_0(X) \to B(\ell_2(X'))$ を例 8.1.2 と同様に各点ごとの掛け算で定める. 組 $(\rho_m^{X'}, \ell_2(X'))$ は X の非退化で忠実な表現である.

命題 8.1.4. $(\rho, \mathcal{H})$ を X の表現とする. ベクトル $v \in \mathcal{H}$ の台 $\mathrm{supp}(v)$ がコンパクトであるとする. 関数 $g \in C_0(X)$ に対し, $\mathrm{supp}(g) \cap \mathrm{supp}(v) = \varnothing$ なら $\rho(g)v = 0$ である.

証明. X は距離空間なので, 特に正規空間である. 従ってある開集合 V, V' で

$$\mathrm{supp}(g) \subset V' \subset \overline{V'} \subset V$$

かつ $\overline{V} \cap \mathrm{supp}(v) = \varnothing$ を満たすものが存在する. また g はコンパクト台を持つと仮定してよいので, $\overline{V}$ もコンパクトであると仮定してよい. $\overline{V'} \cap \mathrm{supp}(v) = \varnothing$ なので, 任意の点 $x \in \overline{V'}$ に対してある開集合 $x \in V_x \subset X$ が存在して, 任意の $f \in C_0(V_x)$ に対し, $\rho(f)v = 0$ となる. $\overline{V'}$ はコンパクトなので, ある有限個の点 $x_1, \ldots, x_n \in \overline{V'}$ と連続関数 $h_i \in C(\overline{V'})$ $(1 \leq i \leq n)$ が存在して, 次が成り立つ.

$$\overline{V'} \subset \bigcup_{i=1}^{n} V_{x_i},$$

$$\mathrm{supp}(h_i) \subset V_{x_i} \quad (1 \leq \forall i \leq n),$$

$$0 \leq h_i(x) \leq 1 \quad (1 \leq \forall i \leq n, \forall x \in \overline{V'}),$$

$$\sum_{i=1}^{n} h_i(x) = 1 \quad (\forall x \in \overline{V'}).$$

またある $\varphi \in C_0(X)$ で $\mathrm{supp}(g)$ 上で恒等的に 1 となり $X \setminus \overline{V'}$ 上で恒等的に 0 となるものが存在する．関数 $\varphi h_i g$ は $\overline{V'}$ の外で 0 であると定めることにより，X 上に拡張されて $\varphi h_i g \in C_0(X)$ となる．任意の $x \in \mathrm{supp}(g)$ に対して $\sum_{i=1}^{n} \varphi(x) h_i(x) = 1$ であるから，$g = \sum_{i=1}^{n} \varphi h_i g$ である．また任意の $i \in \{1, \ldots, n\}$ に対し，$\mathrm{supp}(\varphi h_i g) \subset V_{x_i}$ なので $\rho(\varphi h_i g)v = 0$ である．よって $\rho(g)v = \sum_{i=1}^{n} \rho(\varphi h_i g)v = 0$. $\square$

補題 8.1.5. X の表現 $(\rho, \mathcal{H})$ は非退化であるとする．コンパクト台を持つベクトル $v \in \mathcal{H}$ に対し，ある関数列 $\varphi_i \in C_0(X)$ とベクトルの列 $v_i \in \mathcal{H}$ で，$i \to \infty$ のとき $\|v - \rho(\varphi_i)v_i\| \to 0$ かつ $\mathcal{H}(\mathrm{supp}(v), \mathrm{supp}(v_i)) \to 0$ を満たすものが存在する．ここで $\mathcal{H}(\mathrm{supp}(v), \mathrm{supp}(v_i))$ は $\mathrm{supp}(v)$ と $\mathrm{supp}(v_i)$ のハウスドルフ距離を表す．

証明. 表現が非退化であるので，ある関数列 $\varphi_i \in C_c(X)$ とベクトルの列 $v_i' \in \mathcal{H}$ で，$\|v - \varphi_i v_i'\| \to 0$ を満たすものが存在する．ここで $\|\varphi_i\| \leq 1$ と仮定しても一般性を失わない．

正数 $\epsilon > 0$ を固定する．ある $I > 0$ が存在して，任意の $i > I$ に対し，$\|v - \varphi_i v_i'\| < \epsilon$ が成り立つ．ここで各 $i > I$ に対し，ある $\psi_1, \psi_2 \in C_0(X)$ が存在して，次が成り立つ．

$$0 \leq \psi_j(x) \leq 1 \quad (\forall j \in \{1, 2\}, \forall x \in X),$$
$$\psi_1(x) + \psi_2(x) = 1 \quad (\forall x \in N(\mathrm{supp}(v); \epsilon) \cup \mathrm{supp}(\varphi_i)),$$
$$\psi_1(x) = 0 \quad (\forall x \in N(\mathrm{supp}(v); \epsilon)),$$
$$\psi_2(x) = 0 \quad (\forall x \in X \setminus N(\mathrm{supp}(v); 2\epsilon)).$$

$\varphi_i = (\psi_1 + \psi_2)\varphi_i$ より $\varphi_i v = (\psi_1 + \psi_2)\varphi_i v$ である．$\mathrm{supp}(\psi_1) \cap \mathrm{supp}(v) = \varnothing$ なので，命題 8.1.4 より $\psi_1 v = 0$. これより

$$\|\psi_1 \varphi_i v_i'\| = \|\psi_1(\varphi_i v_i' - v)\| \leq \|\psi_1\| \|\varphi_i v_i' - v\| < \epsilon.$$

そこで $v_i := \psi_2 v_i'$ とおけば

$$\|v - \varphi_i v_i\| = \|v - (\psi_1 + \psi_2)\varphi_i v_i' + \psi_1 \varphi_i v_i'\| < 2\epsilon.$$

よって $\|v - \varphi_i v_i\| \to 0$ である．また $\mathrm{supp}(v_i) \subset \mathrm{supp}(\psi_2)$ であるから次が成り立つ．

$$\mathrm{supp}(v_i) \subset N(\mathrm{supp}(v); 2\epsilon) \quad (\forall i > I). \tag{8.1}$$

次に $\mathrm{supp}(v)$ がコンパクトなので，ある有限点列 $x_1 \ldots, x_n \in \mathrm{supp}(v)$ で，

$\operatorname{supp}(v) \subset \bigcup_{i=1}^{n} B(x_i; \epsilon)$ を満たすものが存在する．$j = 1,\ldots,n$ に対し，$x_j \in \operatorname{supp}(v)$ よりある $g_j \in C_0(B(x_j; \epsilon))$ で，$\|g_j\| \leq 1$ かつ $g_j v \neq 0$ となるものが存在する．そこで $\delta := \min\{\|g_j v\| : j = 1,\ldots,n\}$ とおく．ある $I' > 0$ が存在して，任意の $i > I'$ に対して $\|v - \varphi_i v_i\| < \delta/2$ が成り立つ．このとき任意の $j = 1,\ldots,n$ に対し，

$$\|g_j \varphi_i v_i\| = \|g_j(\varphi_i v_i - v) + g_j v\| \geq \|g_j v\| - \|g_j(\varphi_i v_i - v)\| > \delta/2 > 0$$

となる．故に $g_j v_i \neq 0$．従って命題 8.1.4 より $\operatorname{supp}(g_j) \cap \operatorname{supp}(v_i) \neq \varnothing$．特に $B(x_j; \epsilon) \cap \operatorname{supp}(v_i) \neq \varnothing$．よって

$$\operatorname{supp}(v) \subset N(\operatorname{supp}(v_i); 2\epsilon) \quad (\forall i > I'). \tag{8.2}$$

以上より任意の $i > \max\{I, I'\}$ に対し，$\mathcal{H}(\operatorname{supp}(v), \operatorname{supp}(v_i)) < 2\epsilon$ を得る． $\qquad\square$

命題 8.1.6. 表現 $(\rho, \mathcal{H})$ は非退化であるとする．ベクトル $v \in \mathcal{H}$ の台 $\operatorname{supp}(v)$ がコンパクトであるとする．関数 $g \in C_0(X)$ の値が $\operatorname{supp}(v)$ のある近傍で恒等的に 1 であるならば $\rho(g)v = v$ である．

証明. $\operatorname{supp}(v)$ はコンパクトなので，仮定よりある $\delta > 0$ が存在して，g は $N(\operatorname{supp}(v); 2\delta)$ 上で恒等的に 1 となる．

補題 8.1.5 より，ある関数列 $\varphi_i \in C_0(X)$ とベクトルの列 $v_i \in \mathcal{H}$ で，$\|v - \varphi_i v_i\| \to 0$ かつ $\mathcal{H}(\operatorname{supp}(v), \operatorname{supp}(v_i)) \to 0$ を満たすものが存在する．従って任意の $0 < \epsilon < \delta$ に対し，ある $I > 0$ が存在して，任意の $i > I$ に対し $\|v - \varphi_i v_i\| < \epsilon$ かつ $\mathcal{H}(\operatorname{supp}(v), \operatorname{supp}(v_i)) < \epsilon$ が成り立つ．

$N(\operatorname{supp}(v_i); \epsilon) \subset N(\operatorname{supp}(v); 2\epsilon)$ なので，関数 $1 - g$ は $N(\operatorname{supp}(v_i); \epsilon)$ 上で恒等的に 0 である．故に $\operatorname{supp}((1-g)\varphi_i) \cap \operatorname{supp}(v_i) = \varnothing$ であるから命題 8.1.5 より $(1-g)\varphi_i v_i = 0$ である．ここで X が非有界なら関数 $1-g$ は $C_0(X)$ の元にならないが，$(1-g)\varphi_i$ は $C_0(X)$ の元になることに注意する．以上より

$$\|v - gv\| = \|v - \varphi_i v_i - g(v - \varphi_i v_i) + (1-g)\varphi_i v_i\|$$
$$\leq (1 + \|g\|) \|v - \varphi_i v_i\| + \|(1-g)\varphi_i v_i\|$$
$$\leq (1 + \|g\|)\epsilon.$$

ϵ は任意であったので，$v = gv$ を得る． $\qquad\square$

系 8.1.7. 表現 $(\rho, \mathcal{H})$ は非退化であるとする．ベクトル $v, w \in \mathcal{H}$ に対し，$\operatorname{supp}(v) \cap \operatorname{supp}(w) = \varnothing$ なら $\langle v, w \rangle = 0$ である．特に $\operatorname{supp}(v) = \varnothing$ なら $v = 0$ である．

以後，常に表現 $(\rho, \mathcal{H})$ は非退化であると仮定する．2 つの固有距離空間 X

と Y に対し, $(\rho_X, \mathcal{H}_X)$ と $(\rho_Y, \mathcal{H}_Y)$ をそれぞれ X 及び Y の表現とする. $B(\mathcal{H}_X, \mathcal{H}_Y)$ により, $\mathcal{H}_X$ から $\mathcal{H}_Y$ への有界線型作用素全体の集合を表す.

定義 8.1.8. 有界線型写像 $T\colon \mathcal{H}_X \to \mathcal{H}_Y$ に対し, T の台 (**support**) と呼ばれる部分集合 $\mathrm{supp}(T) \subset Y \times X$ を, 以下の条件を満たす開集合 $U \times V \subset Y \times X$ 全ての和集合の補集合として定める.

$$\rho_Y(f)T\rho_X(g) = 0 \quad (\forall f \in C_0(U),\ \forall g \in C_0(V)).$$

例 8.1.9. 関数 $f \in C_0(X)$ と表現 ρ_X に対し,

$$\mathrm{supp}(\rho_X(f)) \subset \{(x,x) : x \in \mathrm{supp}(f)\}$$

が成り立つ. また, $f \in C_0(Y)$, $g \in C_0(X)$ と $T \in B(\mathcal{H}_X, \mathcal{H}_X)$ に対して,

$$(\mathrm{supp}(f) \times \mathrm{supp}(g)) \cap \mathrm{supp}(T) = \varnothing$$

ならば $\rho_Y(f)T\rho_X(g) = 0$ である.

例 8.1.10. $X = Y = \mathbb{R}$ とし, $\mathcal{H}_X = \mathcal{H}_Y = L^2(\mathbb{R})$ とする. 表現 $\rho_X = \rho_Y = \rho_m$ を掛け算作用素とする. 即ち $f \in C_0(\mathbb{R})$, $\xi \in L^2(\mathbb{R})$ と $t \in \mathbb{R}$ に対して, $\rho_m(f)\xi(t) := f(t)\xi(t)$ である. $k\colon \mathbb{R} \times \mathbb{R} \to \mathbb{R}$ をコンパクト台を持つ連続関数とする. 作用素 $T_k \in B(L^2(\mathbb{R}))$ を $\xi \in L^2(\mathbb{R})$ に対し,

$$T_k\xi(x) := \int_{\mathbb{R}} k(x,y)\xi(y)\,dy \quad (x \in \mathbb{R})$$

と定める. このとき $\mathrm{supp}(T_k) = \mathrm{supp}(k)$ である.

次の補題は容易に示すことができる.

補題 8.1.11. 作用素 $T \in B(\mathcal{H}_X, \mathcal{H}_Y)$ と点 $(y,x) \in Y \times X$ に対し, 次の 2 つの条件は同値である.

1. $(y,x) \in \mathrm{supp}(T)$.
2. 任意の開集合 $y \in U \subset Y$ と $x \in V \subset X$ に対し, あるベクトル $\eta \in \mathcal{H}_Y$ と $\xi \in \mathcal{H}_X$ で $\mathrm{supp}\,\eta \subset U$, $\mathrm{supp}\,\xi \subset V$ かつ $\langle T\xi, \eta \rangle \neq 0$ を満たすものが存在する.

これより作用素 $T \in B(\mathcal{H}_X, \mathcal{H}_Y)$ の共役作用素 $T^* \in B(\mathcal{H}_Y, \mathcal{H}_X)$ に対し, $\mathrm{supp}(T^*) = \{(x,y) : (y,x) \in \mathrm{supp}(T)\}$ が成り立つことが分かる.

定義 8.1.12. X を距離空間とする. 部分集合 $E \subset X \times X$ に対し, ある正数 $R > 0$ が存在して, 任意の $(x,x') \in E$ に対して $\overline{x,x'} \leq R$ となるとき, E は**制御された集合** (**controlled set**) であるという.

次の補題は定義から直ちに従う.

補題 8.1.13. X を距離空間とする．部分集合 $E \subset X \times X$ が制御された集合であることと，2 つの射影 $\pi_1, \pi_2 \colon E \to X$ が近いことは同値である．ここで $i = 1, 2$ に対し，π_i は E の第 i 成分への射影を表す．

X, Y, Z を固有距離空間とする．部分集合 $A \subset Y \times X$，$B \subset X$ 及び $C \subset Z \times Y$ に対し，次のような部分集合を与える操作を定める．

$$A \circ B := \{y \in Y : \exists x \in B, (y, x) \in A\}.$$

$$C \circ A := \{(z, x) \in Z \times X : \exists y \in Y, (z, y) \in C, (y, x) \in A\}.$$

簡単な考察により，$E, E' \subset X \times X$ が制御された集合であるなら，$E \circ E'$ も制御された集合になる．

命題 8.1.14. 有界線型作用素 $T \in B(\mathcal{H}_X, \mathcal{H}_Y)$ に対し，次が成り立つ．

(1) コンパクト台を持つベクトル $\xi \in \mathcal{H}_X$ に対し，

$$\mathrm{supp}(T\xi) \subset \mathrm{supp}(T) \circ \mathrm{supp}(\xi).$$

(2) $A \subset Y \times X$ を閉集合とする．コンパクト台を持つ任意のベクトル $\xi \in \mathcal{H}_X$ に対し，

$$\mathrm{supp}(T\xi) \subset A \circ \mathrm{supp}(\xi) \tag{8.3}$$

が成り立つとする．このとき $\mathrm{supp}(T) \subset \mathrm{supp}\,A$ が成り立つ．

従って $\mathrm{supp}(T)$ は (2) の条件を満たす $Y \times X$ の閉集合全ての共通部分である．

証明. コンパクト台を持つベクトルを $\xi \in \mathcal{H}_X$ とする．次の主張を示す．

主張. $y \notin \mathrm{supp}(T) \circ \mathrm{supp}(\xi)$ とする．ある開集合 $y \in U \subset Y$ とある関数 $g \in C_0(X)$ が存在して，g の値は $\mathrm{supp}(\xi)$ のある近傍で恒等的に 1 となり，任意の関数 $f \in C_0(U)$ に対し，$\rho_Y(f) T \rho_X(g) = 0$ となる．

主張の証明は以下の通り．集合の操作 $\circ$ の定義より，任意の $x \in \mathrm{supp}(\xi)$ に対して，$(y, x) \notin \mathrm{supp}(T)$ となる．従って開集合 $y \in U_x \subset Y$ と $x \in V_x \subset X$ が存在して，任意の $f \in C_0(U_x)$ と $g \in C_0(V_x)$ に対して $\rho_Y(f) T \rho_X(g) = 0$ となる．台 $\mathrm{supp}(\xi)$ がコンパクトなので，有限個の点 $x_1, \ldots, x_n \in \mathrm{supp}(\xi)$ と開集合 $V \subset X$ で，

$$\bigcup_{i=1}^{n} V_{x_i} \supset \bar{V} \supset V \supset \mathrm{supp}(\xi)$$

となるものが存在する．この被覆 $\{V_{x_i}\}$ に付随して，関数 $h_i \in C_0(X)$ $(i = 1, \ldots, n)$ で，

$$\mathrm{supp}\, h_i \subset V_{x_i}, \quad 0 \leq h_i \leq 1, \quad (\forall i = 1, \ldots, n),$$

$$\sum_{i=1}^{n} h_i(x) = 1, \quad (\forall x \in V)$$

を満たすものが存在する. 従って $U := \bigcap_{i=1}^{n} U_{x_i}$, $g = \sum_{i=1}^{n} h_i$ とおけば主張が成立する.

命題 8.1.14 の証明に進む. $y \notin \mathrm{supp}(T) \circ \mathrm{supp}(\xi)$ とする. 開集合 $y \in U \subset Y$ と関数 $g \in C_0(X)$ を主張で与えられたものとする. 命題 8.1.6 より, $\xi = \rho_X(g)\xi$ となる. 故に主張より任意の $f \in C_0(U)$ に対し, $\rho_Y(f)T\xi = \rho_Y(f)T\rho_X(g)\xi = 0$. よって $y \notin \mathrm{supp}(T\xi)$. これで (1) は示された.

次に (2) を示す. $(y, x) \in \mathrm{supp}(T)$ とする. 補題 8.1.11 より任意の $n \in \mathbb{N}$ に対し, あるベクトル $\xi_n \in \mathcal{H}_X$ と $\eta_n \in \mathcal{H}_Y$ が存在して次が成り立つ.

$$\mathrm{supp}\,\eta_n \subset B(y, 1/n), \quad \mathrm{supp}\,\xi_n \subset B(x, 1/n), \tag{8.4}$$

$$\langle T\xi_n, \eta_n \rangle \neq 0. \tag{8.5}$$

$A \subset Y \times X$ を閉集合とし, 任意の $\xi \in \mathcal{H}_X$ に対し, (8.3) が成立するとする. $\xi = \xi_n$ として, $\mathrm{supp}(T\xi_n) \subset A \circ \mathrm{supp}(\xi_n)$ となる. (8.5) と系 8.1.7 より, $\mathrm{supp}(T\xi_n) \cap \mathrm{supp}(\eta_n) \neq \varnothing$. そこで $y_n \in \mathrm{supp}(T\xi_n) \cap \mathrm{supp}(\eta_n)$ とする. ある $x_n \in \mathrm{supp}(\xi_n)$ が存在して $(y_n, x_n) \in A$ となる. 包含関係 (8.4) より点列 (y_n, x_n) は (y, x) に収束する. A は閉集合であるから, $(y, x) \in A$ である. よって $\mathrm{supp}(T) \subset A$ となる. $\qquad\square$

系 8.1.15. 作用素 $T \in B(\mathcal{H})$ とベクトル $\xi \in \mathcal{H}$ に対し, $\pi_2(\mathrm{supp}\,T) \cap \mathrm{supp}(\xi)$ が空ならば, $T\xi = 0$ である. また $\pi_2(\mathrm{supp}\,T)$ がコンパクトであれば, $\pi_2(\mathrm{supp}\,T)$ 上での値が恒等的に 1 である関数 $h \in C_0(X)$ に対し, $T\rho(h) = T$ が成り立つ. ここで $\pi_2 \colon X \times X \to X$ は第 2 成分への射影である.

証明. 命題 8.1.14 より $\mathrm{supp}(T\xi) \subset \mathrm{supp}(T) \circ \mathrm{supp}(\xi)$ であるから, $\pi_2(\mathrm{supp}\,T) \cap \mathrm{supp}(\xi)$ が空ならば, $\mathrm{supp}(T\xi)$ も空である. よって $T\xi = 0$.

次に $\pi_2(\mathrm{supp}\,T)$ はコンパクトであると仮定し, $h \in C_0(X)$ を $\pi_2(\mathrm{supp}\,T)$ のある近傍で恒等的に 1 である関数とする. ここで $\eta \in \mathcal{H}_X$ をコンパクト台を持つ任意のベクトルとする. 命題 8.1.6 により, $\mathrm{supp}(\eta)$ 上で値が恒等的に 1 である関数 $u \in C_0(X)$ に対し, $\rho(u)\eta = \eta$ である. そこで $g := (1 - h)u$ とおくと, $u = g + hu$ であり g は $\pi_2(\mathrm{supp}\,T)$ のある近傍で恒等的にゼロである. 従って $\pi_2(\mathrm{supp}\,T) \cap \mathrm{supp}(\rho(g)\eta)$ は空なので, $T(\rho(g)\eta) = 0$. よって $T\eta = T\rho(u)\eta = T\rho(g + hu)\eta = T\rho(h)\eta$. 以上より $T\rho(h) = T$ を得る. $\qquad\square$

定義 8.1.16. 作用素 $T \in B(\mathcal{H})$ は, その台 $\mathrm{supp}(T)$ が制御された集合である とき, **制御された作用素 (controlled operator)** であるという.

作用素 $T \in B(\mathcal{H}_X)$ に対し,

$$\mathrm{Prop}(T) := \sup\{\overline{y,x} : (y,x) \in \mathrm{supp}(T)\}$$

と定める．T が制御された作用素であることは，$\mathrm{Prop}(T)$ が有限であることと同値である．また，そのことを T は**有界伝播性（finite propagation）**を持つ，ということもある．

命題 8.1.17. 2 つの制御された作用素 $S, T \in B(\mathcal{H}_X)$ に対し，

$$\mathrm{supp}(ST) \subset \mathrm{supp}(S) \circ \mathrm{supp}(T)$$

が成り立つ．特に ST も制御された作用素になる．

証明. ベクトル $\xi \in \mathcal{H}$ に対し，台 $\mathrm{supp}(\xi)$ がコンパクトであれば，$T\xi$ の台 $\mathrm{supp}(T\xi)$ もコンパクトである．実際，

$$\mathrm{supp}(T\xi) \subset \mathrm{supp}(T) \circ \mathrm{supp}\,\xi \subset N(\mathrm{supp}(\xi); \mathrm{Prop}(T))$$

であり，X は固有距離空間なので $N(\mathrm{supp}(\xi); \mathrm{Prop}(T))$ はコンパクトである．また，

$$\mathrm{supp}(ST\xi) \subset \mathrm{supp}(S) \circ \mathrm{supp}(T\xi) \subset \mathrm{supp}(S) \circ \mathrm{supp}(T) \circ \mathrm{supp}(\xi)$$

であるから，閉集合 $\mathrm{supp}(S) \circ \mathrm{supp}(T)$ に命題 8.1.14 を適用して

$$\mathrm{supp}(ST) \subset \mathrm{supp}(S) \circ \mathrm{supp}(T)$$

を得る．よって ST も制御された作用素である．　　　　　　　□

定義 8.1.18. 作用素 $T \in B(\mathcal{H})$ は，任意の $f \in C_0(X)$ に対して $\rho(f)T$ 及び $T\rho(f)$ がコンパクト作用素となるとき，**局所コンパクト**であるという．

固有距離空間 X と表現 $(\rho, \mathcal{H})$ に対し，制御された作用素 $T \in B(\mathcal{H})$ の集合を $\mathbb{E}_\rho[X]$ で表す．また，制御された作用素 $T \in B(\mathcal{H})$ のうち，局所コンパクトであるものの集合を $\mathbb{C}_\rho[X]$ で表す．

$$\mathbb{E}_\rho[X] := \{T \in B(\mathcal{H}) : T \text{ は制御された作用素 }\},$$

$$\mathbb{C}_\rho[X] := \{T \in B(\mathcal{H}) : T \text{ は局所コンパクトかつ制御された作用素 }\}.$$

命題 8.1.19. $\mathbb{E}_\rho[X]$ は $B(\mathcal{H})$ の $*$ 部分環であり，$\mathbb{C}_\rho[X]$ は $\mathbb{E}_\rho[X]$ の両側イデアルである．

証明. 命題 8.1.17 より，$\mathbb{E}_\rho[X]$ は $B(\mathcal{H})$ の $*$ 部分環であることが直ちに従う．

$\mathbb{C}_\rho[X]$ に関する主張を示す．$i = 1, 2$ に対し，$\pi_i \colon X \times X \to X$ を第 i 成分への射影とする．任意の作用素 $T \in \mathbb{E}_\rho[X]$ とコンパクト台を持つ関数 $f \in C_0(X)$ に対し，$\pi_2(\mathrm{supp}(\rho(f)T))$ は $N(\mathrm{supp}(f); \mathrm{Prop}(T))$ に含まれるの

でコンパクトである．故に関数 $f' \in C_0(X)$ で，$\pi_2(\mathrm{supp}(\rho(f)T))$ のある近傍で恒等的に 1 となるものが存在する．従って系 8.1.15 より任意の $S \in \mathbb{C}_\rho[X]$ に対し，

$$\rho(f)TS = \rho(f)T\rho(f')S \in K(\mathcal{H})$$

となる．同様に $ST\rho(f) \in K(\mathcal{H})$ も示せる．また，$TS\rho(f)$ と $\rho(f)ST$ とがコンパクト作用素になることは，S が局所コンパクトであることから直ちに従う．よって $\mathbb{C}_\rho[X]$ は $\mathbb{E}_\rho[X]$ の両側イデアルである． $\square$

定義 8.1.20. X を固有距離空間とし，$(\rho, \mathcal{H})$ を非退化な表現とする．$\mathbb{C}_\rho[X]$ の $B(\mathcal{H})$ の中でのノルム位相に関する閉包が成す C^* 環を**ロー代数（Roe algebra）** と呼び，$C_\rho^*(X)$ で表す．同様に $\mathbb{E}_\rho[X]$ の $B(\mathcal{H})$ の中での閉包が成す C^* 環を $E_\rho(X)$ で表す．

以下では表現 ρ を表す記号を省略して，$C^*(X)$ と表すことにする．実際，後に観る通り，環 $C_\rho^*(X)$ の K 群は，豊富な表現に対しては，表現の取り方に依存しないのである．

例 8.1.21. X をコンパクト距離空間とし，$(\rho, \mathcal{H})$ を X の表現とする．X の直径が有限であることから，任意の作用素 $T \in B(\mathcal{H})$ は制御された作用素である．また $C_0(X)$ は単位元 1 を含むので，局所コンパクト作用素 $T \in B(\mathcal{H})$ はコンパクト作用素である．従って $C^*(X) = K(\mathcal{H})$ が成り立つ．

定義 8.1.22. X と Y を固有距離空間とし，$(\rho_X, \mathcal{H}_X)$ と $(\rho_Y, \mathcal{H}_Y)$ をそれぞれの表現とする．また $q\colon X \to Y$ を粗写像とする．有界線型作用素 $V\colon \mathcal{H}_X \to \mathcal{H}_Y$ に対し，2 つの写像 $\pi_1\colon \mathrm{supp}(V) \to Y$ と $q \circ \pi_2\colon \mathrm{supp}(V) \to Y$ が近いとき，V は粗写像 q を**被覆**するという．ここで $\pi_1\colon Y \times X \to Y$ 及び $\pi_2\colon Y \times X \to X$ はそれぞれ第 1 成分及び第 2 成分への射影である．

例 8.1.23. X と Y を一様に離散的な固有距離空間とし，$(\rho_{X,m}, \ell_2(X))$ 及び $(\rho_{Y,m}, \ell_2(Y))$ をそれぞれ例 8.1.2 で与えられた掛け算作用による表現とする．粗写像 $q\colon X \to Y$ に対し，有界線型作用素 $V_q\colon \ell_2(X) \to \ell_2(Y)$ を $V_q(\delta_x) := \delta_{q(x)}$ で定める．ここで $\delta_x \in \ell_2(X)$ は $\delta_x(x) = 1$, $\delta_x(y) = 0\,(x \neq y)$ で与えられる関数であり，$\{\delta_x\}_{x \in X}$ は $\ell_2(X)$ の完全正規直交基底を成す．

このとき $\mathrm{supp}(V_q) = \{(q(x), x) : x \in X\}$ であり，$\pi_1 = q \circ \pi_2$ となるので，V_q は q を被覆する．

補題 8.1.24. 等長作用素 $V\colon \mathcal{H}_X \to \mathcal{H}_Y$ が粗写像 $q\colon X \to Y$ を被覆しているとする．任意の元 $T \in C^*(X)$ に対し，$\mathrm{Ad}_V(T) := VTV^*$ は $C^*(Y)$ の元になる．従って $*$ 準同型 $\mathrm{Ad}_V\colon C^*(X) \to C^*(Y)$ が定義される．

証明. $T \in \mathbb{C}[X]$ とする．まず，VTV^* が制御された作用素であることを示す．

部分集合 $S \subset Y \times X \times X \times Y$ を次の条件を満たす 4 つ組 (y, x, x', y') の集合とする.

$$(y, x) \in \mathrm{supp}(V), \quad (x, x') \in \mathrm{supp}(T), \quad (x', y') \in \mathrm{supp}(V^*).$$

π_i を S の第 i 成分 $(i = 1, 2, 3, 4)$ への射影とする. V は $q\colon X \to Y$ を被覆するので π_1 と $q \circ \pi_2$ は近い. T は制御された作用素なので π_2 と π_3 は近い. 従って $q \circ \pi_2$ と $q \circ \pi_3$ も近い. また $\mathrm{supp}(V^*) = \{(x, y) : (y, x) \in \mathrm{supp}(V)\}$ より $q \circ \pi_3$ と π_4 は近い. よって π_1 と π_4 は近い.

ここで $\mathrm{supp}(VTV^*) \subset \mathrm{supp}(V) \circ \mathrm{supp}(T) \circ \mathrm{supp}(V^*)$ であるから, $(y, y') \in \mathrm{supp}(VTV^*)$ なら, ある $x, x' \in X$ が存在して $(y, x, x', y') \in S$ となる. 従って $\mathrm{supp}(VTV^*)$ からの 2 つの射影 $(y, y') \mapsto y$ 及び $(y, y') \mapsto y'$ は近いと示されたので, 補題 8.1.13 より VTV^* は制御された作用素である.

次に VTV^* が局所コンパクトであることを示す. $f \in C_0(Y)$ をコンパクト台を持つ関数とする. $\mathrm{supp}(\rho(f)V) \subset \mathrm{supp}(\rho(f)) \circ \mathrm{supp}(V)$ より $\pi_1(\mathrm{supp}(\rho(f)V)) \subset \mathrm{supp}(f)$. 従って $\pi_1(\mathrm{supp}(\rho(f)V))$ はコンパクト集合である. 写像 π_1 と $q \circ \pi_2$ は近いので, $q \circ \pi_2(\mathrm{supp}(\rho(f)V))$ は有界集合である. また, q は距離的固有写像なので, $\pi_2(\mathrm{supp}(\rho(f)V))$ も有界集合である. 従って $\pi_2(\mathrm{supp}(\rho(f)V))$ のある近傍で恒等的に 1 となる関数 $f' \in C_0(X)$ が存在して, $\rho(f)V = \rho(f)V\rho(f')$ となり

$$\rho(f)VTV^* = \rho(f)V\rho(f')TV^*$$

を得る. ここで $\rho(f')T$ はコンパクト作用素であるから, $\rho(f)VTV^*$ もコンパクト作用素である. また f の複素共役 $\bar{f} \in C_0(Y)$ に対して同様の議論を行えば, ある $f'' \in C_0(X)$ が存在して, $\rho(\bar{f})V = \rho(\bar{f})V\rho(f'')$ となる. よって

$$VTV^*\rho(f) = VT(\rho(\bar{f})V)^* = VT(\rho(\bar{f})V\rho(f''))^* = VT\rho(\bar{f''})V\rho(f)$$

であるから, $VTV^*\rho(f)$ もコンパクト作用素である. $\qquad\square$

定義 8.1.25. $(\rho, \mathcal{H})$ を固有距離空間 X の表現とする. $\rho(f)$ がコンパクト作用素になるような関数 $f \in C_0(X)$ は定数関数 $f \equiv 0$ に限るとき, 表現 $(\rho, \mathcal{H})$ は**豊富 (ample)** であるという.

例 8.1.26. X を固有距離空間とし, $(\rho, \mathcal{H})$ を X の任意の表現とする. テンソル積により $\mathcal{H}' := \mathcal{H} \otimes \ell_2(\mathbb{N})$ とし, 表現 $\rho'\colon C_0(X) \to B(\mathcal{H}')$ を $\rho' := \rho \otimes \mathrm{id}$ とする. この表現 $(\rho', \mathcal{H}')$ は X の豊富な表現である. これを $(\rho, \mathcal{H})$ の**豊富化 (amplification)** と呼ぶ.

例 8.1.27. X を固有距離空間とし, $X' \subset X$ を可算稠密部分集合とする. $(\rho_m^{X'}, \ell_2(X'))$ を例 8.1.3 で構成された X' に付随する表現とする.

$(\rho_m^{X'}, \ell_2(X'))$ の豊富化 $(\rho_m^{X'} \otimes \mathrm{id}, \ell_2(X') \otimes \ell_2(\mathbb{N}))$ を X' に付随する**標準的豊富表現**という.

命題 8.1.28. X と Y を固有距離空間とし, $(\rho_X, \mathcal{H}_X)$ と $(\rho_Y, \mathcal{H}_Y)$ をそれぞれの標準的豊富表現とする. 任意の粗写像 $q\colon X \to Y$ に対し, ある等長作用素 $V\colon \mathcal{H}_X \to \mathcal{H}_Y$ で, q を被覆するものが存在する.

証明. $X' \subset X$ 及び $Y' \subset Y$ を稠密部分集合とし, $(\rho_X, \mathcal{H}_X)$ 及び $(\rho_Y, \mathcal{H}_Y)$ を対応する標準的豊富表現とする. 従って $\mathcal{H}_X = \ell_2(X' \times \mathbb{N})$, $\mathcal{H}_Y = \ell_2(Y' \times \mathbb{N})$ である. Y' が Y の中で稠密であることから, ある粗写像 $q'\colon X \to Y$ で, q と近く, かつ $q'(X') \subset Y'$ を満たすものが存在する. ここで写像

$$\hat{q}\colon X' \times \mathbb{N} \to Y' \times \mathbb{N}$$

を, $\hat{q}$ は単射でかつ任意の $(x, n) \in X' \times \mathbb{N}$ に対し, $\pi_1(\hat{q}(x, n)) = q'(x)$ を満たすように定める. ただし $\pi_1\colon Y' \times \mathbb{N} \to Y'$ は第 1 成分への射影である.

等長作用素 $V\colon \mathcal{H}_X \to \mathcal{H}_Y$ を, 点 $(x, n) \in X' \times \mathbb{N}$ に対し, $V\delta_{(x,n)} := \delta_{\hat{q}(x,n)}$ で定める. すると $\mathrm{supp}(V) = \{(q'(x), x) : x \in X'\}$ であるから, V は q を被覆する. $\qquad\square$

命題 8.1.28 では, 標準的豊富表現に限って議論したが, 実際には全ての豊富な表現で同じ主張が成り立つ. 証明の方針は同じだが, やや技術的に複雑になる.

命題 8.1.29. X と Y を固有距離空間とし, $(\rho_X, \mathcal{H}_X)$ と $(\rho_Y, \mathcal{H}_Y)$ をそれぞれの豊富な表現とする. また $q\colon X \to Y$ を粗写像とする. このときある等長作用素 $V\colon \mathcal{H}_X \to \mathcal{H}_Y$ で, q を被覆するものが存在する.

命題 8.1.29 の証明のために, 補題を用意する.

補題 8.1.30. Y を固有距離空間とする. Y は直径が一様に有界であり, 内点を持つボレル集合の可算無限個の族による非交和に分解される.

証明. $\{U_n\}_{n \in \mathbb{N}}$ を直径が一様に有界である, 可算個の開集合からなる Y の被覆とする. 各 U_n の閉包を取って得られる被覆 $\{\overline{U_n}\}_{n \in \mathbb{N}}$ も直径は一様に有界である. まず $V_1 := U_1$ とおき, 帰納的に

$$V_n := U_n \setminus (U_1 \cup \cdots \cup U_{n-1})$$

とおく. $(V_n)_{n \in \mathbb{N}}$ は互いに交わらない可算個のボレル集合からなる Y の被覆である. しかしながら, V_n の中には内点を持たないものがあり得る. そのようなものを取り除いた部分族を $\{V_{n_i}\}_{i \in \mathbb{N}}$ とする. これらの閉包が成す族 $\{\overline{V_{n_i}}\}_{i \in \mathbb{N}}$ は Y の被覆となる. 最後に $W_1 := V_{n_1}$ とおき, 帰納的に

$$W_i := \overline{V_{n_i}} \setminus (\overline{V_{n_1}} \cup \cdots \cup \overline{V_{n_{i-1}}})$$

とおけば，$\{W_i\}_{i \in \mathbb{N}}$ が望んでいた被覆である． $\square$

命題 8.1.29 の証明. $\{Y_n\}$ を補題 8.1.30 で与えられた，直径が一様に有界な互いに交わらない可算個のボレル集合から成る Y の被覆とする．$B(Y)$ で Y 上の有界ボレル関数の成す C^* 環を表す．ボレル関数解析[37, Remark 1.5.7]により表現 $\rho_Y : C_0(Y) \to B(\mathcal{H})$ は $\rho_Y : B(Y) \to B(\mathcal{H})$ に拡張される．そこで Y_n の特性関数の ρ_Y による像を Q_n とする．Q_n は H_Y の射影作用素である．表現 ρ_Y が豊富であることと，各 Y_n が内点を持つことから，各 Q_n の値域は無限次元であり，互いに直交している．P_n を $q^{-1}Y_n$ の特性関数に対応する H_X の射影作用素とする．各 P_n は互いに直交している．表現 $(\rho_X, \mathcal{H}_X)$ は非退化なので，和 $\sum P_n$ は恒等写像 I に強収束する．各 $n \in \mathbb{N}$ に対し，P_n の値域を Q_n の値域に送る部分等長作用素 W_n が存在する．そこで

$$V_N := \sum_{n=1}^{N} Q_n W_n P_n$$

とおく．これはある等長作用素 $V : \mathcal{H}_X \to \mathcal{H}_Y$ に強収束し，それは q を被覆する． $\square$

命題 8.1.31. X と Y を固有距離空間とし，$(\rho_X, \mathcal{H}_X)$ を X の表現，$(\rho_Y, \mathcal{H}_Y)$ を Y の豊富な表現とする．また $q : X \to Y$ を粗写像とする．2 つの等長作用素 $V_1, V_2 : \mathcal{H}_X \to \mathcal{H}_Y$ が共に q を被覆するならば，それらがロー代数の K 群に誘導する準同型は等しい．即ち

$$(\mathrm{Ad}_{V_1})_\bullet = (\mathrm{Ad}_{V_2})_\bullet : K_\bullet(C^*_{\rho_X}(X)) \to K_\bullet(C^*_{\rho_Y}(Y)).$$

従って特に X と Y が粗同値であるとき，対応するロー代数の K 群は同型になる．

証明. 2 つの $*$ 準同型 $\varphi_1, \varphi_2 : C^*(X) \to M_2(C^*(X))$ を $T \in C^*(X)$ に対し，

$$\varphi_1(T) := \begin{pmatrix} T & 0 \\ 0 & 0 \end{pmatrix}, \quad \varphi_2(T) := \begin{pmatrix} 0 & 0 \\ 0 & T \end{pmatrix}$$

とすると，K 群の安定性（定理 C.1.4）より

$$\varphi_{1\bullet} = \varphi_{2\bullet} : K_\bullet(C^*(X)) \xrightarrow{\cong} K_\bullet(M_2(C^*(X)))$$

である．2 つの $*$ 準同型 $\varphi'_1, \varphi'_2 : C^*(X) \to M_2(C^*(Y))$ を $T \in C^*(X)$ に対し，

$$\varphi'_1(T) := \begin{pmatrix} V_1 T V_1^* & 0 \\ 0 & 0 \end{pmatrix}, \quad \varphi'_2(T) := \begin{pmatrix} 0 & 0 \\ 0 & V_2 T V_2^* \end{pmatrix}$$

と定める．これらに対して $\varphi'_{1\bullet} = \varphi'_{2\bullet}$ を示せばよい．ここで

$$W := \begin{pmatrix} 1 - V_1 V_1^* & V_1 V_2^* \\ V_2 V_1^* & 1 - V_2 V_2^* \end{pmatrix}$$

とおくと，W はユニタリーになる．即ち $WW^* = W^*W = 1$ を満たす．また，W は $M_2(E_{\rho_Y}(Y))$ の元であり，直接計算により $\mathrm{Ad}_W(\varphi'_1(T)) = \varphi'_2(T)$ となる．一方 $M_2(C^*(Y))$ は $M_2(E_{\rho_Y}(Y))$ のイデアルであるから，命題 C.2.9 より $K_\bullet(M_2(C^*(Y)))$ 上で $(\mathrm{Ad}_W)_\bullet$ は恒等写像である．よって $\varphi'_{1\bullet} = \varphi'_{2\bullet}$．　□

上の命題を X の恒等写像に適用すれば，次を得る．

系 8.1.32. X を固有距離空間とし，$(\rho, \mathcal{H})$ と $(\rho', \mathcal{H}')$ を X の豊富な表現とする．自然な同型 $K_\bullet(C^*_\rho(X)) \cong K_\bullet(C^*_{\rho'}(X))$ が存在する．

定義 8.1.33. 粗写像 $q\colon X \to Y$ に対して，q を被覆する等長作用素

$$V\colon \mathcal{H}_X \to \mathcal{H}_Y$$

を用いて準同型 $q_\bullet\colon K_\bullet(C^*(X)) \to K_\bullet(C^*(Y))$ を $q_\bullet := (\mathrm{Ad}_V)_\bullet$ で定める．

命題 8.1.34. 2 つの粗写像 $q_1, q_2\colon X \to Y$ が近いとき，

$$q_{1\bullet} = q_{2\bullet}\colon K_\bullet(C^*(X)) \to K_\bullet(C^*(Y)).$$

特に X と Y が粗同値であれば，それぞれのロー代数の K 群は同型になる．

証明. 等長作用素 $V\colon \mathcal{H}_X \to \mathcal{H}_Y$ が q_1 を被覆するならば，V は q_2 も被覆する．よって $q_{1\bullet} = (\mathrm{Ad}_V)_\bullet = q_{2\bullet}$．　□

以上により，固有距離空間 X に対し，$K_\bullet(C^*(X))$ を対応させる規則は粗空間の圏から次数付きアーベル群の圏への共変関手であることが分かった．次に，これが一般粗ホモロジー論の公理（定義 7.1.2）を満たすことを確認していこう．

命題 8.1.35. 固有距離空間 X に対し，$K_\bullet(C^*(X \times \mathbb{N})) = \{0\}$ となる．

この命題の証明の方針は，命題 C.2.11 で述べられている環 $B(\mathcal{H})$ の K 群が消えるという事実の証明の方針と同じである．従ってまずは命題 C.2.11 の証明を一読することを勧める．

証明. 可算稠密部分集合 $X' \subset X$ を選び，$(\rho, \mathcal{H})$ を対応する標準的豊富表現とする．ここで $\mathcal{H} = \ell_2(X' \times \mathbb{N}) \otimes \ell_2(\mathbb{N})$ である．新しいヒルベルト空間 $\mathcal{H}'$ を $\mathcal{H}$ の可算無限個の ℓ_2-直和 $\mathcal{H}' := \oplus_{i=1}^\infty \mathcal{H}$ とする．即ち $\mathcal{H}'$ は，$\mathcal{H}$ の元の可算無限列 $\mathbf{v} = (v_1, v_2, \dots)$ で，$\sum_{n \in \mathbb{N}} \|v_n\|^2 < \infty$ を満たすもの全体から成る．また，表現 $\rho'\colon C_0(X) \to B(\mathcal{H}')$ を $f \in C_0(X)$ と $\mathbf{v} = (v_1, v_2, \dots) \in \mathcal{H}'$ に対

し，$\rho'(f)(\mathbf{v}) := (\rho(f)v_1, \rho(f)v_2, \ldots)$ で定める．すると $(\rho', \mathcal{H}')$ も豊富な表現である．

等長作用素 $V\colon \mathcal{H} \to \mathcal{H}'$ を $v \in \mathcal{H}$ に対し，$V(v) := (v, 0, 0, \ldots)$ で定める．この V は $X \times \mathbb{N}$ の恒等写像を被覆する．$*$ 準同型 α_1 を

$$\alpha_1 := \mathrm{Ad}_V \colon C_\rho^*(X \times \mathbb{N}) \to C_{\rho'}^*(X \times \mathbb{N})$$

とおく．これは同型

$$\alpha_{1\bullet} \colon K_\bullet(C_\rho^*(X \times \mathbb{N})) \to K_\bullet(C_{\rho'}^*(X \times \mathbb{N}))$$

を誘導する．よって $\alpha_{1\bullet}$ がゼロ写像であることを示せばよい．

等長作用素 $U\colon \mathcal{H} \to \mathcal{H}$ を点 $(x, n) \in X' \times \mathbb{N}$ と $\xi \in \ell_2(\mathbb{N})$ に対し，$U(\delta_{(x,n)} \otimes \xi) := \delta_{(x,n+1)} \otimes \xi$ で定める．また $f \in C_0(X \times \mathbb{N})$ に対し，$\hat{f} \in C_0(X \times \mathbb{N})$ を

$$\hat{f}(x, n) := f(x, n+1)$$

と定める．任意の $(x, n) \in X' \times \mathbb{N}$ と $\xi \in \ell_2(\mathbb{N})$ に対し，

$$
\begin{aligned}
\rho(f)U(\delta_{(x,n)} \otimes \xi) &= \rho(f)(\delta_{(x,n+1)} \otimes \xi) = f(x, n+1)\delta_{(x,n+1)} \otimes \xi \\
&= \hat{f}(x, n)\delta_{(x,n+1)} \otimes \xi, \\
U\rho(\hat{f})(\delta_{(x,n)} \otimes \xi) &= U(\hat{f}(x,n)\delta_{(x,n)} \otimes \xi) = \hat{f}(x,n)\delta_{(x,n+1)} \otimes \xi
\end{aligned}
$$

であるから，次が成り立つ．

$$\rho(f)U = U\rho(\hat{f}). \tag{8.6}$$

この作用素 U を用いて，準同型 $\alpha_2 \colon B(\mathcal{H}) \to B(\mathcal{H}')$ を $T \in B(\mathcal{H})$ に対し

$$\alpha_2(T) = 0 \oplus \mathrm{Ad}_U(T) \oplus \mathrm{Ad}_U^2(T) \oplus \cdots$$

と定める．すると $\mathbf{v} = (v_1, v_2, \ldots) \in \mathcal{H}'$ に対して次を得る．

$$\alpha_2(T)(\mathbf{v}) = (0, \mathrm{Ad}_U(T)(v_2), \mathrm{Ad}_U^2(T)(v_3), \ldots).$$

まず制御された作用素 $T \in B(\mathcal{H})$ に対し，$\alpha_2(T)$ も制御された作用素であることを示す．2 点 $(x, t), (y, s) \in X' \times \mathbb{N}$ とベクトル $\xi, \zeta \in \ell_2(\mathbb{N})$ に対し，$t \geq 2$ かつ $s \geq 2$ なら

$$
\begin{aligned}
\langle UTU^*\delta_{(x,t)} \otimes \xi, \delta_{(y,s)} \otimes \zeta \rangle &= \langle TU^*\delta_{(x,t)} \otimes \xi, U^*\delta_{(y,s)} \otimes \zeta \rangle \\
&= \langle T\delta_{(x,t-1)} \otimes \xi, \delta_{(y,s-1)} \otimes \zeta \rangle
\end{aligned}
$$

より，$\mathrm{supp}(UTU^*) = \{((y,s),(x,t)) : ((y,s-1),(x,t-1)) \in \mathrm{supp}(T)\}$．従って $\mathrm{Prop}(\alpha_2(T)) = \sup\{\mathrm{Prop}(\mathrm{Ad}_U^n(T)) : n \in \mathbb{N}\} \leq \mathrm{Prop}(T) < \infty$.

次に $T \in B(\mathcal{H})$ が局所コンパクトであれば，$\alpha_2(T)$ も局所コンパクトであることを示す．コンパクト台を持つ関数 $f \in C_0(X \times \mathbb{N})$ に対してある $N_0 \in \mathbb{N}$ が存在して，任意の $n \geq N_0$ に対して $\rho(f)U^n = 0$ となる．ここで

$$\rho'(f)\alpha_2(T) = 0 \oplus \rho(f)\operatorname{Ad}_U(T) \oplus \rho(f)\operatorname{Ad}_U^2(T) \oplus \cdots$$

である．T が局所コンパクトであるので，(8.6) より任意の $m \geq 1$ に対し，$\rho(f)\operatorname{Ad}_U^m(T)$ はコンパクト作用素である．また任意の $n \geq N_0$ に対し，$\rho(f)\operatorname{Ad}_U^n(T) = 0$．よって $\rho'(f)\alpha_2(T)$ はコンパクト作用素の有限個の直和なので，コンパクト作用素である．同様にして $\alpha_2(T)\rho'(f)$ もコンパクト作用素であることが示される．よって $\alpha_2(T)$ は局所コンパクトである．以上より，準同型 $\alpha_2 \colon C_\rho^*(X \times \mathbb{N}) \to C_{\rho'}^*(X \times \mathbb{N})$ が定義される．

最後に等長作用素 $W \colon \mathcal{H}' \to \mathcal{H}'$ を $W(v_1, v_2, \ldots) := (0, Uv_1, Uv_2, \ldots)$ で定める．次が成り立つ．

$$\alpha_2 = \operatorname{Ad}_W \circ (\alpha_1 + \alpha_2).$$

実際，$\alpha_1(T)(v_1, v_2, \ldots) = (Tv_1, 0, 0, \ldots)$ なので，

$$\operatorname{Ad}_W(\alpha_1 + \alpha_2)(T)(v_1, v_2, \ldots) = W(\alpha_1(T) + \alpha_2(T))(U^*v_2, U^*v_3, \ldots)$$
$$= W((TU^*v_2, 0, 0, \ldots) + (0, \operatorname{Ad}_U(T)U^*v_3, \operatorname{Ad}_U^2(T)U^*v_4, \ldots))$$
$$= (0, UTU^*v_2, U\operatorname{Ad}_U(T)U^*v_3, U\operatorname{Ad}_U^2(T)U^*v_4, \ldots)$$
$$= (0, \operatorname{Ad}_U(T)v_2, \operatorname{Ad}_U^2(T)v_3, \operatorname{Ad}_U^3(T)v_4, \ldots)$$
$$= \alpha_2(T)(v_1, v_2, \ldots).$$

W は $X \times \mathbb{N}$ の恒等写像を被覆するので，命題 8.1.31 より $\operatorname{Ad}_{W\bullet} \colon K_\bullet(C_{\rho'}^*(X)) \to K_\bullet(C_{\rho'}^*(X))$ は恒等写像である．また任意の作用素 $T, S \in B(\mathcal{H})$ に対し，$\alpha_1(T)\alpha_2(S) = 0$ であるから，補題 C.2.8 より $(\alpha_1 + \alpha_2)_\bullet = \alpha_{1\bullet} + \alpha_{2\bullet}$．従って $\alpha_{2\bullet} = \alpha_{1\bullet} + \alpha_{2\bullet}$ となる．よって $\alpha_{1\bullet} = 0$ を得る． □

最後に $K_\bullet(C^*(-))$ が一般粗ホモロジー論のもう一つの公理である，粗マイヤー・ビートリス完全列も満たすことを示す．

定義 8.1.36. X を固有距離空間とし，$(\rho, \mathcal{H})$ を X の表現とする．$Y \subset X$ を閉集合とする．制御された作用素 $T \in B(\mathcal{H})$ に対し，ある $n \in \mathbb{N}$ が存在して $\operatorname{supp}(T) \subset N(Y; n) \times N(Y; n)$ が成り立つとき，T は Y の**傍ら**にあるという．

Y の傍らにある作用素の集合は，$\mathbb{E}[X]$ のイデアルである．また Y の傍らにある局所コンパクト作用素の集合は，$\mathbb{C}[X]$ のイデアルである．

定義 8.1.37. X を固有距離空間とし，$(\rho, \mathcal{H})$ を X の表現とする．$Y \subset X$ を閉集合とする．$\mathcal{H}$ 上の制御された局所コンパクト作用素で，Y の傍らにある

ものの集合のノルム閉包を，Y の傍らに台を持つ $C^*(X)$ のイデアル，といい I_Y で表す．

補題 8.1.38. X を固有距離空間とし，$(\rho, \mathcal{H})$ を X の表現とする．$Y \subset X$ を閉集合とする．各 $n \in \mathbb{N}$ に対し，$N(Y;n)$ の特性関数のボレル関数解析により与えられる射影作用素の値域を $\mathcal{H}_Y^n$ と表す．$(\rho, \mathcal{H})$ が自然に誘導する $C_0(N(Y;n))$ の $\mathcal{H}_Y^n$ への表現を $(\rho_Y^n, \mathcal{H}_Y^n)$ とする．このとき $(\rho_Y^n, \mathcal{H}_Y^n)$ は豊富な表現であり，$C_{\rho_Y^n}^*(Y)$ は作用素 $T \in C_\rho^*(X)$ で，T と T^* それぞれの $\mathcal{H}_Y^n$ の直交補空間への制限が消えるもののなす $C_\rho^*(X)$ の部分代数と一致する．即ち

$$C_{\rho_Y}^*(Y) = \{T \in C_\rho^*(X) : T|_{(\mathcal{H}_Y^n)^\perp} = 0 = T^*|_{(\mathcal{H}_Y^n)^\perp}\}.$$

証明. ゼロではない任意の $f \in C_0(N(Y;n))$ に対し，$\rho_Y(f)$ がコンパクト作用素ではないことを示す．$N(Y;n)$ は自身の内部の閉包なので，$\mathrm{supp}(f)$ は X の部分集合としての内点を含む．従って X の開集合 U と $\varphi \in C_0(U)$ で，$U \subset N(Y;n)$ かつ $f\varphi \neq 0$ を満たすものが存在する．このとき $f\varphi \in C_0(U)$ であるから，U の外で値が 0 であるように拡張することにより $f\varphi$ を $C_0(X)$ の元と見なせる．ρ は豊富なので $\rho(f\varphi) \in B(\mathcal{H})$ はコンパクト作用素ではない．また χ_n を $N(Y;n)$ 上の特性関数とすると，$\rho_Y(f)\rho_Y(\varphi) = \rho(f\varphi\chi_n) = \rho(f\varphi)$ であるから $\rho_Y(f)$ もコンパクト作用素ではない．よって $(\rho_Y^n, \mathcal{H}_Y^n)$ は豊富な表現である．後半の主張は明らか． $\square$

命題 8.1.39. X を固有距離空間とし，$(\rho, \mathcal{H})$ を X の表現とする．$Y \subset X$ を閉集合とする．Y の傍らに台を持つ $C^*(X)$ のイデアル I_Y に対し，次の同型が成り立つ．

$$K_\bullet(I_Y) \cong K_\bullet(C^*(Y)).$$

証明. 各 $n \in \mathbb{N}$ に対し，$(\rho_Y^n, \mathcal{H}_Y^n)$ を補題 8.1.38 で与えられた $C_0(N(Y;n))$ の表現とする．$m \geq n$ に対し，包含写像 $V_n \colon H_Y^n \hookrightarrow H_Y^m$ は包含写像 $N(Y;n) \hookrightarrow N(Y;m)$ を被覆する等長作用素である．補題 8.1.38 の同一視の下で，$C^*(X)$ の C^* 部分代数の増大列

$$C^*(N(Y;1)) \subset C^*(N(Y;2)) \subset \cdots$$

を得る．また定義より I_Y は和 $\bigcup_n C^*(N(Y;n))$ の閉包である．従って定理 C.1.4 の K 群の連続性より

$$K_\bullet(I_Y) \cong \lim_{n \to \infty} K_\bullet(C^*(N(Y;n)))$$

である．ところが各 $N(Y;n)$ は Y に粗同値なので，命題 8.1.31 より上の式の帰納極限の各写像は同型写像である．以上より命題の主張を得る． $\square$

命題 8.1.40. X を固有距離空間とし, $(\rho, \mathcal{H})$ を X の表現とする. $X = Y \cup Z$ であるとき, $I_Y + I_Z = C^*(X)$ が成り立つ.

証明. 関数 $f \in C_0(X)$ を, Y のある近傍での値が恒等的に 1 であり, 台が $N(Y; 1)$ に含まれるものとする. 任意の作用素 $T \in \mathbb{C}[X]$ に対し, Tf は Y の傍らにあり, $T(1 - f)$ は Z の傍らにある. 実際,

$$\pi_2(\mathrm{supp}(Tf)) \subset \mathrm{supp}(f) \subset N(Y; 1)$$

より $Tf|_{(\mathcal{H}_Y^1)^\perp} = 0$. また任意の $v \in (\mathcal{H}_Y^{\mathrm{Prop}(T)+1})^\perp$ に対し, $\mathrm{supp}(v)$ は $N(Y, \mathrm{Prop}(T) + 1)$ の補集合に含まれるので $\mathrm{supp}(T^*v) \cap \mathrm{supp}(f) = \varnothing$. 故に $(Tf)^*|_{(\mathcal{H}_Y^{\mathrm{Prop}(T)+1})^\perp} = 0$ なので, $Tf \in I_Y$.

一方で任意の $v \in (\mathcal{H}_Z^{\mathrm{Prop}(T)+1})^\perp$ に対し, $\mathrm{supp}(v)$ は $N(Z, \mathrm{Prop}(T) + 1)$ の補集合に含まれるので, $\mathrm{supp}(v) \cap Z$ と $\mathrm{supp}(T^*v) \cap Z$ は共に空である. よって $\mathrm{supp}(v)$ と $\mathrm{supp}(T^*v)$ は共に Y に含まれる. 故に $fv = v$ かつ $f^*T^*v = T^*v$ である. 従って $T(1 - f)v = 0 = (1 - f^*)T^*v$. よって $T(1 - f) \in I_Z$.

ここで $T = Tf + T(1 - f)$ より $T \in I_Y + I_Z$ を得る. 命題 C.2.1 より $I_Y + I_Z$ は閉イデアルなので, $C^*(X) = I_Y + I_Z$ を得る. $\square$

命題 8.1.41. X を固有距離空間とし, $(\rho, \mathcal{H})$ を X の表現とする. $X = Y \cup Z$ を粗切除対とする. このとき $I_Y \cap I_Z = I_{Y \cap Z}$ が成り立つ.

証明. 命題 8.1.39 の証明と同様の議論により, $C^*(X)$ は C^* 部分代数の増大列

$$C^*(N(Y; 1)) \cap C^*(N(Z; 1)) \subset C^*(N(Y; 2)) \cap C^*(N(Z; 2)) \subset \cdots$$

を含む. $I_Y \cap I_Z$ は和 $\bigcup_n C^*(N(Y; n)) \cap C^*(N(Z; n))$ の閉包である. 実際, 命題 C.2.1 より $I_Y \cap I_Z = I_Y I_Z$ であるから, $T \in I_Y \cap I_Z$ に対し, ある $A \in I_Y$ と $B \in I_Z$ が存在して $T = AB$ となる. すると任意の $\epsilon > 0$ に対してある $k, l \in \mathbb{N}$ と $A' \in C^*(N(Y; k))$, $B' \in C^*(N(Z; l))$ で $\|AB - A'B'\| < \epsilon$ を満たすものが存在する. ここで任意の $n > \mathrm{Prop}(A') + \mathrm{Prop}(B') + k + l$ に対し,

$$A'B' \in C^*(N(Y; n)) \cap C^*(N(Z; n))$$

であることを示す. $A'B' \in C^*(N(Y; n))$ を示すには, 任意の $v \in (\mathcal{H}_Y^n)^\perp$ に対し, $A'B'v = 0 = (A'B')^*v$ を示せばよい. $d(\mathrm{supp}(v), Y) \geq n > \mathrm{Prop}(B') + k$ より $d(\mathrm{supp}(B'v), Y) > k$ であるから $B'v \in (\mathcal{H}_Y^k)^\perp$. よって $A'B'v = 0$. 一方で $v \in (\mathcal{H}_Y^k)^\perp$ より $B'^*A'^*v = 0$. よって $A'B' \in C^*(N(Y; n))$. 同様にして $A'B' \in C^*(N(Z; n))$ も示せる.

さて $X = Y \cup Z$ が粗切除対であるから, 任意の n に対しある m が存在して $N(Y; n) \cap N(Z; n) \subset N(Y \cap Z; m)$ が成り立つ. これより

$$C^*(N(Y; n)) \cap C^*(N(Z; n)) \subset C^*(N(Y \cap Z; m))$$

を得る. 従って

$$\left(\bigcup_n C^*(N(Y;n))\right) \cap \left(\bigcup_n C^*(N(Z;n))\right)$$
$$= \bigcup_n \left(C^*(N(Y;n)) \cap C^*(N(Z;n))\right)$$
$$= \bigcup_m C^*(N(Y \cap Z;m)).$$

以上より $I_Y \cap I_Z = I_{Y \cap Z}$ を得る. $\qquad\Box$

定理 8.1.42. 粗切除対に対して, ロー代数の K 群 $K_\bullet(C^*(-))$ に関する粗マイヤー・ビートリス完全列が成立する. 従って $K_\bullet(C^*(-))$ は一般粗ホモロジー論の公理 (ii) を満たす.

証明. X を固有距離空間とし, $(\rho, \mathcal{H})$ を X の表現とする. $X = Y \cup Z$ を粗切除対とする. I_Y, I_Z, $I_{Y \cap Z}$ をそれぞれ Y, Z 及び $Y \cap Z$ の傍らに台を持つ $C^*(X)$ のイデアルとする. 命題 8.1.39, 8.1.40, 8.1.41 より $I_Y + I_Z = C^*(X)$, $K_\bullet(C^*(Y)) \cong K_\bullet(I_Y)$, $K_\bullet(C^*(Z)) \cong K_\bullet(I_Z)$, $K_\bullet(I_Y \cap I_Z) \cong K_\bullet(C^*(Y \cap Z))$ である. 従って命題 C.2.6 を $I_Y + I_Z$ に適用して, $K_\bullet(C^*(-))$ に関する粗マイヤー・ビートリス完全列を得る. $\qquad\Box$

8.2 粗バウム・コンヌ予想

この節では第 7.2.1 節で構成した粗 K ホモロジーと, 前節で構成したロー代数の K 群を結び付ける粗組み立て写像を導入する. その構成は, 非同変組み立て写像の構成(8.2.1 節)とその粗幾何学化(8.2.3 節)の 2 段階から成る.

8.2.1 非同変組み立て写像

X を固有距離空間とし, $(\rho, \mathcal{H})$ を X の非退化な表現とする.

定義 8.2.1. $T \in B(\mathcal{H})$ を有界線型作用素とする. 任意の $f \in C_0(X)$ に対して交換子 $[T, \rho(f)] = T\rho(f) - \rho(f)T$ がコンパクト作用素になるとき, T は**擬局所的 (pseudo local)** であるという.

制御された擬局所的作用素が成す $B(\mathcal{H})$ の部分集合を $\mathbb{D}_\rho[X]$ で表す. これは $*$ 部分環である. 実際, 作用素 T, S に対し, 差 $T - S$ がコンパクト作用素になるとき $T \sim S$ と表すことにすると, T, S が擬局所的であるとき, 任意の $f \in C_0(X)$ に対し,

$$[TS, \rho(f)] = TS\rho(f) - \rho(f)TS \sim T\rho(f)S - \rho(f)TS$$
$$= [T, \rho(f)]S \sim 0.$$

よって積 TS も擬局所的である.

　部分代数 $\mathbb{D}_\rho[X]$ の $B(\mathcal{H})$ の中での作用素ノルムに関する閉包を $D_\rho^*(X)$ で表す. ロー代数の場合と同様に ρ を省略して $D^*(X)$ と表すこともある. ロー代数 $C^*(X)$ は $D^*(X)$ のイデアルである. 従って次の短完全列が成立する.

$$0 \to C^*(X) \to D^*(X) \to D^*(X)/C^*(X) \to 0. \tag{8.7}$$

定理 C.1.4 より, 次の六項完全列を得る.

$$\begin{array}{ccc}
K_0(C^*(X)) \longrightarrow K_0(D^*(X)) \longrightarrow K_0(D^*(X)/C^*(X)) \\
\uparrow \hspace{6cm} \downarrow \\
K_1(D^*(X)/C^*(X)) \longleftarrow K_1(D^*(X)) \longleftarrow K_1(C^*(X))
\end{array} \tag{8.8}$$

定理 8.2.2. X を固有距離空間とする. X の K ホモロジーと, C^* 環 $D^*(X)/C^*(X)$ の K 群との間に以下のような自然な同型が存在する.

$$K_p(X) \cong K_{p+1}(D^*(X)/C^*(X)).$$

　証明は文献 [37, Section12.3] を参照して頂きたい. 六項完全列 (8.8) の連結準同型と定理 8.2.2 の同型を合成して得られる準同型

$$A[X]_p \colon K_p(X) \to K_p(C^*(X)) \quad (p = 0, 1) \tag{8.9}$$

を**非同変組み立て写像**（**non-equivariant assembly map**）という. また, K ホモロジーの元 $d \in K_p(X)$ に対し, 像 $A[X]_p(d)$ を d の**指数**という. 定義と完全列 (8.8) より次の補題が直ちに従う.

補題 8.2.3. 固有距離空間 X に対する非同変組み立て写像 $A[X]_\bullet$ が同型であることと, K 群 $K_\bullet(D^*(X))$ が消滅することは同値である.

例 8.2.4. $\{x\}$ を一点空間とする. $C_0(\{x\}) \cong \mathbb{C}$ であり, $\mathcal{H} := l_2(\mathbb{N})$ への $\mathbb{C}$ の作用をスカラー倍として定めると, これは $\{x\}$ の豊富な表現である. ここで例 8.1.21 より $C^*(\{x\}) = K(\mathcal{H})$ である. 一方で任意の作用素 $T \in B(\mathcal{H})$ はスカラー $\mathbb{C}$ と可換であるから, 擬局所的である. 従って $D^*(\{x\}) = B(\mathcal{H})$ となる. 命題 C.2.11 より $B(\mathcal{H})$ の K 群は消えるので $K_\bullet(D^*(\{x\})) = \{0\}$ である. よって補題 8.2.3 より, 非同変組み立て写像 $A[\{x\}]_\bullet \colon K_\bullet(\{x\}) \to K_\bullet(C^*(\{x\}))$ は同型である.

8.2.2　可変長な固有距離空間に対する非同変組み立て写像

定義 8.2.5. 固有距離空間 X, Y の間の写像 $f \colon X \to Y$ は, 連続かつ粗写像であるとき, **一様写像**（**uniform map**）という.

定義 **8.2.6.** X と Y を固有距離空間とし，$(\rho_X, \mathcal{H}_X)$ と $(\rho_Y, \mathcal{H}_Y)$ をそれぞれの表現とする．また $q\colon X \to Y$ を一様写像とし，$V\colon \mathcal{H}_X \to \mathcal{H}_Y$ を等長作用素とする．V が q を被覆し，任意の $f \in C_0(Y)$ に対して差 $V^* \rho_Y(f) V - \rho_X(f \circ q)$ がコンパクト作用素となるとき，V は q を**一様に被覆する**という．

　次の補題は補題 8.1.24 と同様にして示される．

補題 **8.2.7.** 等長作用素 $V\colon \mathcal{H}_X \to \mathcal{H}_Y$ が一様写像 $q\colon X \to Y$ を一様に被覆するとき，任意の作用素 $T \in D^*(X)$ に対して $\mathrm{Ad}_V(T) = VTV^*$ は $D^*(Y)$ の元となり，準同型写像

$$\mathrm{Ad}_V\colon D^*(X) \to D^*(Y)$$

が定義される．

定義 **8.2.8.** 固有距離空間 X の表現 $(\rho, \mathcal{H})$ は，可算無限個の同じ豊富な表現の ℓ_2-直和とユニタリー同値であるとき，**非常に豊富**（**very ample**）であるという．

　$(\rho, \mathcal{H})$ を固有距離空間の表現とする．ユニタリー変換 $\ell_2(\mathbb{N}) \to \ell_2(\mathbb{N}) \otimes \ell_2(\mathbb{N})$ を通して，表現 $(\rho \otimes \mathrm{id}, \mathcal{H} \otimes \ell_2(\mathbb{N}))$ と $(\rho \otimes \mathrm{id} \otimes \mathrm{id}, \mathcal{H} \otimes \ell_2(\mathbb{N}) \otimes \ell_2(\mathbb{N}))$ はユニタリー同値となるので，豊富化 $(\rho \otimes \mathrm{id}, \mathcal{H} \otimes \ell_2(\mathbb{N}))$ は非常に豊富な表現である．

　次の補題の証明は命題 8.1.29 の証明とほぼ同様である．詳細は文献 [37, Section 12.4] を参照して頂きたい．

補題 **8.2.9.** X と Y を固有距離空間とし，$(\rho_X, \mathcal{H}_X)$ を X の表現，$(\rho_Y, \mathcal{H}_Y)$ を Y の非常に豊富な表現とする．任意の一様写像 $q\colon X \to Y$ に対して，ある等長写像 $V\colon \mathcal{H}_X \to \mathcal{H}_Y$ で q を一様に被覆するものが存在する．

　補題 8.1.24 の証明と同様の議論により，一様写像 $q\colon X \to Y$ に対して，q を一様に被覆する等長作用素 $V\colon \mathcal{H}_X \to \mathcal{H}_Y$ を用いて，K 群の準同型 $q_\bullet$ を

$$q_\bullet := (\mathrm{Ad}_V)_\bullet \colon K_\bullet(D^*(X)) \to K_\bullet(D^*(Y))$$

によって定める．このような V の取り方に依らずに $q_\bullet$ が定まることも，命題 8.1.31 の証明と同様の議論により示すことができる．

定義 **8.2.10.** X, Y を固有距離空間とし，$f, g\colon X \to Y$ を一様写像とする．直積空間 $X \times \mathbb{R}_{\geq 0}$ のある部分空間 $Z = \{(x, t) : 1 \leq t \leq T_x\}$ と一様写像 $h\colon Z \to Y$ で，以下の条件

　1. 写像 $x \mapsto T_x$ はボルノロガスかつ連続，
　2. $h(x, 1) = f(x)$,

3. $h(x, T_x) = g(x)$

を満たすものが存在するとき，写像 f と g は**一様ホモトピック**（**uniformly homotopic**）であるという．

命題 8.2.11. 2 つの一様写像 $f, g\colon X \to Y$ が一様ホモトピックであるならば，誘導される 2 つの準同型 $f_\bullet, g_\bullet\colon K_\bullet(D^*(X)) \to K_\bullet(D^*(Y))$ は等しい．

証明. 2 つの一様写像 $f, g\colon X \to Y$ が一様ホモトピックであるとし，部分空間 $Z = \{(x, t) : 1 \le t \le T_x\} \subset X \times \mathbb{R}_{\ge 0}$ と一様写像 $h\colon Z \to Y$ を一様ホモトピーの定義に現れるものとする．

X から Z への 2 つの写像を以下のように定める．

$$i_0\colon X \to Z; \quad x \mapsto (x, 0),$$
$$i_\infty\colon X \to Z; \quad x \mapsto (x, T_x).$$

また $p\colon Z \to X$ を Z の第 1 成分への射影とする．明らかに次が成り立つ．

$$p \circ i_0 = p \circ i_\infty. \tag{8.10}$$

粗ホモロジー論に対する同様の命題 7.1.5 の証明と同じ議論により，誘導される写像 $p_\bullet\colon K_\bullet(D^*(Z)) \to K_\bullet(D^*(X))$ が同型であることを示せばよい．

六項完全列 (8.8) より，上下 2 本の完全列からなる可換図式

$$
\begin{array}{ccccccc}
\longrightarrow & K_p(C^*(Z)) & \longrightarrow & K_p(D^*(Z)) & \longrightarrow & K_{p+1}(Z) & \longrightarrow \\
& \downarrow{\scriptstyle p_\bullet} & & \downarrow{\scriptstyle p_\bullet} & & \downarrow{\scriptstyle p_\bullet} & \\
\longrightarrow & K_p(C^*(X)) & \longrightarrow & K_p(D^*(X)) & \longrightarrow & K_{p+1}(X) & \longrightarrow
\end{array}
$$

を得る．ここで定理 8.2.2 を用いて $K_p(D^*(Z)/C^*(Z))$ を K ホモロジー $K_{p+1}(Z)$ で置き換えた．下段についても同様．さて，左端の縦の準同型に関しては，関手 $X \mapsto K_\bullet(C^*(X))$ が一般粗ホモロジー論であることから，命題 7.1.5 の議論と同様にして同型であることが分かる．一方で右端の準同型は，K ホモロジーのホモトピー不変性から同型となる．よって五項補題より中央の準同型も同型となる． $\square$

定義 8.2.12. X を固有距離空間とする．ある一様写像 $r\colon X \to X$ で，r は $(1/2)$-リプシッツ連続かつ恒等写像と一様ホモトピックであるものが存在するとき，**可変長**（**scalable**）であるという．

例 8.2.13. W をコンパクト距離化可能空間とし，$\mathcal{O}W$ を W 上の開錐とする．$\mathcal{O}W$ には命題 1.4.1 で構成した距離を備える．写像 $\rho\colon \mathcal{O}W \to \mathcal{O}W$ を $\rho(tw) := (t/2)w$ で定める．これは $(1/2)$-リプシッツ連続であり，また放射状縮小写像である．補題 1.4.4 の証明で構成された写像が連続であることに注意

すれば，ρ は恒等写像と一様ホモトピックであることが分かる．よって開錘 $\mathcal{O}W$ は可変長である．

定理 8.2.14. 固有距離空間 X が可変長ならば，非同変組み立て写像

$$A[X]_p \colon K_p(X) \to K_p(C^*(X))$$

は同型である．

　証明には次の**カスパロフ（Kasparov）**の補題を用いる．

補題 8.2.15. $(\rho, \mathcal{H})$ を X の非退化な表現とする．作用素 $T \in B(\mathcal{H})$ は，任意のコンパクト台を持つ関数 $f, g \in C_0(X)$ で $\mathrm{supp}(f) \cap \mathrm{supp}(g) = \varnothing$ を満たすものに対して $\rho(f)T\rho(g)$ がコンパクト作用素となるとき，擬局所的である．

　補題 8.2.15 の証明は文献 [37, 5.4.7] を参照して頂きたい．

定理 8.2.14 の証明. 一様写像 $r \colon X \to X$ を $(1/2)$-リプシッツかつ恒等写像と一様ホモトピックであるものとする．命題 8.2.11 より，

$$r_\bullet = \mathrm{id} \colon K_p(D^*(X)) \to K_p(D^*(X))$$

であるから，$r_\bullet$ がゼロ写像であることを示せば，補題 8.2.3 より非同変組み立て写像が同型となる．

　$X' \subset X$ を X の可算稠密部分集合とする．ここで X' は r-不変，即ち $r(X') = X'$ と仮定できる．ヒルベルト空間 $\mathcal{H}$ を $\mathcal{H} := \ell_2(X' \times \mathbb{N}) \cong \ell_2(X') \otimes \ell_2(\mathbb{N})$ とする．掛け算作用 $\rho_m \colon C_0(X) \to B(\ell_2(X'))$ から定まる表現 $(\rho, \mathcal{H}) = (\rho_m \otimes \mathrm{id}, \ell_2(X') \otimes \ell_2(\mathbb{N}))$ を用いる．これは非常に豊富な表現である．

　各 $(x, n) \in X' \times \mathbb{N}$ に対し，適当に $m_{x,n} \in \mathbb{N}$ を選ぶことにより，写像

$$\hat{r} \colon X' \times \mathbb{N} \to X' \times \mathbb{N}, \quad \hat{r}(x, n) := (r(x), m_{x,n})$$

が単射となる．そこで等長作用素

$$V \colon \ell_2(X' \times \mathbb{N}) \to \ell_2(X' \times \mathbb{N})$$

を $V(\delta_{(x,n)}) := \delta_{\hat{r}(x,n)}$ で定める．この V は r を一様に被覆する．また任意の $T \in B(\mathcal{H})$，$h \in C_0(X)$ と $n \in \mathbb{N}$ に対し，

$$\rho(h)V^n = V^n \rho(h \circ r^n), \tag{8.11}$$

$$V^{*n}\rho(h) = \rho(h \circ r^n)V^{*n} \tag{8.12}$$

が成り立つ．実際，任意の $(x, t) \in X' \times \mathbb{N}$ に対し，

$$\rho(h)V^n \delta_{(x,t)} = \rho(h)\delta_{\hat{r}^n(x,t)} = h(r^n(x))\delta_{\hat{r}^n(x,t)},$$

$$V^n \rho(h \circ r^n)\delta_{(x,t)} = V^n h(r^n(x))\delta_{(x,t)} = h(r^n(x))\delta_{\hat{r}^n(x,t)}.$$

以上の計算により (8.11) を得る．また (8.11) の両辺の共役を取れば

$$V^{*n}\rho(\bar{h}) = \rho(\bar{h} \circ r^n)V^{*n}$$

となる．そこで h を $\bar{h}$ で置き換えれば (8.12) を得る．

　表現 $(\rho, \mathcal{H})$ の可算無限個の複製の ℓ_2-直和を $(\rho', \mathcal{H}') := (\bigoplus_{i=1}^{\infty} \rho, \bigoplus_{i=1}^{\infty} \mathcal{H})$ とする．等長作用素 $V' : \mathcal{H} \to \mathcal{H}'$ を $V'v := (Vv, 0, 0, \dots)$ で定める．V' は r を一様に被覆する．そこで準同型 α_1 を

$$\alpha_1 := \mathrm{Ad}_{V'} : D_\rho^*(X) \to D_{\rho'}^*(X)$$

と定める．これが誘導する K 群の間の準同型は

$$r_\bullet = \alpha_{1\bullet} = (\mathrm{Ad}_{V'})_\bullet : K_\bullet(D_\rho^*(X)) \to K_\bullet(D_{\rho'}^*(X))$$

である．また準同型 $\alpha_2 : B(\mathcal{H}) \to B(\mathcal{H}')$ を $T \in B(\mathcal{H})$ に対し，

$$\alpha_2(T)(v_1, v_2, \dots) := (0, \mathrm{Ad}_V^2(T)(v_2), \mathrm{Ad}_V^3(v_3), \dots)$$

で定める．ここで $T \in D_\rho^*$ に対し $\alpha_2(T) \in D_{\rho'}^*$ となることを示す．

　まず $T \in B(\mathcal{H})$ を制御された作用素とする．このとき

$$\mathrm{Prop}(VTV^*) \leq (1/2)\,\mathrm{Prop}(T)$$

である．実際，$(t, s) \in \mathrm{supp}(VTV^*) \cap (X' \times X')$ に対し，ある $n, m \in \mathbb{N}$ が存在して，

$$\begin{aligned}
\langle VTV^*\delta_{(s,m)}, \delta_{(t,n)}\rangle &= \langle TV^*\delta_{(s,m)}, V^*\delta_{(t,n)}\rangle \\
&= \langle T\delta_{\hat{r}^{-1}(s,m)}, \delta_{\hat{r}^{-1}(t,n)}\rangle \\
&\neq 0
\end{aligned}$$

となる．従って $(\pi_1(\hat{r}^{-1}(t,n)), \pi_1(\hat{r}^{-1}(s,m))) \in \mathrm{supp}(T)$ を得る．ここで π_1 は第 1 成分への射影である．故に

$$\mathrm{Prop}(T) \geq \overline{\pi_1(\hat{r}^{-1}(t,n)), \pi_1(\hat{r}^{-1}(s,m))} \geq 2\overline{t, s}.$$

これより $\mathrm{Prop}(VTV^*) \leq (1/2)\,\mathrm{Prop}(T)$．従って $n \in \mathbb{N}$ に対し，

$$\mathrm{Prop}(\mathrm{Ad}_V^n(T)) \leq 2^{-n}\,\mathrm{Prop}(T).$$

以上により，$\alpha_2(T)$ は制御された作用素となる．

　次に $T \in B(\mathcal{H})$ を制御された擬局所的作用素とする．関数 $f, g \in C_0(X)$ を，コンパクト台を持ち $\mathrm{supp}(f) \cap \mathrm{supp}(g) = \varnothing$ を満たすものとする．先程の議論により，ある $k_0 > 0$ が存在して任意の $k > k_0$ に対し次が成り立つ．

$$\mathrm{Prop}(\mathrm{Ad}_V^k(T)) \le 2^{-k} \mathrm{Prop}(T) < d(\mathrm{supp}(f), \mathrm{supp}(g)).$$

従って $f\,\mathrm{Ad}_V^k(T)g = 0$ となる．ところで α_2 の定義より

$$f\alpha_2(T)g = (0, f\,\mathrm{Ad}_V^2(T)g, f\,\mathrm{Ad}_V^3(T)g, \dots)$$

である．一方で任意の $n \in \mathbb{N}$ に対し，$f\,\mathrm{Ad}_V^n(T)g$ はコンパクト作用素である．実際 (8.11), (8.12) より

$$fV^n TV^{*n}g = V^n(f \circ r^n)T(g \circ r^n)V^{*n}$$

である．ここで $\mathrm{supp}(f) \cap \mathrm{supp}(g)$ が空なので，$\mathrm{supp}(f \circ r^n) \cap \mathrm{supp}(g \circ r^n)$ も空である．故に T が擬局所的であることより，$(f \circ r^n)T(g \circ r^n)$ はコンパクト作用素である．従って $f\,\mathrm{Ad}_V^n(T)g$ もコンパクト作用素である．

先程示した通り，任意の $k > k_0$ に対しては $f\,\mathrm{Ad}_V^k Tg = 0$ となることから，$f\alpha_2(T)g$ は有限個のコンパクト作用素の直和となり，それ自身がコンパクト作用素となる．よって補題 8.2.15 より $\alpha_2(T)$ は擬局所的である．

最後に等長作用素 $W\colon \mathcal{H}' \to \mathcal{H}'$ を

$$W(v_1, v_2, \dots) := (0, Vv_1, Vv_2, \dots)$$

で定める．命題 8.1.35 の証明の最後と同様の計算により $\alpha_2 = \mathrm{Ad}_W(\alpha_1 + \alpha_2)$ となる．ここで $\alpha_1(D_\rho^*(X))\alpha_2(D_\rho^*(X)) = 0 = \alpha_2(D_\rho^*(X))\alpha_1(D_\rho^*(X))$ であるので，$(\alpha_1 + \alpha_2)_\bullet = \alpha_{1\bullet} + \alpha_{2\bullet}$ となる．また W は r を一様に被覆するので，$(\mathrm{Ad}_W)_\bullet = r_\bullet = \mathrm{id}$ である．従って $\alpha_{2\bullet} = \alpha_{1\bullet} + \alpha_{2\bullet}$．よって $r_\bullet = \alpha_{1\bullet} = 0$. $\qquad\square$

8.2.3　粗組み立て写像

固有距離空間 Y の良い反チェック系列を $(\{\mathcal{U}(n)\}_{n\in\mathbb{N}}, \{\varphi_n\}_{n\in\mathbb{N}})$ とする．各 $n \in \mathbb{N}$ に対し，脈複体の幾何学的実現 $|\mathcal{U}(n)|$ に粗幾何学的実現（定義 B.2.3）となる固有な距離を備えたとき，$|\mathcal{U}(n)|$ は Y と粗同値になる．従ってこの距離に関して粗化写像 $\varphi\colon Y \to |\mathcal{U}(n)|$ は同型 $\varphi_\bullet\colon K_\bullet(C^*(Y)) \to K_\bullet(C^*(|\mathcal{U}(n)|))$ を誘導する．さらに非同変組み立て写像と粗化写像からなる次の図式は可換である．

$$
\begin{array}{ccccc}
K_\bullet(|\mathcal{U}(n)|) & \xrightarrow{\ A[|\mathcal{U}(n)|]_\bullet\ } & K_\bullet(C^*(|\mathcal{U}(n)|)) & \xleftarrow{\ \cong\ } & K_\bullet(C^*(Y)) \\
\Big\downarrow{\scriptstyle \varphi_{n\bullet}} & & \Big\downarrow{\scriptstyle \varphi_{n\bullet}} & & \Big\downarrow{\scriptstyle \cong} \\
K_\bullet(|\mathcal{U}(n+1)|) & \xrightarrow{\ A[|\mathcal{U}(n+1)|]_\bullet\ } & K_\bullet(C^*(|\mathcal{U}(n+1)|)) & &
\end{array}
$$

帰納極限を取ることにより，次の準同型を得る．

$$\mu[Y]_\bullet\colon KX_\bullet(Y) \to K_\bullet(C^*(Y)). \tag{8.13}$$

定義 8.2.16. 準同型 $\mu[Y]_\bullet$ を距離空間 Y に対する**粗組み立て写像**（coarse assembly map）という.

次の予想を**粗バウム・コンヌ予想**（coarse Baum-Connes conjecture）という.

予想 8.2.17. 良い性質を持つ固有距離空間 Y に対し，粗組み立て写像 $\mu[Y]_\bullet$ は同型である.

固有距離空間 Y に対して，粗組み立て写像 $\mu[Y]_\bullet$ が同型となるとき，Y に対する**粗バウム・コンヌ予想が成り立つ**，という. 任意の固有距離空間に対して粗組み立て写像を構成することができるが，一般には同型にならない例が存在する.

粗バウム・コンヌ予想を考察する際は，有界幾何学を持つ，という条件を仮定することが多く見られる. これは後に述べる多様体の幾何学への応用からも妥当な条件であるが，この条件の下でも反例が存在することが知られている. 実際に第 9.3 節で述べるマルグリス型のエキスパンダーグラフの粗非交和に対して，粗組み立て写像が全射にならないことが示されている[35].

また，粗組み立て写像が単射になると主張するのが，**粗ノビコフ**（Novikov）**予想**である. 有界幾何学を持つ固有距離空間に対して，この予想の反例は知られていない. ただし有界幾何学を持たない固有距離空間で，粗組み立て写像が単射にならない例は構成されている. 実際，半径 m の $2m$ 次元球面 $\mathbb{S}^{2m}(m)$ の粗非交和 $\{\mathbb{S}^{2m}(m)\}_{m \in \mathbb{N}}$ がそのような例である[75]. この事実はスカラー曲率に関する考察から従う.

第 1 章で述べたとおり，可算群 G には固有な左不変距離 d が存在し，そのような距離は全て粗同値になる. 従って距離空間 (G, d) に関する粗組み立て写像 $\mu[(G, d)]_\bullet$ は固有左不変距離 d の選び方に依存せずに定まる. そこでこの準同型を可算群 G の粗組み立て写像といい，$\mu[G]_\bullet$ と表す. 特に可算群が粗バウム・コンヌ予想を満たす，という性質は固有左不変距離の取り方に依らない，群自身の性質である. 可算群に対して予想の反例は知られていない.

8.3 粗バウム・コンヌ予想と微分幾何学・微分位相幾何学との関係

粗バウム・コンヌ予想は，多様体の幾何学との間に深遠な関係を持つ. この節ではそれについて簡潔に説明する.

定理 8.3.1. Y を一様可縮で有界幾何学を持つ完備リーマン多様体とする. 粗組み立て写像 $\mu[Y]_\bullet$ が単射であるならば，Y のスカラー曲率はある正の値より一様に大きくはならない. 特に G を有限生成群とし，粗組み立て写像 $\mu[G]$ が

単射であると仮定する. このとき非球面的閉多様体 M の基本群が G に同型ならば, M はスカラー曲率が至る所正となるリーマン計量を許容しない.

以下の議論は論説 [78] に従った. 詳細な証明は文献 [63][37] を参照せよ.

定理 8.3.1 の証明の概略. 以下では Y に対する非同変組み立て写像 $A_\bullet[Y]$ 及び粗組み立て写像 $\mu[Y]_\bullet$ をそれぞれ $A_\bullet$ 及び $\mu_\bullet$ と表すことにする.

一様可縮な多様体 Y の全てのホモトピー群は自明であるから, ホワイトヘッド (J.H.C. Whitehead) の定理により可縮であり, 従ってスピン構造を持つ. よって Y のスピン構造から定まるディラック作用素 D が得られる. これは K ホモロジー群 $K_\bullet(Y)$ の基本類と呼ばれる非自明な元 $[D]$ を定める[37]. ここで Y が一様可縮であることから, 命題 7.2.23 より自然な同型 $K_\bullet(Y) \cong KX_\bullet(Y)$ を得る. よって粗組み立て写像 $\mu[Y]_\bullet$ が単射であるという仮定より, D の指数 $A_\bullet([D]) = \mu_\bullet([D])$ は非自明である.

一方でラプラス作用素 Δ とスカラー曲率 κ に関して, $D^*D = \Delta + \kappa/4$ なる等式が成り立つ. そこでスカラー曲率がある正の値よりも一様に大いと仮定する. ラプラス作用素 Δ は正作用素なので, D^*D は 0 をスペクトラムに持たず[37, 12.1.2 Lemma], D の指数 $A_\bullet([D])$ が自明となり[37, 12.3.7. Proposition], 矛盾が生じる. □

次にノビコフ予想について述べる. M を向き付けられた可微分閉多様体とする. M の接ベクトル束の構造から定まる特性類を用いて, **L-種数 (genus)** と呼ばれるコホモロジー類 $L(M) \in \bigoplus_{i \in \mathbb{N}} H^{4i}(M; \mathbb{R})$ が定まる[48, Section 19]. 一方で M の次元が 4 の倍数であるとき, その値を $4n = \dim M$ とすると, ポワンカレ双対性 (Poincaré duality) より非退化な二次形式

$$H^{2n}(M) \times H^{2n}(M) \to \mathbb{R}, \quad (\alpha, \beta) \mapsto \langle \alpha \cup \beta, [M] \rangle$$

が定まる. ここで $[M]$ は M の基本類を表し, $\langle \alpha \cup \beta, [M] \rangle$ はコホモロジー類 $\alpha \cup \beta$ の M 上での積分を表す. この二次形式の符号数を M の**符号数 (signature)** と呼び, $\mathrm{sign}(M)$ と表す. 次の定理は**ヒルツェブルフ (Hirzebruch) 符号数定理**と呼ばれる.

定理 8.3.2. M を向き付けられた $4n$ 次元可微分閉多様体とする. このとき $\mathrm{sign}(M) = \langle L(M), [M] \rangle$ が成り立つ.

上の定理に現れる等式の右辺 $\langle L(M), [M] \rangle$ は可微分多様体 M の微分構造を用いて定義される. ところが左辺の $\mathrm{sign}(M)$ は特異コホモロジーの環構造によって定まるので, M とホモトピー同値な閉多様体に対して同じ値を取る. 従って定理 8.3.2 は, 右辺の $\langle L(M), [M] \rangle$ が実はホモトピー不変量であることを意味する.

多様体の符号数は次元が 4 の倍数のときのみ定義されるが，これを定理 8.3.2 の右辺を用いて次のように拡張することができる．M の基本群を G とし，G の分類空間を BG と表す．普遍被覆の分類写像として連続写像 $\varphi\colon M \to BG$ が定まる．分類空間のコホモロジー類 $x \in H^{\bullet}(BG)$ に対して定まる実数 $\langle L(M) \cup \varphi^{\bullet}(x), [M] \rangle$ を M の**高次符号数**（**higher signature**）という．次の予想はノビコフ予想（**Novikov conjecture**）と呼ばれる．

予想 8.3.3. M を可微分閉多様体とし，その基本群を G とする．分類空間 BG の任意のコホモロジー類 $x \in H^{\bullet}(BG)$ に対し，高次符号数 $\langle L(M) \cup \varphi^{\bullet}(x), [M] \rangle$ は M のホモトピー不変量である．

次の定理は**降下原理**（**descent principle**）と呼ばれる議論により証明される．詳細は文献 [63, Theorem 8.4][37, 12.6.3 Theorem] を参照して頂きたい．

定理 8.3.4. M を向き付けられた可微分閉多様体とし，その基本群を G とする．分類空間 BG を実現する有限 CW 複体が存在するとする．このとき，G に対して粗バウム・コンヌ予想が成り立つならば，M に対するノビコフ予想は成立する．即ち M の高次符号数は全てホモトピー不変である．

8.4　粗バウム・コンヌ予想が成立する空間

この節では粗バウム・コンヌ予想が成立する空間の例を紹介する．

8.4.1　粗代数的位相幾何学の応用

定理 8.4.1. n 次元ユークリッド空間 $\mathbb{R}^n$ に対して，粗バウム・コンヌ予想が成り立つ．

証明. 帰納法で示す．$n = 0$ のとき，例 8.2.4 より 1 点空間 $\{0\}$ に対して非同変組み立て写像は同型であり，また $K_p(\{0\}) = KX_p(\{0\})$ であるから，$\{0\}$ に対し，粗バウム・コンヌ予想が成立する．

次に $\mathbb{R}^n$ に対して成立すると仮定する．$\mathbb{R}^{n+1}_+ := \mathbb{R}^n \times \{x \in \mathbb{R} : x \geq 0\}$，$\mathbb{R}^{n+1}_- := \mathbb{R}^n \times \{x \in \mathbb{R} : x \leq 0\}$ とおくと，$\mathbb{R}^{n+1}_+ \cap \mathbb{R}^{n+1}_- = \mathbb{R}^n \times \{0\}$ であり，$\mathbb{R}^{n+1} = \mathbb{R}^{n+1}_+ \cup \mathbb{R}^{n+1}_-$ は粗切除対であるから，上下 2 本の粗マイヤー・ビートリス完全列から成る，次の可換図式を得る．

$$
\begin{array}{ccccc}
\cdots \longrightarrow & KX_p(\mathbb{R}^n) & \longrightarrow & KX_p(\mathbb{R}^{n+1}_+) \oplus KX_p(\mathbb{R}^{n+1}_-) & \longrightarrow \\
& \cong \downarrow {\scriptstyle \mu[\mathbb{R}^n]_\bullet} & & \downarrow & \\
\cdots \longrightarrow & K_p(C^*(\mathbb{R}^n)) & \longrightarrow & K_p(C^*(\mathbb{R}^{n+1}_+)) \oplus K_p(C^*(\mathbb{R}^{n+1}_-)) & \longrightarrow
\end{array}
$$

$$KX_p(\mathbb{R}^{n+1}) \longrightarrow KX_{p-1}(\mathbb{R}^n) \longrightarrow \cdots$$

$$\downarrow \mu[\mathbb{R}^{n+1}]_\bullet \qquad \cong \downarrow \mu[\mathbb{R}^n]_\bullet$$

$$K_p(C^*(\mathbb{R}^{n+1})) \longrightarrow K_{p-1}(C^*(\mathbb{R}^n)) \longrightarrow \cdots$$

ここで縦の写像はそれぞれの空間に対応する粗組み立て写像である. $\mathbb{R}_\pm^{n+1}$ は粗脆弱なので, 命題 7.1.3 より, $KX_\bullet(\mathbb{R}_\pm^{n+1}) = K_\bullet(C^*(\mathbb{R}_\pm^{n+1})) = \{0\}$ となる. 従って五項補題より, $\mu[\mathbb{R}^{n+1}]_\bullet \colon KX_\bullet(\mathbb{R}^{n+1}) \to K_\bullet(C^*(\mathbb{R}^{n+1}))$ も同型である. □

このマイヤー・ビートリス完全列の議論を応用することにより, 格子を持つ単連結可解リー群やポリサイクリック群に対して粗バウム・コンヌ予想が成立することを示すことができる. 次の命題の証明は論文 [20, Proposition 7.2.] を参照して頂きたい.

命題 8.4.2. G を連結かつ単連結な可解リー群で, 格子を持つものとする. G には左不変な固有距離を備える. また Y を固有距離空間とする. このとき, Y に対して粗バウム・コンヌ予想が成立することと, 直積 $Y \times G$ に対して粗バウム・コンヌ予想が成立することは同値である.

次の命題は, 粗組み立て写像が粗ホモロジー論の間の準同型であることから直ちに従う.

命題 8.4.3. X を任意の固有距離空間とする. 直積 $X \times \mathbb{N}$ に対して粗バウム・コンヌ予想が成り立つ.

証明. 命題 7.2.15 及び命題 8.1.35 より $KX_\bullet(X \times \mathbb{N}) = K_\bullet(C^*(X \times \mathbb{N})) = \{0\}$ となる. 従って粗組み立て写像 $\mu_\bullet[X \times \mathbb{N}]$ は同型写像である. □

次の 2 つの定理は, 定理 8.2.14 の直接的な応用である.

定理 8.4.4 (ヒグソン・ロー (Higson-Roe)). W をコンパクト距離化可能空間とする. 開錘 $\mathcal{O}W$ に対し, 粗バウム・コンヌ予想が成り立つ.

証明. 命題 7.3.1 より粗化写像 $K_\bullet(\mathcal{O}W) \to KX_\bullet(\mathcal{O}W)$ は同型. また定理 8.2.14 より非同変組み立て写像 $K_\bullet(\mathcal{O}W) \to K_\bullet(C^*(\mathcal{O}W))$ も同型. 従って粗組み立て写像 $KX_\bullet(\mathcal{O}W) \to K_\bullet(C^*(\mathcal{O}W))$ も同型である. □

ヒグソンとローは論文 [36] で次の定理を, 空間が有界幾何学を持つ, という仮定の下で証明した. その後, 有界幾何学という条件は論文 [21] において取り除かれた.

定理 8.4.5 (ヒグソン・ロー[36], ウィレット[73], 深谷-尾國[21]). 固有な距離を持つブーゼマン空間に対して, 粗バウム・コンヌ予想が成り立つ. 特に固有な

距離を持つ CAT(0) 空間に対して，粗バウム・コンヌ予想が成り立つ.

証明のあらすじ. 方針は定理 8.4.4 の証明と同様である. Y をブーゼマン空間とする. まず粗化写像 $K_\bullet(Y) \to KX_\bullet(Y)$ が同型であることを示す. ここでヒグソン・ロー[36]は Y が有界幾何学を持つことを仮定し，命題 7.2.23 を適用している. 論文 [21] ではブーゼマン空間に対する重心の理論を使うことにより，粗化写像が同型であることを示した. Y は可変長なので， 定理 8.2.14 を適用すれば粗組み立て写像 $\mu[Y]_\bullet \colon KX_\bullet(Y) \to K_\bullet(C^*(Y))$ も同型であることが示される. □

定理 8.2.14 の更なる応用として，次の定理がある.

定理 8.4.6 (ヒグソン・ロー[30], ウィレット[73]). 固有な距離を持つ測地的グロモフ双曲空間に対して，粗バウム・コンヌ予想が成り立つ.

定理 8.4.6 と定理 8.4.5 の証明は，どちらも定理 8.2.14 に帰着させるという方針は同じであるが，そこへ至る道筋は異なっている. この 2 つの定理とその証明を統一的な視点から再構成したのが次の定理である.

定理 8.4.7. X を粗凸空間とする. X の距離は固有であるとする. このとき X に対して粗バウム・コンヌ予想が成り立つ.

証明. 放射状縮小写像と指数写像の合成 $\exp_\epsilon \circ \phi \colon \mathcal{O}\partial X \to X$ より，次の可換図式を得る.

$$
\begin{array}{ccc}
KX_\bullet(\mathcal{O}\partial X) & \xrightarrow{\mu_\bullet[\mathcal{O}\partial X]} & K_\bullet(C^*(\mathcal{O}\partial X)) \\
\downarrow{\scriptstyle\cong} & & \downarrow{\scriptstyle\cong} \\
KX_\bullet(X) & \xrightarrow{\mu_\bullet[X]} & K_\bullet(C^*(X)).
\end{array}
$$

定理 6.3.2 より $\exp_\epsilon \circ \phi$ は粗ホモトピー同値写像であるから，図式の縦の写像はどちらも同型写像である. 一方で定理 8.4.4 より，上段の粗組み立て写像は同型. よって下段の粗組み立て写像 $\mu_\bullet \colon KX_\bullet(X) \to K_\bullet(C^*(X))$ も同型である. □

8.4.2 ユーの定理

X と Y を距離空間とする. 粗埋め込み写像 $f \colon Y \to X$ が存在するとき，Y は X に**粗埋め込み可能**であるという.

ユー (Yu) によって示された次の定理は，粗バウム・コンヌ予想を肯定する結果として，現時点でもっとも強力なものである.

定理 8.4.8 (ユー[76]). Y を固有距離空間とする. Y が有界幾何学を持ち，ヒルベルト空間に粗埋め込み可能であるならば，Y に対して粗バウム・コンヌ予

想が成り立つ.

　この定理により，ヒルベルト空間へ粗埋め込み可能な群 G に対し，分類空間 BG を有限次元の CW 複体で実現できるのであれば，降下原理（定理 8.3.4）から G を基本群に持つ閉多様体に対してノビコフ予想が成立することが従う．後にこの結果は，分類空間 BG に関する条件を仮定せずに成立することが示された[69].

8.4.3　ユーの定理の適用範囲外

　前述の定理 8.4.8 は非常に強力であるが，粗バウム・コンヌ予想が成立するための必要条件を与えている訳ではない．実際，以下のようにしてヒルベルト空間へ粗埋め込み不可能であり，従って定理 8.4.8 を適用できないにも関わらず，粗バウム・コンヌ予想が成立する距離空間を構成できる.

　X をヒルベルト空間に粗埋め込み不可能な固有距離空間とする．このような距離空間の構成については第 9.2 節で述べる．このとき，直積 $X \times \mathbb{N}$ もヒルベルト空間に粗埋め込み不可能である．一方で，命題 8.4.3 より $X \times \mathbb{N}$ に対して粗バウム・コンヌ予想が成立する.

　最後に，定理 8.4.6 及び定理 8.4.7 と定理 8.4.8 との関係について述べる.

　グロモフ双曲空間は，定理 4.5.2 により，有界幾何学を持てばヒルベルト空間に粗埋め込み可能である．よってこの場合は定理 8.4.8 を適用できる.

　一方で，任意の固有距離空間 X に対して，X を部分集合として含む固有測地的グロモフ双曲空間 Y で，包含写像 $X \subset Y$ が粗埋め込み写像であるものを構成する手法が知られている[28, Definition 3.1]．ただし Y は一般に有界幾何学を持たない．X としてヒルベルト空間に粗埋め込み不可能な固有距離空間を選べば，対応する固有測地的グロモフ双曲空間 Y もヒルベルト空間に粗埋め込み不可能である．それにもかからわず，定理 8.4.6 より Y に対して粗バウム・コンヌ予想が成り立つ．従って定理 8.4.6 及び定理 8.4.7 も定理 8.4.8 に包含されない.

第 9 章
その他の話題

これまでの章で述べられなかったいくつかの話題にいて簡潔に記す．それぞれの話題について，基本的な定義と特に重要な性質のみを述べるに留める．

9.1 漸近次元

グロモフは論文 [26] にて，位相空間に対する被覆次元の類推として粗同値のもとで不変な，**漸近次元（asymptotic dimension）** という量を導入した．

定義 9.1.1. (X, d) を距離空間とし $\mathcal{U}$ を X の部分集合族とする．また $R > 0$ とする．任意の $U, V \in \mathcal{U}$ に対し，$U \neq V$ ならば $d(U, V) \geq R$ が成立するとき，$\mathcal{U}$ を **R-分離族** という．

また U を構成する部分集合の直径が一様に有界であるとき，即ちある $D > 0$ が存在して，任意の $U \in \mathcal{U}$ に対し U の直径が D 以下となるとき，$\mathcal{U}$ は **一様有界** であるという．

(X, d) を距離空間とし，$n \in \mathbb{N}$ とする．任意の $R \geq 0$ に対し，ある一様有界な R-分離族 $\mathcal{U}_1, \ldots, \mathcal{U}_{n+1}$ で，

$$X = \bigcup \mathcal{U}_1 \cup \bigcup \mathcal{U}_2 \cup \cdots \cup \bigcup \mathcal{U}_{n+1}$$

を満たすものが存在するとき，(X, d) の漸近次元は n 以下であるという．また (X, d) の漸近次元が n 以下となる最小の自然数 n を (X, d) の漸近次元といい，$\mathrm{asdim}\, X$ と表す．

演習問題 9.1.2. 次を示せ．

1. 距離空間 (X, d) の部分集合 A に対し，$\mathrm{asdim}(A, d) \leq \mathrm{asdim}(X, d)$．
2. X と Y を距離空間とする．X と Y が粗同値ならば $\mathrm{asdim}\, X = \mathrm{asdim}\, Y$．

G を可算群とする．G 上の固有な左不変距離 d を用いて $\mathrm{asdim}(G, d)$ が

定まる．命題 1.2.9 と演習問題 9.1.2 より，この値は固有な左不変距離 d の取り方に依存しない．そこで $\mathrm{asdim}(G, d)$ を群 G の漸近次元として定め，$\mathrm{asdim}\, G$ と表す．部分群 $K < G$ に対して包含写像が粗埋め込みであることから $\mathrm{asdim}\, K \le \mathrm{asdim}\, G$ が従う．

位相空間の被覆次元の研究にホモロジー論が役立ったのと同様に，漸近次元の研究に粗ホモロジー論が役立つ．$H_\bullet^{\mathrm{lf}}(\cdot)$ を局所有限ホモロジー論とする．これに基づき，第 7.2.1 節の構成により得られる粗ホモロジー論を $HX_\bullet(\cdot)$ と表すことにする．

定理 9.1.3. Y を固有距離空間とする．任意の $k > \mathrm{asdim}\, Y$ に対し，$HX_k(Y) = \{0\}$ となる．

定理の証明のために準備を行う．Y を固有距離空間とする．Y の部分集合族 $\mathcal{U}$ と $r \ge 0$ に対し，部分集合族 $N(\mathcal{U}; r)$ を次のように定める．

$$N(\mathcal{U}; r) := \{N(U; r) : U \in \mathcal{U}\}.$$

$\mathcal{U}$ が Y の被覆であるならば $N(\mathcal{U}; r)$ も Y の被覆であり，ルベーグ数は r である．また $R > 0$ に対して $\mathcal{U}$ が $3R$-分離族であるならば，$N(\mathcal{U}; R)$ は R-分離族である．

定理 9.1.3 の証明. $n := \mathrm{asdim}\, Y$ とおく．任意の $R > 0$ に対して一様有界な $3R$-分離族 $\mathcal{U}_1^R \dots, \mathcal{U}_{n+1}^R$ で，$\mathcal{U}_1^R \cup \cdots \cup \mathcal{U}_{n+1}^R$ が Y の被覆となるものが存在する．このとき，$1 \le i \le n+1$ に対し，$N(\mathcal{U}_i^R; R)$ は R-分離族である．そこで Y の被覆 $\mathcal{U}(R)$ を

$$\mathcal{U}(R) := N(\mathcal{U}_1^R; R) \cup \cdots \cup N(\mathcal{U}_{n+1}^R; R)$$

と定めると，脈複体 $\mathcal{N}(\mathcal{U}(R))$ は高々 n 次元の単体複体である．故に任意の整数 $k > n$ に対し，$H_k^{\mathrm{lf}}(|\mathcal{U}(R)|) = \{0\}$ となる．

$\mathcal{U}(R)$ のルベーグ数が R なので，適当な増大列 $R_1 < R_2 < \cdots$ に対して被覆の族 $\{\mathcal{U}(R_l)\}_{l \in \mathbb{N}}$ は反チェック族である．よって粗ホモロジーの構成より，$HX_k(Y) = \lim_{l \to \infty} H_k^{\mathrm{lf}}(|\mathcal{U}(R_l)|) = 0.$ □

例 9.1.4. n-次元ユークリッド空間 $\mathbb{R}^n$ の漸近次元は n である．実際，$\mathbb{R}^n$ の被覆次元の考察と同様にして具体的に被覆を構成することにより，$\mathrm{asdim}\, \mathbb{R}^n \le n$ を示すことができる．図 9.1 に $n = 2$ の場合の被覆の例を図示する．一方で例 7.2.24 より $HX_n(\mathbb{R}^n) \cong \mathbb{Z}$ である．よって $\mathrm{asdim}\, \mathbb{R}^n \ge n$ を得る．

例 9.1.5. X を固有な距離を持つ測地的グロモフ双曲空間とし，X は有界幾何学を持つと仮定する．定理 4.5.2 よりある n が存在して，X は $\mathbb{H}^n$ の凸部分集合と粗同値であるので，X の漸近次元は有限である．なお，ローは具体的に被

図 9.1 $\mathbb{R}^2$ の 3 つの分離集合による被覆の例.

覆を構成することにより, X の漸近次元が有限であることを直接証明している[66]. 双曲群 G のケーリーグラフは有界幾何学を持つ測地的グロモフ双曲空間なので, G の漸近次元は有限である.

漸近次元が無限大となる有限生成群を構成する手法として, 次に述べるリース積がある.

例 9.1.6. G と H を群とする. $C_c(H;G)$ により有限な台を持つ関数 $\varphi\colon H \to G$ の集合を表す. $C_c(H;G)$ は各点ごとの演算により群となる. H の $C_c(H;G)$ への作用を, $\varphi \in C_c(H;G)$ と $h,k \in H$ に対し, $h\varphi(k) := \varphi(h^{-1}k)$ で定める. この作用に関する半直積 $C_c(H;G) \rtimes H$ を G の H に関する**制限リース積 (restricted wreath product)** といい, $G \wr H$ と表す.

$G = H = \mathbb{Z}$ のときは, 次のように理解される. $C_c(\mathbb{Z};\mathbb{Z})$ 上の 2 つの変換 u,v を次で定める.

$$u\varphi(n) := \varphi(n) + \delta_0(n), \quad v\varphi(n) := \varphi(n+1).$$

ここで $n \in \mathbb{Z}$ であり, 関数 δ_0 は $\delta_0(0) = 1$ かつ, $n \neq 0$ に対して $\delta_0(n) = 0$ を満たすものである. この u と v で生成される $C_c(\mathbb{Z};\mathbb{Z})$ の変換群が $\mathbb{Z} \wr \mathbb{Z}$ である. さて, 任意の $n \in \mathbb{N}$ に対し, 以下の n 個の元

$$u, v^{-1}uv, \ldots, v^{-n}uv^n$$

で生成される部分群は $\mathbb{Z}^n$ に同型であることが容易に示される. 従って $\operatorname{asdim}\mathbb{Z} \wr \mathbb{Z} \geq n$ であり, n は任意なので, $\operatorname{asdim}\mathbb{Z} \wr \mathbb{Z} = \infty$ となる.

上の例題で構成されたリース積 $\mathbb{Z} \wr \mathbb{Z}$ は有限生成であるが, 有限表示ではない. しかし任意の自然数 n に対し, $\mathbb{Z}^n$ を部分群として含むような有限表示群が存在することが知られている. 上と同様の議論により, そのような群の漸近次元も無限大となる. 具体例として, **R. トンプソンの群 F** と呼ばれる群がある. この群とその亜種は様々な奇妙な性質を持っており, 現在も活発に研究さ

れている．詳細は論文 [13] を参照して頂きたい．

　漸近次元の最初の顕著な応用は，ユーによるもの[74][75]である．特に論文 [75] では，漸近次元が有限である距離空間に対し，粗バウム・コンヌ予想が成立することが示された．その後ドラニシニコフ（Dranishinikov）達により漸近次元の理論は整備され，その成果は論文 [3] にまとめられている．

　また漸近次元の有限性は，Guentner-Tessera-Yu[31]によって**有限分解複雑性**（**finite decomposition complexity**）という概念へと進化した．これは次に述べる**安定ボレル予想**（**stable Borel conjecture**）への応用がある．

予想 9.1.7 (安定ボレル予想)．X と Y をコンパクトな非球面的多様体とする．X と Y がホモトピー同値であるならば，ある $n \in \mathbb{N}$ が存在して，$X \times \mathbb{R}^n$ と $Y \times \mathbb{R}^n$ が同相になる．

9.2　性質 A とヒルベルト空間への埋め込み

　ユーによる定理 8.4.8 が一つの契機となり，距離空間の粗埋め込みの研究が盛んになった．ユーは論文 [76] の中で，ヒルベルト空間へ粗埋め込み可能である十分条件として，次に述べる性質を導入した．

定義 9.2.1. X を一様に離散的な距離空間とする．任意の $\epsilon > 0$ と $R > 0$ に対し，X の点で添字付けられた $X \times \mathbb{N}$ の有限集合から成る族 $\{A_x\}_{x \in X}$，$\varnothing \neq A_x \subset X \times \mathbb{N}$ と $S > 0$ で次の条件：

(1) $\overline{x,y} \leq R$ ならば $\dfrac{\#(A_x \triangle A_y)}{\#(A_x \cap A_y)} < \epsilon$,

(2) $A_x \subset B(x;S) \times \mathbb{N}$

を満たすものが存在するとき，X は**性質 A**（**Property A**）を持つ，という．ここで $A_x \triangle A_y := (A_x \cup A_y) \setminus (A_x \cap A_y)$ である．

演習問題 9.2.2. X と Y を一様に離散的な距離空間とし，X と Y は粗同値であるとする．このとき X が性質 A を持つならば，Y も性質 A を持つことを示せ．

　性質 A 用いてヒルベルト空間への粗埋め込みを構成するために，補題を用意する．

補題 9.2.3. 一様に離散的な距離空間 X は性質 A を持つとする．このとき，任意の $\epsilon > 0$ と $R > 0$ に対してある $S > 0$ が存在し，任意の $x \in X$ に対してあるベクトル $\xi_x \in \ell_2(X \times \mathbb{N})$ で，次の条件：

(1) $\|\xi_x\|_2 = 1$,

(2) $\overline{x,y} \le R$ ならば $\|\xi_x - \xi_y\| < \epsilon$,

(3) $\mathrm{supp}(\xi_x) \subset B(x;S) \times \mathbb{N}$

を満たすものが存在する.

証明. 与えられた $\epsilon > 0$ と $R > 0$ に対し,定義 9.2.1 の条件を満たす $S > 0$ 及び $A_x \subset X \times \mathbb{N}$ を取る.そこで $\xi_x \in \ell_2(X \times \mathbb{N})$ を

$$\xi_x := \frac{1_{A_x}}{\sqrt{\#A_x}}$$

と定める.ξ_x は補題の条件 (1) 及び (3) を満たす.簡単な計算により

$$\#(A_x \triangle A_y) = \#A_x + \#A_y - 2\#(A_x \cap A_y),$$

$$\#A_x + \#A_y = \#(A_x \triangle A_y) + 2\#(A_x \cap A_y) \le (2+\epsilon)\#(A_x \cap A_y)$$

なので,

$$\langle \xi_x, \xi_y \rangle = \frac{\langle 1_{A_x}, 1_{A_y} \rangle}{\sqrt{\#A_x \#A_y}} = \frac{\#(A_x \cap A_y)}{\sqrt{\#A_x \#A_y}} \ge \frac{2\#(A_x \cap A_y)}{\#A_x + \#A_y} \ge \frac{2}{2+\epsilon},$$

$$\|\xi_x - \xi_y\|^2 = 2 - 2\langle \xi_x, \xi_y \rangle \le 2 - \frac{4}{2+\epsilon} = \frac{2\epsilon}{2+\epsilon} \le \epsilon.$$

よって条件 (2) も満たされる. $\qquad\qquad\qquad\qquad\qquad\qquad\qquad\qquad\square$

定理 9.2.4. 性質 A を持つ距離空間はヒルベルト空間に粗埋め込み可能である.

証明. n を任意の自然数とする.$\epsilon = 2^{-n}$ と $R = n$ に対して,補題 9.2.3 の条件を満たす $\xi_x^n \in \ell_2(X \times \mathbb{N})$ $(x \in X)$ と $S_n > 0$ を用意する.ここで $n \to \infty$ のとき $S_n \to \infty$ と仮定してよい.ヒルベルト空間 $\mathcal{H}$ を $\ell_2(X \times \mathbb{N})$ の可算無限直和とする.各 $n \in \mathbb{N}$ に対しベクトル ξ_x^n を,第 n 成分が ξ_x^n であり他の成分が全て 0 であるような $\mathcal{H} = \oplus_{n \in \mathbb{N}} \ell_2(X \times \mathbb{N})$ の元と見なす.

補題 9.2.3 の (3) より $\mathrm{supp}(\xi_x^n) \subset B(x;S_n) \times \mathbb{N}$ が成り立つので,$\overline{x,y} > 2S_n$ ならば $\|\xi_x^n - \xi_y^n\| = \sqrt{2}$ となる.

基点 $z \in X$ を選び,埋め込み $F\colon X \to \mathcal{H}$ を $F(x) := \sum_{n \in \mathbb{N}} (\xi_x^n - \xi_z^n)$ で定める.$x,y \in X$ に対し,$k := \lfloor \overline{x,y} \rfloor$ とおく.$n > k$ のとき,$\|\xi_x^n - \xi_y^n\| \le 2^{-n}$ である.故に

$$\begin{aligned}
\|F(x) - F(y)\|^2 &= \sum_{n \in \mathbb{N}} \|\xi_x^n - \xi_y^n\|^2 \\
&= \sum_{n \le k} \|\xi_x^n - \xi_y^n\|^2 + \sum_{n > k} \|\xi_x^n - \xi_y^n\|^2 \\
&\le 4k + \sum_{n > k} 2^{-n} \le 4k + 1 \le 4\overline{x,y} + 1.
\end{aligned}$$

ここで特に $y = z$ とすれば,$F(x) \in \mathcal{H}$ であることが確認できる.また,F が

ボルノロガスであることも従う.

最後に,$\phi(l) := \sup\{n : 2S_n \leq l-1\}$ とおけば,$l \to \infty$ で $\phi(l) \to \infty$ であり,

$$\|F(x) - F(y)\|^2 \geq \sum_{n \leq \phi(k)} \|\xi_x^n - \xi_y^n\|^2 = 2\phi(k)$$

を得る.よって F は粗埋め込みである. □

漸近次元が有限であれば性質 A は満たされる.証明は文献 [65][52] を参照して頂きたい.例 9.1.5 より双曲群は性質 A を持つ.従ってヒルベルト空間に粗埋め込み可能である.ただし後者の主張に関しては,双曲空間 $\mathbb{H}^n$ がヒルベルト空間に粗埋め込み可能であるので,定理 4.5.2 により性質 A を経由せずに証明することができる.

また写像類群も性質 A を満たす[34][42].なお写像類群に対しては,後に論文 [4] で漸近次元が有限であることも示された.

性質 A は離散群に対する**従順性(amenability)**と呼ばれる性質の非同変版と見做すことができる.ただし自由群 F_2 など,従順群ではないが,距離空間としてみたときに性質 A を持つ群が存在することに注意しておく.

距離空間が性質 A を持つことと,ヒルベルト空間に粗埋め込み可能であることは同値ではない.実際ノバック(Nowak)により,性質 A を持たないが,ヒルベルト空間に粗埋め込み可能な固有距離空間の例が構成された[50].ノバックの例は有界幾何学を持たないが,論文 [1] では有界幾何学を持ち,ヒルベルト空間に粗埋め込み可能だが,性質 A を持たない例が構成されている.

さらに性質 A を持たないが,ヒルベルト空間へ等長かつ固有に作用する有限生成群が存在することが論文 [53][2] で示されている.なお,可算群 G が性質 A を持つことと,対応する被約群 C^* 環 $C_r^*(G)$ が exact という性質を満たすことが同値であることが知られている[32][58].そこでそのような群を exact 群*1) と呼ぶ.上述の事実は,exact ではない群が存在することを意味する.この辺りのことは論説 [59] にまとめられている.

9.3 エキスパンダーグラフ

この節ではヒルベルト空間に粗埋め込み不可能な距離空間の構成を紹介する.

$X = (V, E)$ を有限グラフとする.部分集合 $A \subset V$ に対し,その**辺境界** $\partial^e(A)$ を,

$$\partial^e(A) := \{e \in E : \#(e \cap A) = 1\}$$

---

*1) "exact" の訳語としては「完全」が適切のようにも思われるが,「完全群」は "perfect group"(交換子部分群が自分自身と一致する群)の訳語として定着しているので,原語のまま exact 群と記述した.

として定める．辺境界は，部分集合 $A \subset V$ とその補集合をつなぐ辺の集合である．

定義 9.3.1. 有限グラフ $X = (V, E)$ に対し，**チーガー (Cheeger) 定数** $h(X)$ を

$$h(X) := \min \left\{ \frac{\#\partial^e(A)}{\#A} : A \subset X, 0 < \#A \le \frac{\#V}{2} \right\}$$

で定める．

定義 9.3.2. 有限連結グラフの可算族 $\{X_n = (V_n, E_n)\}_{n \in \mathbb{N}}$ が次の条件を満たすとする．

(1) $\#V_n \to \infty \, (n \to \infty)$．

(2) ある $k \in \mathbb{N}$ が存在して，任意の $n \in \mathbb{N}$ に対して X_n の任意の頂点の次数は k 以下．

(3) ある $c > 0$ が存在して，任意の $n \in \mathbb{N}$ に対して $h(X_n) > c$ が成り立つ．

このとき $\{X_n\}$ を**エキスパンダー (expander)** グラフの族という．

エキスパンダーグラフの族 $\{X_n = (V_n, E_n)\}_{n \in \mathbb{N}}$ が与えられたとき，各 $X_n = (V_n, E_n)$ は一辺の長さを 1 と見なすことにより，距離空間になる．すると定義 1.1.11 により非交和 $\bigsqcup X_n$ は距離空間となる．これを $\{X_n\}_{n \in \mathbb{N}}$ の粗非交和と呼んだ．

定理 9.3.3. $\{X_n = (V_n, E_n)\}_{n \in \mathbb{N}}$ をエキスパンダーグラフの族とする．$\{X_n\}_{n \in \mathbb{N}}$ の粗非交和はヒルベルト空間に粗埋め込み不可能である．

証明にはエキスパンダーグラフの解析的な定式化を用いる．そのために必要な準備を行う．以下では $X = (V, E)$ を有限連結グラフとする．頂点 $x \in V$ に対し，$E[x]$ で x と辺で繋がる頂点の集合を表す．即ち $E[x] := \{y \in V : \{x, y\} \in E\}$ である．また $E_\pm := \{(x, y) \in V \times V : \{x, y\} \in E\}$ とおく．これは向き付けられた辺の集合である．2 つの線型作用素を以下のように定める．

(I) $d \colon \ell_2(V) \to \ell_2(E_\pm)$ を $f \in \ell_2(V)$ と $(x, y) \in E$ に対し，次で定める．

$$df(x, y) := f(x) - f(y).$$

(II) $\Delta \colon \ell_2(V) \to \ell_2(V)$ を $\Delta := d^*d$ で定める．

作用素 Δ は**非正規化組み合わせラプラス作用素 (non-normalized combinatorial Laplacian)** と呼ばれている．関数 $f, g \in \ell_2(V)$ に対して次が成り立つことに注意する．

$$\langle \Delta f, g \rangle_{\ell_2(V)} = \langle d^*df, g \rangle_{\ell_2(V)} = \langle df, dg \rangle_{\ell_2(E)},$$

$$\langle \Delta f, f \rangle = \|df\|^2,$$

$$\Delta f(v) = \langle \Delta f, \delta_v \rangle = \langle df, d\delta_v \rangle$$

$$= 2 \left(\deg(v)f(v) - \sum_{w \in E[v]} f(w) \right).$$

関数 $f \in \ell_2(V)$ に対して，**平均** $\tilde{f}$ を

$$\tilde{f} := \frac{1}{\sharp V} \sum_{v \in V} f(v)$$

で定め，部分空間 $\ell_2^0(V) \subset \ell_2(V)$ を $\ell_2^0(V) := \{f \in \ell_2(V) : \tilde{f} = 0\}$ と定める．

命題 9.3.4. 部分空間 $\mathrm{Ker}\,\Delta$ は定数関数全体の成す部分空間に等しく，また $\ell_2^0(V)$ と直交する．

証明. 関数 $f \in \ell_2(V)$ が定数関数であれば, $df = 0$ となる．故に $\Delta f = d^* df = 0$. 逆に $f \in \mathrm{Ker}\,\Delta$ であれば $\|df\|^2 = \langle \Delta f, f \rangle = 0$. 故に f は定数関数である．よって前半の主張は成立する．また任意の $f \in \ell_2^0(V)$ と定数関数 $g \equiv c \in \mathbb{R}$ に対し

$$\langle f, g \rangle = \sum_{v \in V} cf(v) = c \sum_{v \in V} f(v) = c \# V \tilde{f} = 0$$

であるから，後半の主張も成立する． $\square$

作用素 Δ は有限次元ベクトル空間の間の対称な非負定値作用素であるから固有値は全て非負であり，固有空間は互いに直交する．そこでゼロ以外の固有値を小さい方から順に重複度も込めて並べたものを $\lambda_1(X), \lambda_2(X), \ldots \lambda_l(X)$ と表す．ただし $l = \#V - 1$ である．また，固有値 $\lambda_i(X)$ に対応する固有ベクトルを f_i とする．ここで $\|f_i\| = 1$ と正規化しておく． $f_1, \ldots, f_l$ は $\ell_2^0(V)$ の正規直交基底である．

定義 9.3.5. $\lambda_1(X)$ を X の**スペクトルギャップ**（**spectral gap**）という．

有限グラフのチーガー定数とスペクトルギャップの間には，以下の関係があることが知られている．

定理 9.3.6. 有限グラフ X に対し，次が成り立つ．

$$\frac{h(X)^2}{2\deg(X)} \leq \lambda_1(X) \leq 2h(X).$$

証明は文献 [80, 第 7 章] を参照して頂きたい．

定義 9.3.7 (レイリー商). 恒等的に零ではない関数 $f \in \ell_2^0(V)$ に対し，実数 $R(f)$ を

$$R(f) := \left\langle \frac{\Delta f}{\|f\|}, \frac{f}{\|f\|} \right\rangle = \frac{\|df\|^2}{\|f\|^2}$$

と定める．これをレイリー（**Rayleigh**）商という．

補題 9.3.8. 恒等的にゼロではない関数 $f \in \ell_2^0(V)$ に対し，$\lambda_1(X) \leq R(f)$ が成り立つ．特に固有ベクトル f_1 に対し，$\lambda_1(X) = R(f_1)$ である．

証明. $f \in \ell_2^0(V)$ に対し，ある $\alpha_1, \ldots, \alpha_l \in \mathbb{R}$ が存在して $f = \alpha_1 f_1 + \cdots + \alpha_l f_l$ と表される．これより次を得る．

$$R(f) = \frac{\langle \Delta f, f \rangle}{\|f\|^2} = \frac{\lambda_1(X) |\alpha_1|^2 + \cdots + \lambda_k(X) |\alpha_l|^2}{|\alpha_1|^2 + \cdots + |\alpha_l|^2} \geq \lambda_1(X).$$

$\square$

系 9.3.9. 固有値 $\lambda_1(X)$ は次で与えられる．

$$\lambda_1(X) = \inf\{R(f) : f \in \ell_2^0(V), \ f \not\equiv 0\}.$$

以下では，有限連結グラフ $X = (V, E)$ からヒルベルト空間への写像 $f \colon V \to \mathcal{H}$ を考察する．f は $\ell_2(V; \mathcal{H}) \cong \ell_2 V \otimes \mathcal{H}$ の元と見なすことができる．線型作用素 d 及び Δ も自然に $\ell_2(V; \mathcal{H})$ 上に拡張される．写像 $f \in \ell_2(V; \mathcal{H})$ に対し，平均 $\tilde{f}$ を先程と同様に $\tilde{f} := (\#V)^{-1} \sum_{v \in V} f(v)$ と定め，$\ell_2^0(V, \mathcal{H}) := \{f \in \ell_2(V; \mathcal{H}) : \tilde{f} = 0\}$ とおく．$\ell_2^0(V, \mathcal{H}) \cong \ell_2^0(V) \otimes \mathcal{H}$ である．補題 9.3.8 の一般化として次が得られる．

補題 9.3.10. 恒等的に零ではない関数 $f \in \ell_2^0(V) \otimes \mathcal{H}$ に対し，$\lambda_1(X) \leq R(f)$ が成り立つ．

証明. ヒルベルト空間 $\mathcal{H}$ の正規直交基底 $\{e_i\}_{i \in \mathbb{N}}$ を選び，写像 $f \in \ell_2^0(V) \otimes \mathcal{H}$ と $i \in \mathbb{N}$ に対し，$f_i \in \ell_2^0(V)$ を f の e_i 成分とする．即ち $v \in V$ に対し，$f_i(v) := \langle f(v), e_i \rangle$ と定める．この f_i に対して補題 9.3.8 より次が成り立つ．

$$\|df_i\|^2 \geq \lambda_1(X) \|f_i\|^2.$$

この両辺を i について足し上げれば，$\|df\|^2 \geq \lambda_1(X) \|f\|^2$ を得る． $\square$

次は分散についてのよく知られた等式である．

補題 9.3.11. 写像 $f \colon V \to \mathcal{H}$ は定値写像ではないとする．次が成立する．

$$\sum_{v \in V} \|f(v) - \tilde{f}\|^2 = \frac{1}{2\#V} \sum_{v, w \in V} \|f(v) - f(w)\|^2.$$

証明. 平均 $\tilde{f}$ の定義より $\|\tilde{f}\|^2 = (\#V)^{-2} \sum_{v, w \in V} \langle f(v), f(w) \rangle$ であるから，

$$\sum_{v, w \in V} \|f(v) - f(w)\|^2 = \sum_{v, w \in V} (\|f(v)\|^2 - 2\langle f(v), f(w) \rangle + \|f(w)\|^2)$$

$$=2\#V\left\|f\right\|^2 - 2\sum_{v,w\in V}\langle f(v),f(w)\rangle$$

$$=2\#V\left\|f\right\|^2 - 2(\#V)^2\left\|\tilde{f}\right\|^2$$

を得る．一方で

$$\left\|f(v)-\tilde{f}\right\|^2 = \left\|f(v)\right\|^2 - 2\langle f(v),\tilde{f}\rangle + \left\|\tilde{f}\right\|^2$$

であるから，両辺を $v\in V$ に関して足し合わせれば次を得る．

$$\sum_{v\in V}\left\|f(v)-\tilde{f}\right\|^2 = \left\|f\right\|^2 - \#V\left\|\tilde{f}\right\|^2 = \frac{1}{2\#V}\sum_{v,w\in V}\left\|f(v)-f(w)\right\|^2.$$

$\square$

命題 9.3.12 (ポワンカレ型不等式). 写像 $f\colon V\to\mathcal{H}$ は定値写像ではないとする．次が成立する．

$$\left(\frac{1}{\#V}\right)^2\sum_{v,w\in V}\left\|f(v)-f(w)\right\|^2 \le \frac{\deg(X)}{\lambda_1(X)}\frac{1}{\#E}\sum_{x\in V}\sum_{y\in E[x]}\left\|f(x)-f(y)\right\|^2.$$

これをポワンカレ型（**Poincaré-type**）不等式という．

証明. 写像 $f\colon V\to\mathcal{H}$ に対し，$\left\|f\right\|^2_{\ell_2(V;\mathcal{H})}=\sum_{v\in V}\left\|f(v)\right\|^2_{\mathcal{H}}$ である．故に補題 9.3.10 と補題 9.3.12 より，f が定値写像ではないとき次を得る．

$$\lambda_1(X)\le R(f-\tilde{f})$$

$$=\frac{\sum_{x\in V}\sum_{y\in E[x]}\left\|f(x)-f(y)\right\|^2}{\sum_{v\in V}\left\|f(v)-\tilde{f}\right\|^2}$$

$$=\frac{2\#V\sum_{x\in V}\sum_{y\in E[x]}\left\|f(x)-f(y)\right\|^2}{\sum_{v,w\in V}\left\|f(v)-f(w)\right\|^2}.$$

最後に $2\#E\le\deg(X)\#V$ を用いれば，命題に於ける不等式が得られる． $\square$

定理 9.3.3 の証明. $\{X_n=(V_n,E_n)\}_{n\in\mathbb{N}}$ をエキスパンダーグラフの族とする．粗非交和からヒルベルト空間への写像 $F\colon\sqcup X_n\to\mathcal{H}$ がボルノロガスであったとする．このとき F は粗埋め込みにならないことを示す．各 $n\in\mathbb{N}$ に対し，F を $X_n=(V_n,E_n)$ に制限することにより，写像 $F_n\colon V_n\to\mathcal{H}$ を得る．F がボルノロガスであることから，n に依らないある定数 S が存在して，任意の $\{x,y\}\in E_n$ に対して $\left\|F_n(x)-F_n(y)\right\|\le S$ が成り立つ．故に命題 9.3.12 より

$$\left(\frac{1}{\#V_n}\right)^2\sum_{v,w\in V_n}\left\|F_n(v)-F_n(w)\right\|^2 \le \frac{2\deg(X_n)S^2}{\lambda_1(X_n)}.$$

ここで $\{X_n\}$ がエキスパンダーグラフの族であることから，ある定数 $k,c>0$

が存在して任意の $n \in \mathbb{N}$ に対し, $\deg(X_n) \leq k$ かつ $\lambda_1(X_n) \geq c$ が成り立つ. 従って

$$\left(\frac{1}{\#V_n}\right)^2 \sum_{v,w \in V_n} \|F_n(v) - F_n(w)\|^2 \leq \frac{2kS^2}{c}$$

となる. これより, 次の主張が成り立つ.

主張. 部分集合 $K \subset V_n \times V_n$ は $\#K \geq (\#V_n/2)^2$ を満たすとする. このとき ある $(v,w) \in K$ が存在して, $\|F_n(v) - F_n(w)\| \leq 8kS^2/c$ が成り立つ.

仮定より任意の自然数 R に対してある $n \in \mathbb{N}$ が存在し, $\#V_n > 2k^{R+1}$ が 成り立つ. 任意の $v \in V_n$ に対し,

$$\#B(v; R) < \deg(X_n)^{R+1} \leq k^{R+1}$$

であるから次を得る.

$$\#\{w \in V_n : \overline{v,w} > R\} \geq \#V_n - k^{R+1} \geq \frac{1}{2}\#V_n.$$

従って $\overline{v,w} > R$ となる組 $(v,w) \in V_n \times V_n$ は $(\#V_n/2)^2$ 個以上存在する. ところが先の議論によりこのような組 (v,w) のうち, 少なくとも一つは $\|F_n(v) - F_n(w)\| \leq 8kS^2/c$ を満たしてしまう. よって演習問題 1.1.5 より F は粗埋め込みにならない. $\qquad\square$

9.3.1 高内周条件とモンスター群

有限連結グラフ (V, E) の最も短い埋め込まれたサイクルの長さを (V, E) の **内周**（**girth**）といい, $\mathrm{girth}(V, E)$ と表す. 即ち

$$\mathrm{girth}(V, E) = \min\{|\gamma| : \gamma \text{ は } (V, E) \text{ の埋め込まれたサイクル }\}$$

である.

定義 9.3.13. $\{X_n = (V_n, E_n)\}_{n \in \mathbb{N}}$ を有限グラフの族とする. ある定数 $C > 0$ が存在して, 任意の $n \in \mathbb{N}$ に対し $\mathrm{diam}\, X_n \leq C\,\mathrm{girth}\, X_n$ が成り立つとき, $\{X_n\}_{n \in \mathbb{N}}$ は **高内周**（**high girth**）を持つという.

高内周を持つエキスパンダーグラフの族の例として,

$$\left\{ \mathrm{Cay}\left(SL(2, \mathbb{Z}/p\mathbb{Z}), \left\{ \begin{pmatrix} 1 & 2 \\ 0 & 1 \end{pmatrix} \begin{pmatrix} 1 & 0 \\ 2 & 1 \end{pmatrix} \right\} \right) \right\}_{p \in \{ \text{奇素数} \}} \tag{9.1}$$

がある.

このグラスの族がエキスパンダーグラフの条件（定義 9.3.2）を満たすこと は, ルボツキー（Lubotzky）等[44] によって数論の深い結果を使って証明され

た．この事実と，族 (9.1) が高内周を持つこと[44][45]はどちらも文献 [16] に解説されている．なお，前者については後にブルガン・ガンビュール (Bourgain – Gamburd)[10] によって初等的かつ汎用性の高い別証明が与えられた．

グロモフは高内周を持つエキスパンダーグラフの族とグラフ的小相殺理論を用いて，エキスパンダーグラフをある意味で「含む」ために，ヒルベルト空間に粗埋め込み不可能な有限生成群が存在することを示した．その後オサイダ (Osajda) も同様にグラフ的小相殺理論を用いて，ケイリーグラフの中に高内周を持つエキスパンダーグラフの粗非交和を等長に含む有限生成群が存在することを示した[53]．これらの群もまたヒルベルト空間に粗埋め込み不可能である．

9.4 カジュダンの性質 (T)

マルグリス (Margulis) は有限生成群を用いてエキスパンダーグラフを具体的に構成したが，そのときに用いられた群の性質が，以下に述べるカジュダンの性質 (T) である．

ヒルベルト空間 $\mathcal{H}$ の作用素 $U\colon \mathcal{H} \to \mathcal{H}$ が $UU^* = U^*U = \mathrm{id}$ を満たすとき，U を**ユニタリー作用素 (unitary operator)** という．ユニタリー作用素全体の成す群を $U(\mathcal{H})$ とする．群 G に対し，準同型 $\pi\colon G \to U(\mathcal{H})$ を G のユニタリー表現といい，$(\pi, \mathcal{H})$ と表す．

G を有限生成群とし，S を有限生成系とする．また $(\pi, \mathcal{H})$ を G のユニタリー表現とする．あるベクトル $0 \neq u \in \mathcal{H}$ で，任意の $g \in G$ に対し $\pi(g)u = u$ を満たすものが存在するとき，π は非自明な**不変ベクトル (invariant vector)** を持つ，という．また，任意の $\epsilon > 0$ に対し，ある $v \in \mathcal{H}$ で，$\|v\| = 1$ かつ，任意の $s \in S$ に対し，

$$\|\pi(s)v - v\| < \epsilon$$

を満たすものが存在するとき，表現 π は**概不変 (almost invariant)** ベクトルを持つ，という．これは有限生成系の取り方には依らない性質である．

定義 9.4.1. G を有限生成群とする．G の任意のユニタリー表現 π に対し，もし π が概不変ベクトルを持てば，π は非自明な不変ベクトも持つとする．このとき G は**カジュダンの性質 (T)(Kazhdan's property (T))** を持つという．

マルグリスによるエキスパンダーグラフの構成には，性質 (T) を定量化したものを用いる．そのために全てのユニタリー表現を考察するので，まずユニタリー表現の間の同値関係を定める．

定義 9.4.2. 有限生成群 G の 2 つのユニタリー表現 $(\pi, \mathcal{H})$, $(\pi', \mathcal{H}')$ に対

し，あるユニタリー作用素 $U\colon \mathcal{H} \to \mathcal{H}'$ が存在して，任意の $g \in G$ に対して $U\pi(g) = \pi'(g)U$ が成立するとき，$(\pi, \mathcal{H})$ と $(\pi', \mathcal{H})$ は同値であると定める．

定義 9.4.3. G を有限生成群とし，S を有限生成系とする．G と S に付随する**カジュダン定数** $\kappa(G, S)$ を次で定める．

$$\kappa(G, S) := \inf_{\pi} \inf_{\|v\|=1} \sup_{s \in S \cup S^{-1}} \|\pi(s)v - v\|.$$

ここで最初の inf は不変ベクトルを持たない全てのユニタリー表現の同値類全体で取り，2 番目の inf は表現 π に付随するヒルベルト空間の単位ベクトル全体で取る．

演習問題 9.4.4. カジュダンの性質 (T) を持つことと，正のカジュダン定数を持つことが同値であることを示せ．

定義 9.4.5. G を群とする．G の正規部分群の列 $\{N_i\}_{i \in \mathbb{N}}$ で，各 N_i は G の中で有限指数であり，$\bigcap_{i \in \mathbb{N}} N_i = \{e\}$ を満たすものが存在するとき，G は**剰余有限**（**residually finite**）であるという．

定理 9.4.6. G をカジュダンの性質 (T) を持つ剰余有限な有限生成無限群とし，S を有限生成系とする．$\{N_i\}_{i \in \mathbb{N}}$ を正規部分群の列で，各 N_i は G の中で有限指数であり，$\bigcap_{i \in \mathbb{N}} N_i = \{e\}$ を満たすものとする．S_i を S の G/N_i 中での像とする．有限グラフの列 $\{\mathrm{Cay}(G/N_i, S_i)\}_{i \in \mathbb{N}}$ はエキスパンダーグラフの族である．

証明. G の有限指数正規部分群 N に対し，G の $\ell_2(G/N)$ へのユニタリー表現が，$g \in G$ と $f \in \ell_2^0(G/N)$, $x \in G/N$ に対して，$\pi(g)(f)(x) := f(xg)$ と定めることにより与えられる．この表現に関する不変ベクトルは定数関数のみであるので，部分空間

$$\ell_2^0(G/N) := \left\{ f \in \ell_2(G/N) : \sum_{x \in G/N} f(x) = 0 \right\}$$

へ制限した表現は不変ベクトルを持たない．

G の有限生成系 S の，N での像を S' とし，$(V, E) := \mathrm{Cay}(G/N, S')$ とおく．関数 $f \in \ell_2^0(G/N)$ で $\|f\| = 1$ を満たすものに対し，次が成り立つ．

$$
\begin{aligned}
\sum_{(v,w) \in E_{\pm}} |f(v) - f(w)|^2 &= \sum_{x \in G/N} \sum_{s \in S \cup S^{-1}} |f(x) - f(xs)|^2 \\
&= \sum_{s \in S \cup S^{-1}} \|f - \pi(s)f\|^2 \\
&\geq \sup_{s \in S \cup S^{-1}} \|f - \pi(s)f\|^2 \\
&\geq \kappa(G, S)^2.
\end{aligned}
$$

よって系 9.3.9 より $\lambda_1(\mathrm{Cay}(G/N)) \geq \kappa(G,S)^2$ となる．以上の計算を $N = N_i \, (i \in \mathbb{N})$ に適用すれば $\lambda_1(\mathrm{Cay}(G/N_i)) \geq \kappa(G,S)^2$ を得る． $\qquad\square$

例 9.4.7. $n \geq 3$ のとき，$SL(n;\mathbb{Z})$ はカジュダンの性質 (T) を持つことが知られている．$p_1 < p_2 < \ldots$ を奇素数の増大列とし，

$$N_i := \mathrm{Ker}(SL(3;\mathbb{Z}) \to SL(3;\mathbb{Z}/p_i\mathbb{Z}))$$

とする．N_i は $SL(3;\mathbb{Z})$ の有限指数正規部分群であり，$\bigcap_{i \in \mathbb{N}} N_i = \{I_3\}$ を満たす．ここで I_3 は 3 次単位行列．また，行列 A, B を下式のようにおくと，

$$A := \begin{pmatrix} 1 & 1 & 0 \\ 0 & 1 & 0 \\ 0 & 0 & 1 \end{pmatrix}, \qquad B := \begin{pmatrix} 0 & 1 & 0 \\ 0 & 0 & 1 \\ 1 & 0 & 0 \end{pmatrix},$$

A, B は $SL(3;\mathbb{Z})$ を生成する．従って $\{\mathrm{Cay}(SL(3;\mathbb{Z}/p_i\mathbb{Z}), \{A,B\})\}_{i \in \mathbb{N}}$ はエキスパンダーグラフの族である．

この節では有限生成群に対して性質 (T) を定義したが，実際には位相群に対して性質 (T) を定義することができる．そして離散群が性質 (T) を持てば，その群は有限生成であることが知られている．

どのような離散群が性質 (T) を持つか，というのは幾何学的群論に於ける重要な問題であるが，最近になって計算機を用いて研究する方法が確立され[60]，実際に $\mathrm{Aut}(F_5)$ が性質 (T) を持つことが示された[39]．ここで $\mathrm{Aut}(F_n)$ はランク n の自由群の自己同型群を表す．上述の結果は，$n = 2,3$ のときに，$\mathrm{Aut}(F_n)$ が性質 (T) を持たない，という結果（論文 [46] [30] [6] を参照）と対照的である．

論文 [49] では，有限群のケイリーグラフの無限族の粗非交和の粗幾何学と，その有限群の列の「極限」として現れる群の性質 (T) についての関係について研究されている．

可算群が性質 (T) を持つことと，その群がヒルベルト空間にアフィン等長変換として作用するとき必ず固定点を持つことが同値であることが知られている．これに端を発して，どのような群が，ヒルベルト空間や，より一般に各種のバナッハ空間に作用するときに固定点を持つか，という問題も盛んに研究されている．詳しくは文献 [52] 及び論説 [51] を参照して頂きたい．

付録 A
距離空間の一般論

本書で用いた距離空間の理論のうち，粗幾何学の範疇に属さないものについて解説する．

A.1　ヒルベルト空間への位相埋め込み

可分な無限次元ヒルベルト空間を $\mathcal{H}$ で表す．ここでは $\mathcal{H}$ を具体的に

$$\mathcal{H} := \left\{ f \colon \mathbb{N} \to \mathbb{R} : \sum_{n \in \mathbb{N}} |f(n)|^2 < \infty \right\}$$

で与える．この節では任意のコンパクト距離化可能空間を，$\mathcal{H}$ の単位球面の中に位相埋め込みすることができることを示す．

X をコンパクト距離化可能空間とする．X は可分であるので，ある点列 $(x_n)_{n \in \mathbb{N}}$ で，集合 $\{x_n : n \in \mathbb{N}\} \subset X$ が X の中で稠密になっているものが存在する．また X の位相と一致する距離 d を一つ選ぶ．

そこで写像 $\varphi \colon X \to \mathcal{H}$ を，$x \in X$ と $n \in \mathbb{N}$ に対し $\varphi(x)(n) := 2^{-n} d(x, x_n)$ で定める．

$$\sum_{n \in \mathbb{N}} |\varphi(x)(n)|^2 \le \sum_{n \in \mathbb{N}} 4^{-n} \operatorname{diam}(X)^2 \le \operatorname{diam}(X)^2 < \infty$$

であるので，$\varphi(x)$ は確かに $\mathcal{H}$ の元を定める．

補題 A.1.1. 上で定めた写像 $\varphi \colon X \to \mathcal{H}$ は位相埋め込み，即ち像への同相写像である．

証明．相異なる 2 点 $p, q \in X$ を取り，$\delta = d(p, q)$ とおく．集合 $\{x_n : n \in \mathbb{N}\}$ が X の中で稠密なので，ある $n \in \mathbb{N}$ が存在して $d(p, x_n) < \delta/2$ となる．すると $d(q, x_n) \ge d(q, p) - d(p, x_n) > \delta/2$ であるから，$\varphi(p)(n) < \delta/2^{n+1} < \varphi(q)(n)$ となる．よって φ は単射．従って特に像への全単射である．

次に φ が連続であることを確かめる．正数 $\epsilon > 0$ を任意に取る．ある $N \in \mathbb{N}$ が存在して，$\sum_{n>N} 4^{-n} \operatorname{diam}(X)^2 < \epsilon$ となる．$p \in X$ とし，$(p_n)_{n \in \mathbb{N}}$ を p に収束する X の点列とする．ある $M \in \mathbb{N}$ が存在し，任意の $m > M$ に対して $d(p, p_m) < \sqrt{\epsilon/N}$ が成り立つ．従って

$$
\begin{aligned}
\|\varphi(p) - \varphi(p_m)\|^2 &= \sum_{1 \le n \le N} 4^{-n}(d(p, x_n) - d(p_m, x_n))^2 \\
&\quad + \sum_{N < n} 4^{-n}(d(p, x_n) - d(p_m, x_n))^2 \\
&\le \sum_{1 \le n \le N} d(p, p_m)^2 + \sum_{N < n} 4^{-n} \operatorname{diam}(X) \le 2\epsilon.
\end{aligned}
$$

よって φ は連続.

ここで $\mathcal{H}$ はハウスドルフ空間であるから，像 $\varphi(X)$ もハウスドルフ空間である．以上より $\varphi \colon X \to \varphi(X)$ はコンパクト空間からハウスドルフ空間への連続な全単射なので，同相写像である． $\qquad\square$

以上の議論により，コンパクト距離空間からヒルベルト空間 $\mathcal{H}$ への位相埋め込みを構成できた．次に，この埋め込みの像を $\mathcal{H}$ の単位球上に取り直せることを確認しよう．そのために立体射影を用いる．

次のようなヒルベルト空間の直和を考える．

$$
\mathcal{H}' := \mathbb{R} \oplus \mathcal{H}.
$$

$\mathcal{H}'$ 上のノルムを，$t \in \mathbb{R}$ と $v \in \mathcal{H}$ に対して $\|t \oplus v\|_{\mathcal{H}'} := \sqrt{t^2 + \|v\|^2}$ で定める．新しいヒルベルト空間 $\mathcal{H}'$ は元の $\mathcal{H}$ と同型になることに注意する．またノルム $\|t \oplus v\|_{\mathcal{H}'}$ を $\|t \oplus v\|$ と表すことにする．

$\mathcal{H}'$ の単位球を $\mathbb{S}(1) := \{v \in \mathcal{H}' : \|v\| = 1\}$ と定める．$\mathcal{H}$ の原点を O で表し，$\mathbb{S}$ の北極点 N を $N := 1 \oplus O$ と定める．そこで立体射影 $\Phi \colon \mathbb{S}(1) \setminus \{N\} \to \mathcal{H}$ を $(t, v) \in \mathbb{S}(1) \setminus \{N\}$ に対し，$\Phi(t, v) := (1/(1-t))v$ で定める．$\Phi(t, v)$ は 2 点 N，(t, v) を結ぶ直線と部分空間 $\mathcal{H}$ との交点である．逆写像 $\Phi^{-1} \colon \mathcal{H} \to \mathbb{S}(1) \setminus \{N\}$ は $v \in \mathcal{H}$ に対し，

$$
\Phi^{-1}(v) := \frac{\|v\| - 1}{\|v\| + 1} \oplus \frac{2}{1 + \|v\|} v
$$

で与えられる．写像 Φ 及び Φ^{-1} は連続であることが容易に確かめられる．

従って先に構成したコンパクト距離空間 X からの位相埋め込み $\varphi \colon X \to \mathcal{H}$ との合成 $\Phi^{-1} \circ \varphi \colon X \to \mathbb{S} \setminus \{N\}$ は位相埋め込みである．

以上をまとめて次の命題を得る．

命題 A.1.2. コンパクト距離化可能空間は，ヒルベルト空間の中の単位球に位相埋め込み可能である．

A.2 概距離空間

Z を集合とする．関数 $\rho\colon Z \times Z \to \mathbb{R}_{\geq 0}$ に対して，ある定数 $K \geq 1$ が存在して次の条件が成立するとき，ρ を Z 上の**概距離**（**quasi-metric**）という．

(i) $a, b \in Z$ に対し，$\rho(a, b) = \rho(b, a)$.

(ii) $a, b \in Z$ に対し，$\rho(a, b) = 0$ と $a = b$ は同値.

(iii) $a, b, c \in Z$ に対し，$\rho(a, c) \leq K \max\{\rho(a, b), \rho(b, c)\}$.

ここで $K = 1$ ならば，(iii) は超三角不等式と呼ばれる不等式であり，特に三角不等式を満たし，従って ρ は距離になる．しかし $K > 1$ の場合には (iii) から三角不等式を導くことができない．フリンク（Frink）は関数 ρ をうまく変形し，$K \leq 2$ のとき Z 上の距離を具体的に構成した[19]．以下では論文 [67] 及び [47] を参考にしてその方法を解説する．

2 点 $a, b \in Z$ に対し，点列 $(a = a_0, a_1, \ldots, a_n = b)$ を a と b を結ぶ**鎖**という．鎖 $\sigma = (a_0, a_1, \ldots, a_n)$ の長さを n と定め，$|\sigma| = n$ と表すことにする．a と b を結ぶ鎖の集合を $\mathcal{C}_{a,b}$ とおく．鎖 $\sigma = (a_0, \ldots, a_n) \in \mathcal{C}_{a,b}$ に対し，

$$\rho(\sigma) := \sum_{i=1}^{n} \rho(a_{i-1}, a_i)$$

と定める．そして関数 $d\colon Z \times Z \to \mathbb{R}_{\geq 0}$ を

$$d(a, b) := \inf\{\rho(\sigma) : \sigma \in \mathcal{C}_{a,b}\}$$

と定める．

定理 A.2.1 (フリンク)．$K \leq 2$ のとき d は Z 上の距離であり，$a, b \in Z$ に対して次が成り立つ．

$$\frac{1}{2K}\rho(a, b) \leq d(a, b) \leq \rho(a, b). \tag{A.1}$$

証明． ρ の性質から d は対称な関数である．鎖を使った構成より，三角不等式も成立する．不等式 (A.1) が成立すれば，d は非退化であり，従って距離になる．そこで $K \leq 2$ のとき (A.1) が成立することを示そう．構成より $d \leq \rho$ は明らかである．故に $\rho \leq 2Kd$ を示す．

$a, b \in Z$ とし，鎖 $\sigma \in \mathcal{C}_{a,b}$, $\sigma = (a_0, \ldots, a_{n+1})$ に対し，

$$\rho(a, b) \leq \sum(\sigma) := K\left(\rho(a_0, a_1) + 2\sum_{i=1}^{n-1} \rho(a_i, a_{i+1}) + \rho(a_n, a_{n+1})\right) \tag{A.2}$$

が成り立つことを，鎖の長さ $|\sigma|$ に関する帰納法で示す．$|\sigma| = 3$ の場合は，ρ に関する性質 (iii) から従う．そこで $|\sigma| \leq n$ を満たす全ての鎖について (A.2)

が成立すると仮定する.

ここで $\sigma = (a_0, \ldots, a_{n+1}) \in \mathcal{C}_{a,b}$ を $|\sigma| = n+1$ なる鎖とする. 自然数 $p \in \{1, \ldots, n-1\}$ に対し, $\sigma'_p := (a_0, \ldots, a_{p+1})$, $\sigma''_p := (a_p, \ldots, a_{n+1})$ とおく. $\sum(\sigma) = \sum(\sigma'_p) + \sum(\sigma''_p)$ である.

性質 (iii) より任意の p に対し, $\rho(a,b) \leq K \max\{\rho(a,a_p), \rho(a_p,b)\}$ であるから, $\rho(a,b) \leq K\rho(a_p,b)$ を満たす最大の $p \in \{0, \ldots, n\}$ が存在する. そのような p に対し $\rho(a,b) \leq K\rho(a,a_{p+1})$ も成り立つ. 従って次が成り立つ.

$$\rho(a,b) \leq K \min\{\rho(a,a_{p+1}), \rho(a_p,b)\}.$$

ここで $b = a_{n+1}$ に注意すれば, $p = 0, n$ の場合は直ちに (A.2) が成立することが分かる. 従って $p \in \{1, \ldots, n-1\}$ と仮定してよい. このとき帰納法の仮定より

$$\rho(a, a_{p+1}) + \rho(a_p, b) \leq \sum(\sigma'_p) + \sum(\sigma''_p) = \sum(\sigma)$$

である. 一方で $K \leq 2$ より

$$\rho(a,b) \leq 2\min\{\rho(a,a_{p+1}), \rho(a_p,b)\} \leq \rho(a,a_{p+1}) + \rho(a_p,b).$$

以上より (A.2) は成立する. また (A.2) より $\rho(a,b) \leq 2Kd(a,b)$ が従うので, 題意は成立する. $\qquad\square$

付録 B
単体複体

第 7 章で用いられた単体複体に関する事項を解説する．詳しくは文献 [70] を参照して頂きたい．

B.1　抽象単体複体

定義 B.1.1（単体複体）．V を集合とする．V の有限部分集合の族 $K \subset \mathfrak{P}(V)$ が条件：

(1) 任意の $v \in V$ に対し，$\{v\} \in K$,
(2) $\sigma \in K$ かつ $\tau \subset \sigma$ なら $\tau \in K$

を満たすとき，K を V 上の **単体複体**（**simplicial complex**）という．このとき K の元を**単体**という．特に非負整数 k に対し，$\sigma \in K$ で $\#\sigma = k+1$ を満たすものを k 単体という．また V の元を K の**頂点**という．K の頂点の集合（即ち V）を $V(K)$ と表す．

　任意の頂点 $v \in V$ に対し，単体 $\sigma \in K$ で $v \in \sigma$ を満たすものが有限個しかないとき，K は**局所有限**であるという．

定義 B.1.2. K を単体複体とする．非負整数 q に対し，単体複体 $K^{(q)}$ を，

$$K^{(q)} := \{\sigma \in K : \#\sigma \le q+1\}$$

で定め，K の q **骨格**（**skelton**）という．

定義 B.1.3. K を単体複体とする．部分集合 $L \subset K$ が単体複体の条件（定義 B.1.1）を満たすとき，L を K の**部分複体**（**subcomplex**）という．さらに，任意の部分集合 $\sigma \subset V(L)$ に対し，$\sigma \in K$ ならば $\sigma \in L$, が成り立つとき，L を K の**充満な**（**full**）部分複体という．

定義 **B.1.4.** 単体複体 K の単体 $\sigma \in K$ に対し, σ の K に於けるリンク (**link**) を, 単体 $\tau \in K$ で

$$\tau \cap \sigma = \varnothing \quad \text{かつ} \quad \tau \cup \sigma \in K$$

を満たすもの全体の成す K の部分複体として定め, $\mathrm{Link}(\sigma)$ と表す.

例 **B.1.5.** X を位相空間とし, $\mathcal{U}$ を X の被覆とする. 部分集合族 $\mathcal{N}(\mathcal{U}) \subset \mathfrak{P}(\mathcal{U})$ を, 有限集合 $\sigma = \{U_0, \ldots, U_q\} \subset \mathcal{U}$ で

$$U_0 \cap U_2 \cap \cdots \cap U_q \neq \varnothing$$

を満たすもの全体の成す集合として定める. $\mathcal{N}(\mathcal{U})$ は単体複体であり, これを $\mathcal{U}$ の **脈複体** (**nerve complex**) という.

定義 **B.1.6.** K, L を単体複体とする. 頂点集合の間の写像 $f \colon V(K) \to V(L)$ が

$$f(\sigma) \in L \quad (\forall \sigma \in K)$$

を満たすとき, f を**単体写像**と呼び, $f \colon K \to L$ と表す.

　任意の頂点 $v \in V(L)$ に対して逆像 $f^{-1}(v)$ が有限集合であるとき, f は**固有** (**proper**) であるという.

定義 **B.1.7.** $f, g \colon K \to L$ を単体写像とする. 任意の単体 $\sigma \in K$ に対して $f(\sigma) \cup g(\sigma)$ が L の単体となるとき, f と g は**隣接** (**contiguous**) しているという.

B.2　幾何学的実現

　単体複体を対象とし単体写像を射とする圏を, **単体複体の圏**という. 単体複体の圏から位相空間の圏への共変関手を次のように構成する. K を単体複体とする. 集合 $|K|$ を, 写像 $\alpha \colon V(K) \to [0, 1]$ で, 以下の条件を満たすもの全体として定める.

(a) $\mathrm{supp}(\alpha) \in K$,
(b) $\sum_{v \in V(K)} \alpha(v) = 1$.

頂点 $v \in V(K)$ に対し, $\alpha(v)$ を α の v に関する**重心座標**という. また $v \in V(K)$ に対し, 写像 $\alpha_v \colon V(K) \to [0, 1]$ を, $\alpha_v(v) = 1$, $\alpha_v(v') = 0 \, (v' \neq v)$ とすることにより, 自然な埋め込み $V(K) \hookrightarrow |K|$ が構成される. この埋め込みにより $V(K)$ を $|K|$ の部分集合と見なす.

　集合 $|K|$ に以下のようにして位相を入れる. まず単体 $\sigma \in K$ に対し, 集合

$|\sigma|$ を

$$|\sigma| := \{\alpha \in |K| : \operatorname{supp}\alpha \subset \sigma\}$$

として定める. q 単体 σ に対し, $|\sigma|$ から $\mathbb{R}^{q+1}$ の部分集合

$$\left\{(x_0,\ldots,x_q) \in \mathbb{R}^{q+1} : 0 \le x_i \le 1, \sum_{i=0}^{q} x_i = 1\right\}$$

への全単射が存在する. 実際 $\sigma = \{v_0,\ldots,v_q\}$ とすることにより,

$$\alpha \mapsto (\alpha(v_0),\ldots,\alpha(v_q))$$

で写像が与えらえる. この写像が同相写像となる様に $|\sigma|$ に位相を定める. 次に $A \subset |K|$ とする. 任意の単体 $\sigma \in K$ に対して $A \cap |\sigma|$ が $|\sigma|$ の閉集合となるとき, A は $|K|$ の閉集合であると定める. この位相を**弱位相**という.

定義 B.2.1. 集合 $|K|$ に弱位相を備えた空間を K の**幾何学的実現**という.

単体写像 $f\colon K \to L$ に対して連続写像 $|f|\colon |K| \to |L|$ を, $\alpha \in |K|$ と $v \in V(L)$ に対し,

$$|f|(\alpha)(v) := \sum_{u \in f^{-1}(v)} \alpha(u)$$

で定める. この $|f|$ を f の幾何学的実現という.

命題 B.2.2. 2 つの単体写像 $f,g\colon K \to L$ が隣接しているとき, 連続写像 $|f|$ と $|g|$ はホモトピックである. 特に K と L が局所有限であり, f と g が固有であるなら, f と g は固有ホモトピックである.

証明. ホモトピー $H\colon |K| \times I \to |L|$ を, $(\alpha,t) \in |K| \times [0,1]$ と $v \in V(L)$ に対し,

$$H(\alpha,t)(v) := (1-t)\,|f|(\alpha)(v) + t\,|g|(\alpha)(v)$$

で定めればよい. □

K を単体複体とする. 1 骨格 $K^{(1)}$ に対し, 幾何学的実現 $|K^{(1)}|$ はグラフなので, 一片の長さを 1 とするグラフ距離を持つ. 写像 $\phi\colon |K| \to |K^{(1)}|$ が, 頂点を頂点に移し, 任意の単体 $\sigma \in K$ に対し, ある $v_\sigma \in \sigma$ が存在して $\phi(\operatorname{int}|\sigma|) = \phi(v_\sigma)$ となる, という条件を満たすとき, ϕ を**骨格写像**という. ここで $\operatorname{int}|\sigma|$ は $|\sigma|$ の内部を表す.

定義 B.2.3. K を単体複体とする. d を K 上の距離で, それが定める位相が弱位相と一致するものとする. 骨格写像 $\phi\colon (|K|,d) \to |K^{(1)}|$ が $|K^{(1)}|$ 上のグラフ距離に関して粗同値写像となるとき, 距離 d を K の**粗幾何学的実現**という.

付録 C
作用素環の K 理論について

この付録の前半では，C^* 環の K 群の定義と基本的な性質について簡潔に述べる．詳細は文献 [72][5] を参照して頂きたい．また幾何学者向けに日本語で書かれた解説として文献 [81] がある．後半では本文中で用いた命題とその証明を与える．

C.1 C^* 環と K 理論

B を $\mathbb{C}$ 上の多元環とする．B 上にあるノルム $\|\cdot\|$ が備わっていて，B はこのノルムに関してバナッハ空間であり，任意の $a, b \in B$ に対して，

$$\|ab\| \le \|a\| \, \|b\|$$

が成り立つとき，B は**バナッハ環**であるという．

バナッハ環 B 上の写像 $*: B \to B$ で，任意の $a, b \in B$ と $\alpha \in \mathbb{C}$ に対し，

$$a^{**} = a, \quad (ab)^* = b^* a^*, \quad (\alpha a + b)^* = \bar{\alpha} a^* + b^*$$

を満たすものを**対合**という．B が乗法に関する単位元 1 を持つならば，$1^* = 11^* = (1^*1)^* = (1^*)^* = 1$ である．

定義 C.1.1. A をバナッハ環とする．A は対合を持ち，任意の $a \in A$ に対し，

$$\|a^* a\| = \|a\|^2$$

が成り立つとき，A を **C^* 環**という．またこのノルム $\|\cdot\|$ を **C^* ノルム**という．

A を C^* 環とする．任意の $a \in A$ に対し，$\|a\|^2 = \|a^* a\| \le \|a^*\| \, \|a\|$ より $\|a\| \le \|a^*\|$ である．また $a = a^{**}$ なので，$\|a^*\| \le \|a\|$ も成り立つ．よって $\|a\| = \|a^*\|$ である．A が単位元 1 を持てば，$\|1\| = 1$ である．

例 C.1.2. X を局所コンパクト・ハウスドルフ空間とする．X 上の有

界連続関数のなす環 $C_b(X)$ は，$f \in C_b(X)$ に対して $f^*(x) := \overline{f(x)}$，$\|f\| := \sup\{|f(x)| : x \in X\}$ と定めることにより，単位元 1 を持つ C^* 環となる．

例 C.1.3. $\mathcal{H}$ をヒルベルト空間とし，$B(\mathcal{H})$ を $\mathcal{H}$ 上の有界線型作用素のなす環とする．$B(\mathcal{H})$ には共役 $* : A \mapsto A^*$ が備わっている．作用素ノルム $\|A\| := \sup\{\|Av\| : v \in \mathcal{H}, \|v\| = 1\}$ により $B(\mathcal{H})$ は C^* 環となる．

$K(\mathcal{H})$ によりコンパクト作用素のなす環を表す．$K(\mathcal{H})$ は $B(\mathcal{H})$ の閉イデアルであるから作用素ノルムに関して完備であり，従って C^* 環となる．

2 つの C^* 環 A, B の間の環準同型 $f : A \to B$ が任意の $a \in A$ に対し $f(a^*) = f(a)^*$ を満たすとき，f を **∗ 準同型**という．C^* 環を対象とし，∗ 準同型を射とする圏を **C^* 環の圏**という．

定理 C.1.4. C^* 環の圏から $\mathbb{Z}/2\mathbb{Z}$ 次数付きアーベル群の成す圏への共変関手 $K_{\bullet} = \{K_0, K_1\}$ で，以下を満たすものが存在する．

ホモトピー不変性

∗ 準同型 $\phi, \psi : A \to B$ に対して $t \in [0,1]$ でパラメータ付けられた ∗ 準同型の族 $\{w_t : A \to B\}_{t \in [0,1]}$ で，条件：

(a) $w_0 = \phi$，$w_1 = \psi$，

(b) 任意の $a \in A$ に対し，写像 $t \to w_t(a)$ はノルム位相に関して連続

を満たすものが存在するとき，ϕ と ψ は**ホモトピック**であるという．ϕ と ψ がホモトピックであるとき $\phi_{\bullet} = \psi_{\bullet} : K_{\bullet}(A) \to K_{\bullet}(B)$ となる．

懸垂同型

C^* 環 A に対して C^* 環 SA を

$$SA := \{f : [0,1] \to A \ \text{連続} \ : f(0) = f(1) = 0\} \cong C_0((0,1)) \otimes A$$

と定め，A の**懸垂（suspension）**という．自然な同型

$$\alpha : K_1(A) \to K_0(SA)$$

が存在する．

ボット（Bott）周期性

C^* 環 A に対して自然な同型

$$\beta : K_0(A) \to K_1(SA)$$

が存在する．

六項完全列

C^* 環の短完全列 $0 \to J \to A \to A/J \to 0$ に対して完全列

$$K_0(J) \longrightarrow K_0(A) \longrightarrow K_0(A/J)$$

$$\uparrow \delta_1 \qquad\qquad\qquad\qquad \delta_0 \downarrow$$

$$K_1(A/J) \longleftarrow K_1(A) \longleftarrow K_1(J)$$

が成立する.

連続性

$(A_n)_{n \in \mathbb{N}}$ を C^* 環の族とする. $A_1 \subset A_2 \subset \cdots \subset A_n \subset A_{n+1} \subset \cdots$ であるとき, 和集合 $\bigcup_{n \in \mathbb{N}} A_n$ は自然に C^* ノルムを持つ. このノルムに関する完備化を $\varinjlim A_n$ で表す. このとき, 次の同型写像が存在する.

$$\varinjlim K_\bullet(A_n) \to K_\bullet(\varinjlim A_n).$$

安定性

$\mathcal{H}$ をヒルベルト空間とし, $e \in K(\mathcal{H})$ を 1 次元部分空間への射影で与えられるコンパクト作用素とする. C^* 環 A に対し, $*$ 準同型 $A \to A \otimes K(\mathcal{H})$ を $a \mapsto a \otimes e$ で与えると, この *-準同型は K 群の同型 $K_\bullet(A) \xrightarrow{\cong} K_\bullet(A \otimes K(\mathcal{H}))$ を誘導する. 特に $M_n(A)$ を A 成分の n 次正方行列の成す C^* 環とするとき, 自然な同型 $K_\bullet(A) \cong K_\bullet(M_n(A))$ が存在する.

C.1.1 K_0 の構成

A を単位元 1 を持つ C^* 環とする. $p \in A$ は, $p = p^* = p^2$ を満たすとき, **射影子**であるという.

包含写像 $M_n(A) \hookrightarrow M_{n+k}(A)$ を, $X \in M_n(A)$ を $n+k$ 次正方行列の左上の $n \times n$ 成分に入れ, 他の成分を全て 0 とした行列に送るとして定める.

$$M_n(A) \ni X \mapsto \begin{pmatrix} X & 0 \\ 0 & 0 \end{pmatrix} \in M_{n+k}(A).$$

帰納極限を $M_\infty(A) := \varinjlim M_n(A)$ と表す. $M_n(A)$ に含まれる射影子の集合を $P_n(A)$ とする. 自然な写像 $P_n(A) \hookrightarrow P_{n+k}(A)$ に関する帰納極限を $P_\infty(A) := \varinjlim P_n(A)$ と表す.

定義 C.1.5. 射影子 $p, q \in P_\infty(A)$ に対し, ある $v \in M_\infty(A)$ で, $p = vv^*$ かつ $q = v^*v$ を満たすものが存在するとき, p と q は**マレー・フォンノイマン** (**Murray-von Neoumann**) の意味で同値であるといい, $p \sim q$ と表す. またこのとき v を**部分等長作用素** (**partial isometry**) という.

補題 C.1.6. p, q を射影子とする. $\|p - q\| < 1$ ならば, $p \sim q$.

系 C.1.7. p, q を射影子とする. ノルム位相に関して連続な写像

$$\phi\colon [0,1] \to P_\infty(A)$$

で，$\phi(0) = p$ かつ $\phi(1) = q$ を満たすものが存在するとき，$p \sim q$ である．

定義 C.1.8. $u \in M_n(A)$ が，$u^*u = 1$ を満たすとき，u を**等長作用素** (isometry) という．また $uu^* = u^*u = 1$ を満たすとき，u を**ユニタリー** (unitary) という．射影子 p, q に対して，あるユニタリー u が存在し，$q = upu^*$ となるとき，p と q は**ユニタリー同値**であるといい，$p \sim_u q$ と表す．

補題 C.1.9. 射影子 p, q がユニタリー同値であれば，p, q はマレー・フォンノイマンの意味で同値である．

証明. ユニタリー u で $q = upu^*$ を満たすものを用いて，$v = pu^*$ とおけば，$p = vv^*$ かつ $q = v^*v$ が成り立つ． □

射影子 p, q に対し，その直和を

$$p \oplus q := \begin{pmatrix} p & 0 \\ 0 & q \end{pmatrix}$$

で定める．$p \oplus q \sim q \oplus p$ である．

射影子 $p \in P_\infty(A)$ のマレー・フォンノイマンの意味での同値類を $[p]$ で表す．同値類の全体を $V(A)$ と表す．$V(A)$ 上の和を $[p] + [q] := [p \oplus q]$ で定めると，$V(A)$ は可換半群になる．

定義 C.1.10. A を単位元を持つ C^* 環とする．直積 $V(A) \times V(A)$ 上の同値関係 $\equiv$ を，$(x, y), (z, w) \in V(A) \times V(A)$ に対し，ある $u \in V(A)$ が存在して，$x + w + u = y + z + u$ が成り立つとき，$(x, y) \equiv (z, w)$ として定める．この同値関係に関する商集合

$$K_0(A) := (V(A) \times V(A))/\equiv$$

を A の **K_0 群**と定める．

2 つの射影子 $p, q \in P_n(A)$ に対し，組み $([p], [q])$ の $\equiv$ に関する同値類を形式的な差 $[p] - [q]$ で表す．

例 C.1.11. $A = \mathbb{C}$ の場合，射影子 $P \in P_n(\mathbb{C})$ は像 $\mathrm{Im}\, P$ への直行射影である．従って $P, Q \in P_n(\mathbb{C})$ に対し，$P \sim Q$ と $\mathrm{rank}\, P = \mathrm{rank}\, Q$ は同値である．よって写像 $K_0(\mathbb{C}) \to \mathbb{Z}$ を $[P] - [Q] \mapsto \mathrm{rank}\, P - \mathrm{rank}\, Q$ で定めると，これは同型写像である．

C^* 環 A が単位元 1 を持つとは限らない場合は以下のように構成する．ベクトル空間としての直和 $A^+ := A \oplus \mathbb{C} = \{(a, \lambda) \in A \times \mathbb{C}\}$ に $(a, \lambda) \cdot (b, \mu) := (ab + \lambda b + \mu a, \lambda\mu)$ として積を定める．この積に関して

$(0,1)$ は単位元である．また $(a,\lambda)^* := (a^*, \bar\lambda)$ とする．ノルムを

$$\|(a,\lambda)\| := \sup\{\|ab + \lambda b\| : b \in A, \|b\| = 1\}$$

で定めることにより，A^+ は単位元を持つ C^* 環となる．これは**添加写像**と呼ばれる $*$ 準同型 $\varphi\colon A^+ \to \mathbb{C},\ (a,\lambda) \mapsto \lambda$ を備えている．

定義 C.1.12. A を C^* 環とする．添加写像が誘導する K_0 群の準同型の核

$$K_0(A) := \mathrm{Ker}[\varphi_\bullet \colon K_0(A^+) \to K_0(\mathbb{C}) \cong \mathbb{Z}]$$

を A の K_0 群と定める．$K_0(\cdot)$ は C^* 環の圏からアーベル群の圏への共変関手である．

C.1.2　K_1 群の構成

単位元を持つ C^* 環 A に対し，A 成分の n 次行列 $M_n(A)$ の可逆元全体の成す群を $GL_n(A)$ と表す．包含写像 $GL_n(A) \hookrightarrow GL_{n+k}(A)$ を

$$G \mapsto \begin{pmatrix} G & 0 \\ 0 & I_k \end{pmatrix}$$

で定める．ただし I_k は k 次単位行列である．帰納極限を

$$GL_\infty(A) := \varinjlim(GL_n(A))$$

と表す．また，$GL_\infty(A)$ の単位元を含む連結成分を $GL_\infty(A)_0$ と表す．

定義 C.1.13. 単位元を持つ C^* 環 A に対し，商群

$$K_1(A) := GL_\infty(A)/GL_\infty(A)_0$$

を A の K_1 群と定める．$K_1(\cdot)$ は C^* 環の圏からアーベル群の圏への共変関手である．

例 C.1.14. $GL_n(\mathbb{C})$ は連結なので，$K_1(\mathbb{C}) = \{0\}$ である．

A が単位元を持たない場合は，単純に $K_1(A) := K_1(A^+)$ として定める．K_0 の場合と異なり添加写像を用いないのは，K_1 の場合は例 C.1.14 より

$$\mathrm{Ker}[\varphi_\bullet \colon K_1(A^+) \to K_1(\mathbb{C})] = K_1(A^+)$$

となるからである．

C.2　本文中で使われる命題

命題 C.2.1. A を C^* 環とし，I と J を A の閉イデアルとする．次が成り立つ．

(1) イデアル $I + J$ は閉.

(2) $IJ = I \cap J$.

　まず，証明に必要な作用素のスペクトラムに関する理論を用意する．A を C^* 環とする．A が単位元を持つとき，元 $a \in A$ の**スペクトラム**（**spectrum**）を

$$\sigma(a) := \{\lambda \in \mathbb{C} : \lambda 1 - a \notin GL_1(A)\}$$

と定める．$\sigma(a)$ は空でないコンパクト集合である．A が単位元を持たないときは，$a \in A$ を A^+ の元と見なしたときのスペクトラムで $\sigma(a)$ を定義する．

定義 C.2.2. A を C^* 環とする．元 $a \in A$ が $a = a^*$ を満たすとき，a は**自己共役**（**selfadjoint**）であるという．

命題 C.2.3. A を C^* 環とする．$a \in A$ が自己共役であるとき，$\sigma(a) \subset \mathbb{R}$ が成り立つ．

定義 C.2.4. A を C^* 環とする．自己共役元 $a \in A$ が $\sigma(a) \subset \mathbb{R}_{\geq 0}$ を満たすとき，a は**正値**であるという．

命題 C.2.5. A を C^* 環とする．

1. 正値元 $a \in A$ に対し，$a = b^2$ を満たす正値元 $b \in A$ がただ一つ存在する．このような b を $\sqrt{a}$ と表す．

2. $x \in A$ に対し，x^*x は正値である．そこで $|x| := \sqrt{x^*x}$ と定める．

命題 C.2.1 の証明. (1) について．第二準同型定理より，$(I+J)/J \cong I/(I \cap J)$ である．従って $(I+J)/J$ は C^* 環であり，特に A/J の C^* 部分代数である．$I+J$ は商写像 $A \to A/J$ による $(I+J)/J$ の逆像であるから，閉集合である．

　(2) について．$IJ \subset I \cap J$ は自明なので，逆の包含関係を示す．$a \in I \cap J$ とする．$b := (a + a^*)/2$，$c := (a - a^*)/(2\sqrt{-1})$ とおけば，b と c は共に自己共役であり，$b, c \in I \cap J$，$a = b + \sqrt{-1}c$ となる．さらに自己共役元 $s \in I \cap J$ に対し，$s_+ := (|s| + s)/2$，$s_- := (|s| - s)/2$ とおけば，$s_+, s_- \in I \cap J$ かつ s_+ と s_- は共に正値であり，$s = s_+ - s_-$ となる．よって正値元 $x \in I \cap J$ に対して $x \in IJ$ を示せばよい．このとき $x = (\sqrt{x})^2$ かつ $\sqrt{x} \in I \cap J$ であるから，$x \in IJ$ となる． $\square$

命題 C.2.6. A を C^* 環とし，I と J を A の閉イデアルとする．$I + J = A$ であるとき，次の六項マイヤー・ビートリス完全列が成立する．

$$
\begin{array}{ccccc}
K_1(I \cap J) & \longrightarrow & K_1(I) \oplus K_1(J) & \longrightarrow & K_1(A) \\
\uparrow & & & & \downarrow \\
K_0(A) & \longleftarrow & K_0(I) \oplus K_0(J) & \longleftarrow & K_0(I \cap J)
\end{array}
$$

証明のために補題を用意する.

補題 C.2.7. C^* 環 A の錐 CA を

$$CA := \{f \colon [0,1] \to A \text{ 連続} \colon f(0) = 0\} \cong A \otimes C_0([0,1))$$

で定める. このとき $K_\bullet(CA) = \{0\}$ である.

証明. $*$-準同型の族 $\{w_s \colon CA \to CA\}_{s \in [0,1]}$ を, $f \in CA$ と $0 \le t \le s$ に対し, $w_s(f)(t) := f(t)$ とし, $s \le t \le 1$ に対し $w_s(f)(t) := f(s)$ と定める. これにより CA の恒等写像 id_{CA} は CA の元 $(t \mapsto 0)$ への定値写像とホモトピックになる. 従って K 群のホモトピー不変性により次の可換図式を得る.

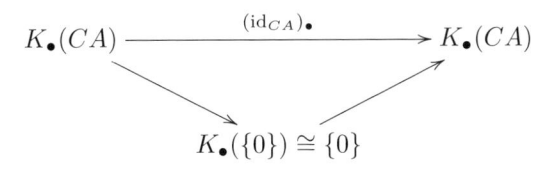

これより恒等写像 $(\mathrm{id}_{CA})_\bullet$ はゼロ写像である. よって $K_\bullet(CA) = \{0\}$. $\qquad\square$

命題 C.2.6 の証明. まず次の C^* 環

$$B := \{f \colon [0,1] \to A \text{ 連続} \colon f(0) \in I, f(1) \in J\}$$

を導入する. 代入写像 $\mathrm{ev} \colon B \to I \oplus J$ を $\mathrm{ev}(f) := f(0) \oplus f(1)$ で定める. これは全射である. 実際任意の $a \oplus b \in I \oplus J$ に対し, $f_{a,b} \colon [0,1] \to A$ を $f_{a,b}(t) := (1-t)a + tb$ とすれば, $\mathrm{ev}(f) = a \oplus b$ である. また核 $\mathrm{Ker}\,\mathrm{ev}$ は

$$\mathrm{Ker}\,\mathrm{ev} = SA = \{f \colon [0,1] \to A \text{ 連続} \colon f(0) = f(1) = 0\}$$

である. これより以下の短完全列を得る.

$$0 \to SA \to B \to I \oplus J \to 0. \tag{C.1}$$

次に $*$ 準同型 $\pi \colon B \to C(A/I) \oplus C(A/J)$ を $\pi(f) := (f + I) \oplus (\hat{f} + J)$ で定める. ただし $\hat{f}(t) := f(1-t)$ である. 核 $\mathrm{Ker}\,\pi$ は

$$\mathrm{Ker}\,\pi = (I \cap J) \otimes C([0,1]) \cong \{f \colon [0,1] \to I \cap J \text{ 連続}\}$$

である. 補題 C.2.7 より $K_\bullet(C(A/I)) \oplus K_\bullet(C(A/J)) = \{0\}$ であるから, 短完全列

$$0 \to (I \cap J) \otimes C([0,1]) \to B \to C(A/I) \oplus C(A/J) \to 0$$

に六項完全列を適用して, $K_\bullet(B) \cong K_\bullet((I \cap J) \otimes C([0,1])) \cong K_\bullet(I \cap J)$ を得る. 一方でボット周期性と懸垂同型より $K_0(SA) \cong K_1(A)$ かつ $K_1(SA) \cong K_0(A)$ である. 従って短完全列 (C.1) から得られる六項完全列より, 六項マイヤー・

ビートリス完全列を得る. □

補題 C.2.8. C^* 環の間の 2 つの $*$ 準同型 $\alpha_1, \alpha_2 \colon A \to B$ が, $\alpha_1(A)\alpha_2(B) = 0$ を満たせば $\alpha_1 + \alpha_2$ も $*$ 準同型であり, K 群において

$$(\alpha_1 + \alpha_2)_\bullet = \alpha_{1\bullet} + \alpha_{2\bullet} \colon K_\bullet(A) \to K_\bullet(B)$$

が成り立つ.

証明. $p, q \in M_n(A)$ を射影子とし, $pq = 0 = qp$ を満たすとする. このとき $p + q$ も射影子であり, 写像

$$t \mapsto \begin{pmatrix} 1 & 0 \\ 0 & 0 \end{pmatrix} p + \begin{pmatrix} \cos^2(\pi t/2) & \cos(\pi t/2)\sin(\pi t/2) \\ \cos(\pi t/2)\sin(\pi t/2) & \sin^2(\pi t/2) \end{pmatrix} q$$

は $(p+q) \oplus 0$ と $p \oplus q$ を繋ぐ射影子を通る連続な道である. 故に系 C.1.7 より, K_0 に対する主張が従う. すると懸垂同型より K_1 に対する主張も従う. □

命題 C.2.9. A と $\widetilde{A}$ を C^* 環とする. $\widetilde{A}$ は単位元 1 を持ち, A をイデアルとして含むと仮定する. $v \in \widetilde{A}$ を等長作用素とする. このとき $a \in A$ に対して $\mathrm{Ad}_v(a) := vav^*$ で定まる $*$ 準同型 $\mathrm{Ad}_v \colon A \to A$ が誘導する K 群の間の写像 $(\mathrm{Ad}_v)_\bullet \colon K_p(A) \to K_p(A)$ は恒等写像である.

命題 C.2.9 の証明は次の補題に帰着される.

補題 C.2.10. A と $\widetilde{A}$ を C^* 環とする. $\widetilde{A}$ は単位元 1 を持ち, A をイデアルとして含むと仮定する. $u \in \widetilde{A}$ をユニタリーとする. このとき準同型 $\mathrm{Ad}_u \colon A \to A$ が誘導する K 群の間の写像 $(\mathrm{Ad}_u)_\bullet \colon K_\bullet(A) \to K_\bullet(A)$ は恒等写像である.

証明. 環 D を $D := \{a \oplus b \in \widetilde{A} \oplus \widetilde{A} : a - b \in A\}$ と定義する. 自然な埋め込み $A \hookrightarrow D$ が $a \mapsto a \oplus 0$ で定まる. 第 2 成分への射影 $D \to \widetilde{A}$ の核が A と一致する. また写像 $\widetilde{A} \to D$ を $a \mapsto (a, a)$ で与えると, これは射影 $D \to \widetilde{A}$ の右逆写像である. 従って次の分裂する短完全列を得る.

$$0 \to A \to D \to \widetilde{A} \to 0.$$

故に六項完全列より $K_0(A) \to K_0(D)$ は単射である. ユニタリー w を $w = u \oplus u \in D$ と定めると, 次の可換図式を得る.

$$\begin{array}{ccc} A & \longrightarrow & D \\ {\scriptstyle \mathrm{Ad}_u} \downarrow & & \downarrow {\scriptstyle \mathrm{Ad}_w} \\ A & \longrightarrow & D \end{array}$$

従って次の可換図式を得る.

$$\begin{array}{ccc} K_0(A) & \longrightarrow & K_0(D) \\ {\scriptstyle (\mathrm{Ad}_u)_\bullet}\downarrow & & \downarrow{\scriptstyle (\mathrm{Ad}_w)_\bullet} \\ K_0(A) & \longrightarrow & K_0(D) \end{array}$$

ここで右端の縦の写像は，補題 C.1.9 と K_0 の定義から恒等写像である．また，上下の横の写像は単射である．従って $(\mathrm{Ad}_u)_\bullet$ も恒等写像である．K_1 に対する主張は，懸垂同型を通して K_0 の場合から従う． $\square$

命題 C.2.9 の証明. 自然な埋め込み $A \to M_2(A)$ が $a \mapsto \begin{pmatrix} a & 0 \\ 0 & 0 \end{pmatrix}$ により定まる．またユニタリー $w \in M_2(\widetilde{A})$ を

$$\begin{pmatrix} v & 1 - vv^* \\ v^*v - 1 & v^* \end{pmatrix}$$

で定めると，次の可換図式を得る．

$$\begin{array}{ccc} K_p(A) & \overset{\cong}{\longrightarrow} & K_0(M_2(A)) \\ {\scriptstyle (\mathrm{Ad}_v)_\bullet}\downarrow & & \downarrow{\scriptstyle (\mathrm{Ad}_w)_\bullet = \mathrm{id}} \\ K_0(A) & \overset{\cong}{\longrightarrow} & K_0(M_2(A)) \end{array}$$

ここで右側の縦の写像 $(\mathrm{Ad}_w)_\bullet$ は恒等写像であり，上下の横の写像は同型写像である．従って $(\mathrm{Ad}_v)_\bullet$ も恒等写像である． $\square$

命題 C.2.11. 無限次元ヒルベルト空間 $\mathcal{H}$ 上の有界線型作用素の成す C^* 環 $B(\mathcal{H})$ に関して，$K_\bullet(B(\mathcal{H})) = \{0\}$ が成り立つ．

証明. $\mathcal{H}$ の可算無限個の複製の ℓ_2-直和を $\mathcal{H}'$ とおく．

$$\mathcal{H}' := \mathcal{H} \oplus \mathcal{H} \oplus \cdots.$$

等長作用素 $V \colon \mathcal{H} \to \mathcal{H}'$ を $v \in \mathcal{H}$ に対して $V(v) := (v, 0, 0, \ldots)$ で定める．簡単な計算により，$V^*(v_1, v_2, \ldots) = v_1$ となる．$\alpha_1 := \mathrm{Ad}_V \colon B(\mathcal{H}) \to B(\mathcal{H}')$ とおく．$T \in B(\mathcal{H})$ に対し，$\alpha_1(T) = VTV^*$ である．命題 C.2.9 より K 群に誘導される準同型 $\alpha_{1\bullet}$ は恒等写像になるので，$\alpha_{1\bullet}$ がゼロ写像であることを示せばよい．

$*$ 準同型 $\alpha_2 \colon B(\mathcal{H}') \to B(\mathcal{H}')$ を $T \in B(\mathcal{H})$ と $(v_1, v_2, \ldots) \in \mathcal{H}'$ に対し，

$$\alpha_2(T)(v_1, v_2, \ldots) := (0, Tv_2, Tv_3, \ldots)$$

と定める．また，等長作用素 $W \colon \mathcal{H}' \to \mathcal{H}'$ を $(v_1, v_2, \ldots) \in \mathcal{H}'$ に対し，$W(v_1, v_2, \ldots) := (0, v_1, v_2, \ldots)$ で定める．簡単な計算により，$W^*(v_1, v_2, v_3, \ldots) = (v_2, v_3, \ldots)$ である．ここで次が成り立つ．

$$\alpha_2 = \mathrm{Ad}_W \circ (\alpha_1 + \alpha_2).$$

実際 $T \in B(\mathcal{H})$ と $(v_1, v_2, v_3, \ldots) \in \mathcal{H}'$ に対し,

$$
\begin{aligned}
\mathrm{Ad}_W \circ &(\alpha_1 + \alpha_2)(T)(v_1, v_2, v_3, \ldots) \\
&= W((\alpha_1(T) + \alpha_2(T))W^*(v_1, v_2, v_3, \ldots) \\
&= W((\alpha_1(T) + \alpha_2(T))(v_2, v_3, \ldots) \\
&= W((Tv_2, 0, 0, \ldots) + (0, Tv_3, Tv_4, \ldots)) \\
&= (0, Tv_2, Tv_3, Tv_4, \ldots).
\end{aligned}
$$

また $\alpha_1(T)\alpha_2(T) = 0$ であるから,補題 C.2.8 及び命題 C.2.9 より,$\alpha_{2\bullet} = \alpha_{1\bullet} + \alpha_{2\bullet}$ が成り立つ.よって $\alpha_{1\bullet} = 0$ を得る. $\qquad\square$

参考文献

[1] Goulnara Arzhantseva, Erik Guentner, and Ján Špakula, *Coarse non-amenability and coarse embeddings*, Geom. Funct. Anal. **22** (2012), no. 1, 22–36.

[2] Goulnara Arzhantseva and Damian Osajda, *Infinitely presented small cancellation groups have the Haagerup property*, J. Topol. Anal. **7** (2015), no. 3, 389–406.

[3] G. Bell and A. Dranishnikov, *Asymptotic dimension*, Topology Appl. **155** (2008), no. 12, 1265–1296.

[4] Mladen Bestvina, Ken Bromberg, and Koji Fujiwara, *Constructing group actions on quasi-trees and applications to mapping class groups*, Publ. Math. Inst. Hautes Études Sci. **122** (2015), 1–64.

[5] Bruce Blackadar, *K-theory for operator algebras*, second ed., Mathematical Sciences Research Institute Publications, vol. 5, Cambridge University Press, Cambridge, 1998.

[6] O. Bogopolski and R. Vikentiev, *Subgroups of small index in* $\mathrm{Aut}(F_n)$ *and Kazhdan's property (T)*, Combinatorial and geometric group theory, Trends Math., Birkhäuser/Springer Basel AG, Basel, 2010, pp. 1–17.

[7] M. Bonk and O. Schramm, *Embeddings of Gromov hyperbolic spaces*, Geom. Funct. Anal. **10** (2000), no. 2, 266–306.

[8] Nicolas Bourbaki, *General topology. Chapters 1–4*, Elements of Mathematics (Berlin), Springer-Verlag, Berlin, 1989, Translated from the French, Reprint of the 1966 edition.

[9] _____, *General topology. Chapters 5–10*, Elements of Mathematics (Berlin), Springer-Verlag, Berlin, 1989, Translated from the French, Reprint of the 1966 edition.

[10] Jean Bourgain and Alex Gamburd, *Uniform expansion bounds for Cayley graphs of* $\mathrm{SL}_2(\mathbb{F}_p)$, Ann. of Math. (2) **167** (2008), no. 2, 625–642.

[11] Emmanuel Breuillard, Ben Green, and Terence Tao, *The structure of approximate groups*, Publ. Math. Inst. Hautes Études Sci. **116** (2012), 115–221.

[12] Martin R. Bridson and André Haefliger, *Metric spaces of non-positive curvature*, Grundlehren der Mathematischen Wissenschaften [Fundamental Principles of Mathematical Sciences], vol. 319, Springer-Verlag, Berlin, 1999.

[13] Matthew G. Brin, *The chameleon groups of Richard J. Thompson: automorphisms and dynamics*, Inst. Hautes Études Sci. Publ. Math. (1996), no. 84, 5–33.

[14] Victor Chepoi, *Graphs of some* CAT(0) *complexes*, Adv. in Appl. Math. **24** (2000), no. 2, 125–179.

[15] M. Coornaert, T. Delzant, and A. Papadopoulos, *Géométrie et théorie des groupes*, Lecture Notes in Mathematics, vol. 1441, Springer-Verlag, Berlin, 1990, Les groupes hyper-

boliques de Gromov [Gromov hyperbolic groups], With an English summary.

[16] Giuliana Davidoff, Peter Sarnak, and Alain Valette, *Elementary number theory, group theory, and Ramanujan graphs*, London Mathematical Society Student Texts, vol. 55, Cambridge University Press, Cambridge, 2003.

[17] Manfredo Perdigão do Carmo, *Riemannian geometry*, Mathematics: Theory & Applications, Birkhäuser Boston, Inc., Boston, MA, 1992, Translated from the second Portuguese edition by Francis Flaherty.

[18] Heath Emerson and Ralf Meyer, *Dualizing the coarse assembly map*, J. Inst. Math. Jussieu **5** (2006), no. 2, 161–186.

[19] A. H. Frink, *Distance functions and the metrization problem*, Bull. Amer. Math. Soc. **43** (1937), no. 2, 133–142.

[20] Tomohiro Fukaya and Shin-ichi Oguni, *Coronae of product spaces and the coarse Baum–Connes conjecture*, Adv. Math. **279** (2015), 201–233.

[21] ———, *The coarse Baum–Connes conjecture for Busemann nonpositively curved spaces*, Kyoto J. Math. **56** (2016), no. 1, 1–12.

[22] ———, *A coarse Cartan-Hadamard theorem with application to the coarse Baum-Connes conjecture*, to appear in J. Topol. Anal. (arXiv:1705.05588).

[23] Ross Geoghegan, *Topological methods in group theory*, Graduate Texts in Mathematics, vol. 243, Springer, New York, 2008.

[24] É. Ghys and P. de la Harpe (eds.), *Sur les groupes hyperboliques d'après Mikhael Gromov*, Progress in Mathematics, vol. 83, Birkhäuser Boston, Inc., Boston, MA, 1990, Papers from the Swiss Seminar on Hyperbolic Groups held in Bern, 1988.

[25] M. Gromov, *Hyperbolic groups*, Essays in group theory, Math. Sci. Res. Inst. Publ., vol. 8, Springer, New York, 1987, pp. 75–263.

[26] ———, *Asymptotic invariants of infinite groups*, Geometric group theory, Vol. 2 (Sussex, 1991), London Math. Soc. Lecture Note Ser., vol. 182, Cambridge Univ. Press, Cambridge, 1993, pp. 1–295.

[27] Mikhael Gromov, *Groups of polynomial growth and expanding maps*, Inst. Hautes Études Sci. Publ. Math. (1981), no. 53, 53–73.

[28] Daniel Groves and Jason Fox Manning, *Dehn filling in relatively hyperbolic groups*, Israel J. Math. **168** (2008), 317–429.

[29] Dominik Gruber, *Infinitely presented graphical small cancellation groups: Coarse embeddings, acylindrical hyperbolicity, and subgroup constructions*, PhD thesis, University of Vienna, 2015 (著者の web ページから入手可能).

[30] Fritz Grunewald and Alexander Lubotzky, *Linear representations of the automorphism group of a free group*, Geom. Funct. Anal. **18** (2009), no. 5, 1564–1608.

[31] Erik Guenter, Romain Tessera, and Guoliang Yu, *Decomposion complexity and topological*

rigidity, preprint, http://www.normalesup.org/%7Etessera/borel031110.pdf.

[32] Erik Guentner and Jerome Kaminker, *Exactness and the Novikov conjecture*, Topology **41** (2002), no. 2, 411–418.

[33] Frédéric Haglund, *Complexes simpliciaux hyperboliques de grande dimension*, Prepublication Orsay (2003), no. 71.

[34] Ursula Hamenstädt, *Geometry of the mapping class groups. I. Boundary amenability*, Invent. Math. **175** (2009), no. 3, 545–609.

[35] N. Higson, V. Lafforgue, and G. Skandalis, *Counterexamples to the Baum-Connes conjecture*, Geom. Funct. Anal. **12** (2002), no. 2, 330–354.

[36] Nigel Higson and John Roe, *On the coarse Baum-Connes conjecture*, Novikov conjectures, index theorems and rigidity, Vol. 2 (Oberwolfach, 1993), London Math. Soc. Lecture Note Ser., vol. 227, Cambridge Univ. Press, Cambridge, 1995, pp. 227–254.

[37] ———, *Analytic K-homology*, Oxford Mathematical Monographs, Oxford University Press, Oxford, 2000, Oxford Science Publications.

[38] Tadeusz Januszkiewicz and Jacek Świątkowski, *Simplicial nonpositive curvature*, Publ. Math. Inst. Hautes Études Sci. (2006), no. 104, 1–85.

[39] Marek Kaluba, Piotr W. Nowak, and Narutaka Ozawa, $\mathrm{Aut}(F_5)$ *has property (T)*, preprint (2017).

[40] Ilya Kapovich and Nadia Benakli, *Boundaries of hyperbolic groups*, Combinatorial and geometric group theory (New York, 2000/Hoboken, NJ, 2001), Contemp. Math., vol. 296, Amer. Math. Soc., Providence, RI, 2002, pp. 39–93.

[41] G. G. Kasparov, *Topological invariants of elliptic operators. I. K-homology*, Izv. Akad. Nauk SSSR Ser. Mat. **39** (1975), no. 4, 796–838.

[42] Yoshikata Kida, *The mapping class group from the viewpoint of measure equivalence theory*, Mem. Amer. Math. Soc. **196** (2008), no. 916, viii+190.

[43] Bruce Kleiner, *A new proof of Gromov's theorem on groups of polynomial growth*, J. Amer. Math. Soc. **23** (2010), no. 3, 815–829.

[44] A. Lubotzky, R. Phillips, and P. Sarnak, *Ramanujan graphs*, Combinatorica **8** (1988), no. 3, 261–277.

[45] G. A. Margulis, *Explicit group-theoretic constructions of combinatorial schemes and their applications in the construction of expanders and concentrators*, Problemy Peredachi Informatsii **24** (1988), no. 1, 51–60.

[46] James McCool, *A faithful polynomial representation of* $\mathrm{Out}\, F_3$, Math. Proc. Cambridge Philos. Soc. **106** (1989), no. 2, 207–213.

[47] Tom Meyerovitch and Masaki Tsukamoto, *Expansive multiparameter actions and mean dimension*, Trans. Amer. Math. Soc. **371** (2019), no. 10, 7275–7299.

[48] John W. Milnor and James D. Stasheff, *Characteristic classes*, Princeton University Press,

Princeton, N. J.; University of Tokyo Press, Tokyo, 1974, Annals of Mathematics Studies, No. 76.

[49] Masato Mimura, Narutaka Ozawa, Hiroki Sako, and Yuhei Suzuki, *Group approximation in Cayley topology and coarse geometry, III: Geometric property (T)*, Algebr. Geom. Topol. **15** (2015), no. 2, 1067–1091.

[50] Piotr W. Nowak, *Coarsely embeddable metric spaces without Property A*, J. Funct. Anal. **252** (2007), no. 1, 126–136.

[51] ——, *Group actions on Banach spaces*, Handbook of group actions. Vol. II, Adv. Lect. Math. (ALM), vol. 32, Int. Press, Somerville, MA, 2015, pp. 121–149.

[52] Piotr W. Nowak and Guoliang Yu, *Large scale geometry*, EMS Textbooks in Mathematics, European Mathematical Society (EMS), Zürich, 2012.

[53] Damian Osajda, *Small cancellation labellings of some infinite graphs and applications*, arXiv:1406.5015.

[54] Damian Osajda and Jingyin Huang, *Large-type Artin groups are systolic*, Preprint.

[55] Damian Osajda and Tomasz Prytuła, *Classifying spaces for families of subgroups for systolic groups*, arXiv:1604.08478.

[56] Damian Osajda and Piotr Przytycki, *Boundaries of systolic groups*, Geom. Topol. **13** (2009), no. 5, 2807–2880.

[57] Narutaka Ozawa, *A functional analysis proof of Gromov's polynomial growth theorem*, Ann. Sci. Éc. Norm. Supér. (4).

[58] ——, *Amenable actions and exactness for discrete groups*, C. R. Acad. Sci. Paris Sér. I Math. **330** (2000), no. 8, 691–695.

[59] ——, *Amenable actions and applications*, International Congress of Mathematicians. Vol. II, Eur. Math. Soc., Zürich, 2006, pp. 1563–1580.

[60] ——, *Noncommutative real algebraic geometry of Kazhdan's property (T)*, J. Inst. Math. Jussieu **15** (2016), no. 1, 85–90.

[61] Athanase Papadopoulos, *Metric spaces, convexity and nonpositive curvature*, IRMA Lectures in Mathematics and Theoretical Physics, vol. 6, European Mathematical Society (EMS), Zürich, 2005.

[62] Peter Petersen, *Riemannian geometry*, third ed., Graduate Texts in Mathematics, vol. 171, Springer, Cham, 2016.

[63] John Roe, *Coarse cohomology and index theory on complete Riemannian manifolds*, Mem. Amer. Math. Soc. **104** (1993), no. 497, x+90.

[64] ——, *Index theory, coarse geometry, and topology of manifolds*, CBMS Regional Conference Series in Mathematics, vol. 90, Published for the Conference Board of the Mathematical Sciences, Washington, DC, 1996.

[65] ——, *Lectures on coarse geometry*, University Lecture Series, vol. 31, American Mathematical Society, Providence, RI, 2003.

[66] _____, *Hyperbolic groups have finite asymptotic dimension*, Proc. Amer. Math. Soc. **133** (2005), no. 9, 2489–2490.

[67] Viktor Schroeder, *Quasi-metric and metric spaces*, Conform. Geom. Dyn. **10** (2006), 355–360.

[68] Yehuda Shalom and Terence Tao, *A finitary version of Gromov's polynomial growth theorem*, Geom. Funct. Anal. **20** (2010), no. 6, 1502–1547.

[69] G. Skandalis, J. L. Tu, and G. Yu, *The coarse Baum-Connes conjecture and groupoids*, Topology **41** (2002), no. 4, 807–834.

[70] Edwin H. Spanier, *Algebraic topology*, Springer-Verlag, New York, 1981, Corrected reprint.

[71] Ralph Strebel, *Appendix. Small cancellation groups*, Sur les groupes hyperboliques d'après Mikhael Gromov (Bern, 1988), Progr. Math., vol. 83, Birkhäuser Boston, Boston, MA, 1990, pp. 227–273.

[72] N. E. Wegge-Olsen, *K-theory and C^*-algebras*, Oxford Science Publications, The Clarendon Press, Oxford University Press, New York, 1993, A friendly approach.

[73] Rufus Willett, *Band-dominated operators and the stable higson corona*, PhD thesis, Penn State (2009).

[74] Guoliang Yu, *Zero-in-the-spectrum conjecture, positive scalar curvature and asymptotic dimension*, Invent. Math. **127** (1997), no. 1, 99–126.

[75] _____, *The Novikov conjecture for groups with finite asymptotic dimension*, Ann. of Math. (2) **147** (1998), no. 2, 325–355.

[76] _____, *The coarse Baum-Connes conjecture for spaces which admit a uniform embedding into Hilbert space*, Invent. Math. **139** (2000), no. 1, 201–240.

[77] 服部 晶夫, **位相幾何学**, 岩波基礎数学選書, 岩波書店, 1991.

[78] 尾國 新一, **粗** *Baum-Connes* **予想とその周辺**, 数学 **68** (2016), no. 2, 177–199.

[79] 加須栄 篤, **リーマン幾何学**, 数学レクチャーノート基礎編 2, 培風館, 2001.

[80] 浦河 肇, **ラプラス作用素とネットワーク**, 裳華房, 1996.

[81] 夏目 利一 and 森吉 仁志, **作用素環と幾何学**, 数学メモアール, 日本数学会, 2001.

索　引

著 者 略 歴

深谷　友宏
ふかや　　ともひろ

2009 年	京都大学大学院理学研究科 数学・数理解析専攻数学系 博士後期課程 修了．博士（理学） 東北大学大学院理学研究科数学専攻講師を経て，
2016 年	首都大学東京大学院理学研究科 数理科学専攻 准教授 現在に至る．

専門・研究分野　幾何学

SGC ライブラリ-152
粗幾何学入門
「粗い構造」で捉える非正曲率空間の幾何学と
離散群

2019 年 9 月 25 日 ⓒ		初 版 発 行

著 者　深谷友宏	発行者　森 平 敏 孝	
	印刷者　加 藤 文 男	

発行所　　　株式会社　サイエンス社
〒151-0051　東京都渋谷区千駄ヶ谷 1 丁目 3 番 25 号
営業　☎　(03) 5474-8500（代）　　振替 00170-7-2387
編集　☎　(03) 5474-8600（代）
FAX　☎　(03) 5474-8900　　　　　表紙デザイン：長谷部貴志

印刷・製本　　(株)加藤文明社
《検印省略》

ISBN978-4-7819-1459-6
PRINTED IN JAPAN

サイエンス社のホームページのご案内
http://www.saiensu.co.jp
ご意見・ご要望は
sk@saiensu.co.jp　まで．

臨時別冊・数理科学（SGC ライブラリ-145：for Senior & Graduate Courses）

重点解説 岩澤理論

理論から計算まで

福田 隆 著

定価 2500 円

> 日本が生んだ比類なき数学者，岩澤健吉（1917–1998）が創始し，今日では岩澤理論と呼ばれている整数論の理論を，理論の全体を俯瞰することを念頭に解説．

サイエンス社